图 3-2

图 3-3

图 3-4

图 3-13

图 3-15

图 3-17

图 3-18

图 3-21

图 3-22

图 3-23

图 3-24

图 3-25

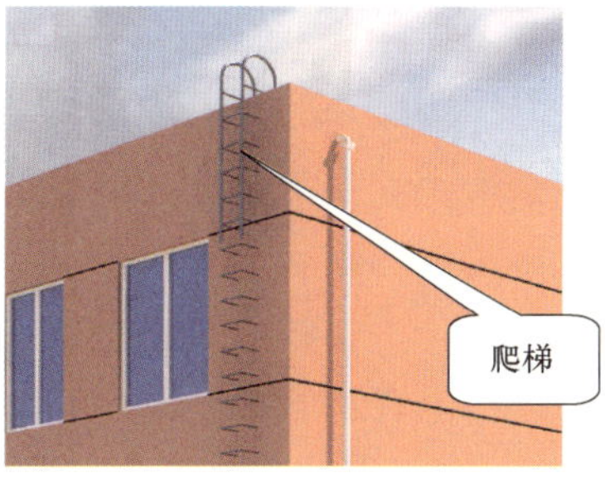

图 3-26

图 3-28

图 3-29

图 3-30

图 4-2

图 5-1

a)

图 5-3

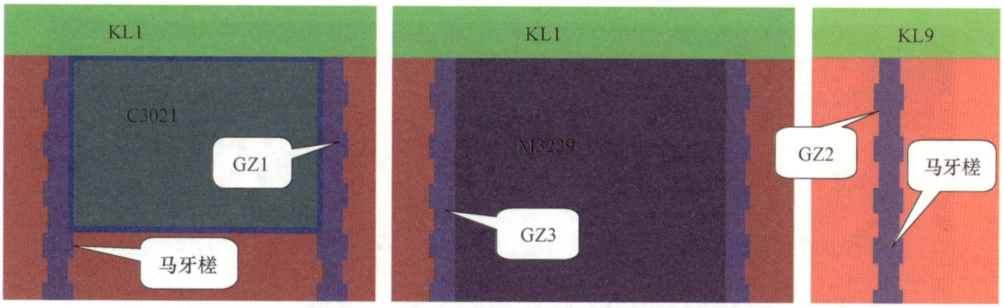

图 6-9

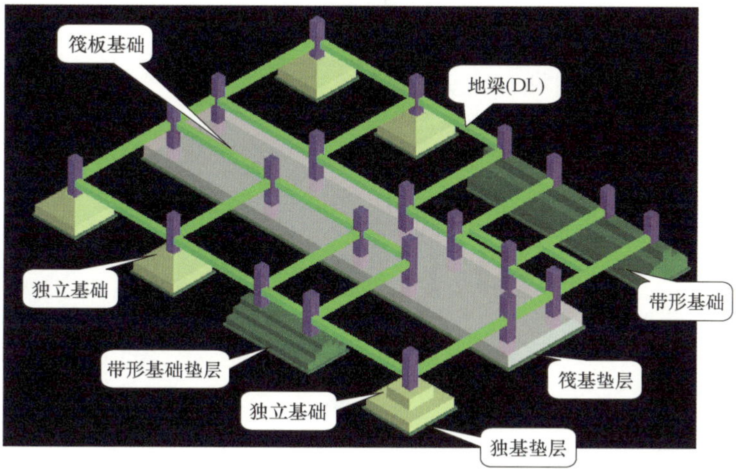

图 7-1

图 7-9

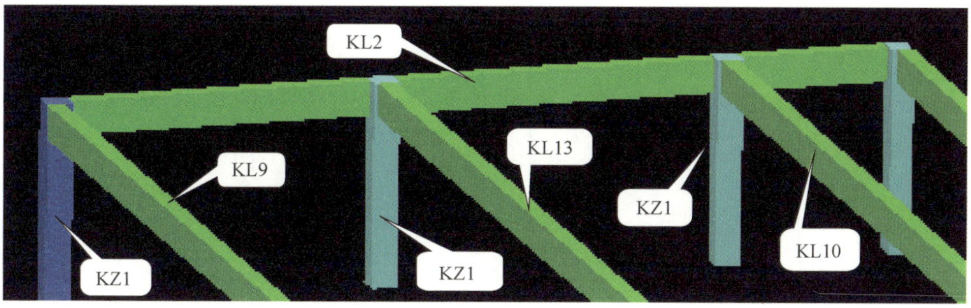

图 7-22

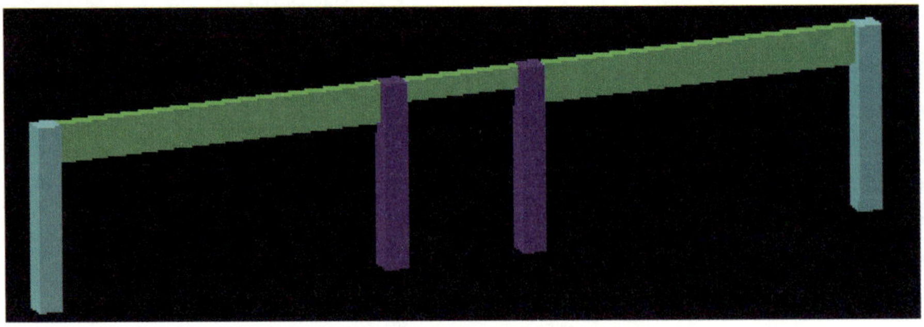

图 7-25

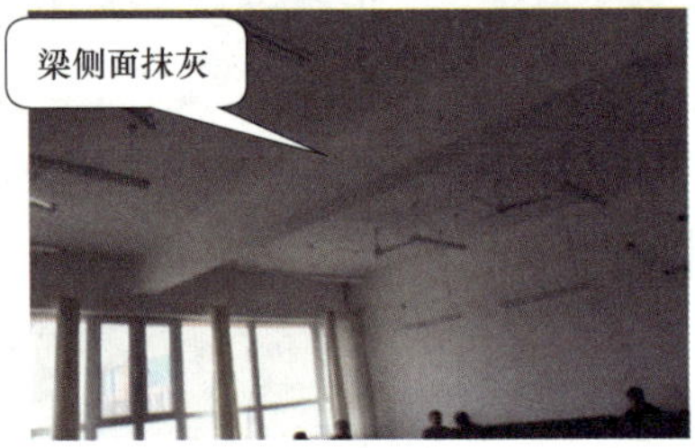

图 13-1

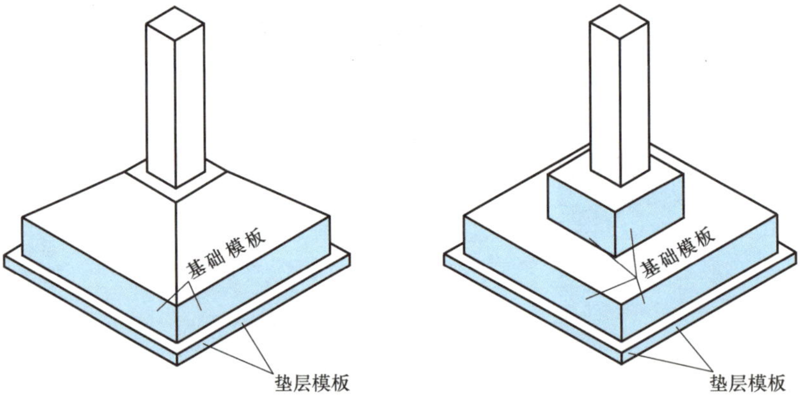

图 15-1

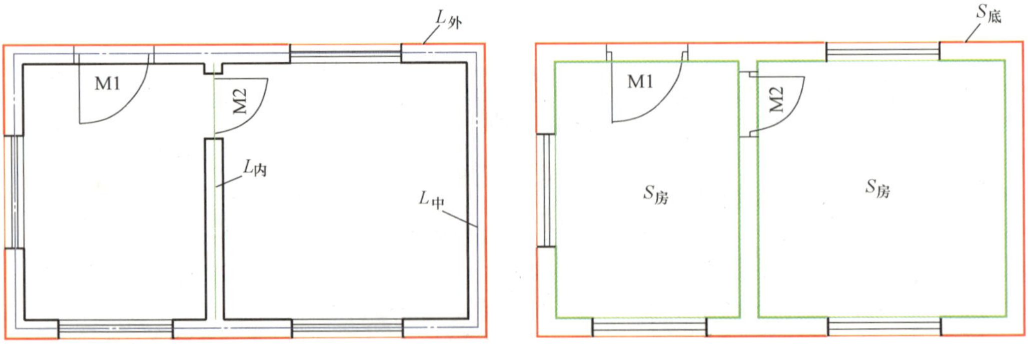

图 17-1

职业教育建筑类专业“互联网+”创新教材

建筑与装饰工程清单计量与计价

第 2 版

主　编　任波远　张　璐　李卫卫
副主编　纪瑞国　韩均海　刘西灿
参　编　贾　艳　巩见梅　肖　霞
　　　　王雪振　王明哲

机 械 工 业 出 版 社

本书根据全国职业院校建筑工程施工专业、建筑工程造价等专业教学要求编写，强调实用性和操作性。本书以项目引导、任务驱动的方式编排，以一幢典型的三层框架土木实训楼为主线，详细介绍建筑与装饰工程清单计量与计价的方法。本书包括 4 个模块：清单编制基础知识模块包括 3 个项目、13 个任务；建筑工程清单计量与计价模块包括 7 个项目、36 个任务；装饰工程清单计量与计价模块包括 5 个项目、17 个任务；工程量清单编制综合实例模块包括 4 个项目。

本书可作为职业院校建筑工程施工、建筑工程造价等专业教材，也可作为建筑企业造价员上岗培训用书。

为方便教学，本书配有电子课件及相关资源，凡使用本书作为教材的授课教师可登录机械工业出版社教育服务网 www.cmpedu.com 注册后下载。机工社职教建筑群（教师交流 QQ 群）：221010660。咨询电话：010-88379934。

图书在版编目（CIP）数据

建筑与装饰工程清单计量与计价/任波远，张璐，李卫卫主编. —2 版. —北京：机械工业出版社，2023.10

职业教育建筑类专业“互联网+”创新教材

ISBN 978-7-111-73886-2

Ⅰ. ①建…　Ⅱ. ①任… ②张… ③李…　Ⅲ. ①建筑工程-工程造价-职业教育-教材②建筑装饰-工程造价-职业教育-教材　Ⅳ. ①TU723.3

中国国家版本馆 CIP 数据核字（2023）第 179222 号

机械工业出版社（北京市百万庄大街 22 号　邮政编码 100037）

策划编辑：沈百琦　　　责任编辑：沈百琦

责任校对：韩佳欣　张　薇　　封面设计：马精明

责任印制：邓　博

北京盛通数码印刷有限公司印刷

2024 年 3 月第 2 版第 1 次印刷

184mm×260mm · 13.75 印张 · 4 插页 · 337 千字

标准书号：ISBN 978-7-111-73886-2

定价：45.00 元

电话服务　　网络服务

客服电话：010-88361066　　机　工　官　网：www.cmpbook.com

010-88379833　　机　工　官　博：weibo.com/cmp1952

010-68326294　　金　书　网：www.golden-book.com

封底无防伪标均为盗版　　机工教育服务网：www.cmpedu.com

前　　言

本书自2017年第1版出版以来，在全国各地受到普遍好评。为切实贯彻党的二十大精神进教材、进课堂、进头脑要求，更好地适应当前职业教育教学需要，本书编写团队对教材进行了优化。此次修订，坚持以就业与升学并重，以企业需求为基本依据，适应行业技术发展的要求；按照职业院校建筑工程施工、建筑工程造价等专业教学要求，以一幢典型的三层框架土木实训楼的工程量清单编制为主线，详细介绍《房屋建筑与装饰工程计量规范》（GB 500854—2013）的具体应用，以实用为原则，体现“做中教，做中学”的教学理念。编写中坚持内容由浅入深、以够用为度，系统性与实用性相结合、以实用为准，理论与实践紧密结合、以实践为主的原则。每个项目后面都附有回顾与测试，供学生思考和练习使用，并给出参考答案。

本书具体特色如下：

1. 体现产教融合、科教融汇

此次修订由校企双元合作优化，旨在培养技能应用型人才，以“工学结合、德技并修”为核心，将知识、能力、正确价值观有机结合起来，以工程案例、典型工作任务为载体。本书通过若干实际的工程微案例，小步子、勤回头，由易到难，层层夯实职业院校学生的理论水平和技术功底，不断培养学生的自信心，具体落实习近平总书记提出的实干兴邦、埋头苦干的精神，培养卓越工程师、大国工匠、高技能人才。

2. 落实立德树人根本任务

每个项目增加“小知识”“小启示”“小实践”等栏目，一方面拓展学生的知识面；另一方面从不同方面启发学生创新意识，提升学生职业素养、职业精神以及职业能力；最终引导学生提高学习兴趣，爱党报国、敬业奉献、服务人民，成为德智体美劳全面发展的社会主义建设者和接班人。

3. 体现“互联网+职业教育”

本书配有23个微课视频，以二维码形式植入书中相应位置，读者可以扫码观看，便于自主学习使用。

4. 优化结构、更新内容

此次修订，按照行业现行国家规范和标准对本书的内容进行了更新，相关规范和标准包括：(1) 2022年1月，山东省住房和城乡建设厅颁布的《山东省建筑工程计价依据动态调整汇编》，其中包含《山东省建筑工程消耗量定额》(2016版) 修订、勘误，《山东省建设工程费用项目组成及计算规则》(2016版) 勘误和山东省建筑工程计价依据解释三部分；(2) 于2022年5月实施的国家建筑设计标准图集22G101系列《混凝土结构结构施工图平面整体表示方法制图规则和构造详图》；(3) 2020年11月，山东省工程建设标准定额站发布的《山东省建筑工程价目表》。

本教材的教学参考时数为135学时，各项目学时分配建议见下表（供参考）：

项　目	学时数	项　目	学时数
模块一　清单编制基础知识	25	模块三　装饰工程清单计量与计价	32
项目一	8	项目十一	10
项目二	7	项目十二	6
项目三	10	项目十三	5
模块二　建筑工程清单计量与计价	70	项目十四	6
项目四	30	项目十五	5
项目五	6	模块四　工程量清单编制综合实例	8
项目六	4	项目十六	2
项目七	5	项目十七	1
项目八	6	项目十八	3
项目九	10	项目十九	2
项目十	9		

本书由淄博建筑工程学校任波远、淄博职业学院张璐和淄博建筑工程学校李卫卫担任主编，武城县职业中等专业学校纪瑞国、淄博市工业学校韩均海、淄博建筑工程学校刘西灿担任副主编，淄博建筑工程学校贾艳、巩见梅、王雪振、王明哲和山东交通职业学院肖霞参与编写。本书由山东中昌开发建设集团有限公司一级建造师及监理工程师刘冬、山东新城建工股份有限公司高级工程师王学东、苏州金螳螂建筑装饰股份有限公司高级工程师郭智伟主审。

由于编者的经验和学识有限，尽管尽心尽力，疏漏和不妥之处在所难免，恳请有关专家和读者提出宝贵意见。

编　者

本书微课视频清单

序号	名称	图形	序号	名称	图形
1	工程量清单计价规范概述		10	计算平整场地工程量	
2	工程量清单的编制与计价		11	计算基坑土方工程量	
3	建筑面积概述		12	土方清单定额计量计价	
4	平屋顶、带局部楼层的建筑物建筑面积计算		13	砖基础与砖墙的分界线	
5	坡屋顶、带地下室的建筑物建筑面积计算		14	垫层与石基础的计量与计价	
6	雨篷、阳台、车棚等建筑面积计算		15	现浇混凝土垫层	
7	建筑面积计算规则综合应用		16	现浇混凝土独立基础	
8	基数的计算		17	墙身防潮层的计算	
9	沟槽、基坑、一般土方的划分		18	计算墙身保温隔热	

（续）

序号	名称	图形	序号	名称	图形
19	整体与块料地面计算规则区别		22	编制墙纸裱糊清单表	
20	计算块料墙面		23	独立基础模板的计算	
21	抹灰顶棚的计算				

目　　录

模块三　装饰工程清单计量与计价

模块四　工程量清单编制综合实例

模块一 清单编制基础知识

- ◆ 项目一　工程量清单计价规范概述
- ◆ 项目二　工程量清单的编制与计价
- ◆ 项目三　建筑面积和基数的计算

项目一

工程量清单计价规范概述

学习目标

➢掌握工程量清单的定义。
➢了解工程量清单计价规范的适用范围。
➢熟悉工程量清单的作用。

工程量清单计价规范概述

任务1 工程量清单的定义及分类

一、工程量清单的定义

根据《建设工程工程量清单计价规范》（GB 50500—2013）中的定义，工程量清单是载明建设工程分部分项工程项目、措施项目、其他项目的名称和相应数量，以及规费、税金项目等内容的明细清单。

分部分项工程是分部工程和分项工程的总称，分部工程是单项或单位工程的组成部分，是按结构部位、路段长度及施工特点、施工任务将单项或单位工程划分为若干分部的工程；分项工程是分部工程的组成部分，是按不同的施工方法、材料、工序及路段长度等将分部工程划分为若干个分项或项目的工程。

措施项目是指为完成工程项目施工，发生于该工程施工准备和施工过程中的技术、安全、环境保护等方面的项目。

其他项目是指暂列金额、暂估价、计日工和总承包服务费等。

规费是指根据国家法律、法规规定，由省级政府或省级有关权力部门规定施工企业必须缴纳的、应计入建筑安装工程造价的费用。

税金是指国家税法规定的应计入建筑安装工程造价内的增值税，其中甲供材料、甲供设备不作为增值税计税基础。

小知识

分部工程：如砌筑工程、门窗工程等；分项工程：如实砌砖墙工程、木门工程等。

措施项目：如施工排水、混凝土模板及支架、脚手架等。

二、工程量清单的分类

工程量清单在建设工程发承包及实施过程中的不同阶段，又可分别称为“招标工程量清单”和“已标价工程量清单”。

招标工程量清单是在招标阶段招标人提供给投标人报价的工程量清单，是对工程量清单的进一步具体化，是招标人根据国家标准、招标文件、设计文件以及施工现场实际情况编制的、随招标文件发布，供投标人报价的工程量清单，包括其说明和表格。

已标价工程量清单是指投标人对招标工程量清单已标明价格。如果招标工程量清单有错误已经修正，并且承包人已经确认，则已标价工程量清单即构成合同文件的组成部分，包括其说明和表格。

小知识

招标人是指依照《中华人民共和国招标投标法》的规定提出招标项目、进行招标的法人或其他组织。

投标人是指回应投标、投标竞争的法人或其他组织，自然人不能成为工程建设项目的投标人。

任务2　工程量清单计价规范的适用范围

《建设工程工程量清单计价规范》(GB 50500—2013) 规定：使用国有资金投资的建设工程建设发承包，必须采用工程量清单计价。国有资金投资的工程建设项目包括使用国有资金投资和国家融资投资的工程建设项目。

一、使用国有资金投资项目的范围

1）使用各级财政预算资金的项目。

2）使用纳入财政管理的各种政府性专项建设基金的项目。

3）使用国有企事业单位自有资金，并且国有资产投资者实际拥有控制权的项目。

二、国家融资项目的范围

1）使用国家发行债券所筹资金的项目。

2）使用国家对外借款或者担保所筹资金的项目。

3）使用国家政策性贷款的项目。

4）国家授权投资主体融资的项目。

5）国家特许的融资的项目。

小启示

时代发展，需要大国工匠；迈向新征程，需要大力弘扬工匠精神。要想成为大国工匠，就要先从小工匠做起。

任务3　工程量清单的作用

1. 工程量清单为投标人提供一个公开、公平、公正的竞争环境

由于工程量清单是由招标人统一提供的，避免了由于各个投标人计算工程量不准确、项目划分不一致等人为因素所造成的不公平的影响，从而创造了一个公平的竞争环境。招标人在发送招标文件时，必须将工程量清单作为招标文件的组成部分，发送给所有潜在

的投标人。

2. 工程量清单是工程量清单计价的基础，应作为编制招标控制价的编制依据之一

招标控制价是招标人根据国家或省级、行业建设主管部门颁发的有关计价依据和办法，按设计施工图纸计算的、对招标工程限定的最高工程造价，投标人的投标价高于招标控制价的，其投标应予以拒绝。

小实践

古诗词里的“计量”

我们的生活从来离不开计量，在古人的诗词中，计量也发挥了很大的作用，古人不但用“计量”来表达距离、数量等，还用“计量”来抒发情感。

李白在《望庐山瀑布》中写道：飞流直下三千尺，疑是银河落九天；岳飞在《满江红》中写道：八千里路云和月，莫等闲，白了少年头，空悲切；王之涣的《凉州词》中有：黄河远上白云间，一片孤城万仞山。你能找到其中的计量词吗？

3. 工程量清单是投标人报价的依据之一

投标人在编制投标书时，必须按照招标人提供的工程量清单数量进行报价，不得自己另行编制工程量清单明细表。当投标人发现招标人提供的工程量清单有重大疏漏时，应通知招标人，由招标人决定是否对工程量清单数量进行变动；工程量清单数量发生变动后，招标人应及时书面通知所有潜在的投标人。

4. 工程量清单是施工过程中计算工程量、支付工程进度款的依据

在工程建造施工过程中，要及时进行工程量的计量，计量时要注意工程量清单中各个项目的工作内容和项目特征，不能有重复或遗漏，以便为支付工程进度款提供准确的依据。

5. 工程量清单及清单计价是调整合同价款、办理工程竣工结算和处理工程索赔的重要依据

在施工过程中，发生工程量变动、工程设计变更是不可避免的，随之而来的则是工程索赔，所以造价人员对招标文件中的工程量清单中规定的工作内容和项目特征一定要非常熟悉，对承包商投标报价的组成也要进行深入的研究，从而维护双方的合法权益。

回顾与测试

1. 什么是工程量清单？
2. 工程量清单计价规范适用于哪些工程项目？
3. 工程量清单有哪些作用？

项目二 工程量清单的编制与计价

学习目标

- 了解工程量清单编制的一般规定。
- 熟悉分部分项工程清单编码的规定。
- 理解综合单价的组成。

任务1 工程量清单编制的一般规定

工程量清单的编制与计价

1. 招标工程量清单应由具有编制能力的招标人或受其委托、具有相应资质的工程造价咨询人编制

招标人是进行工程建设的主要责任主体，负责编制工程量清单。若招标人不具备编制工程量清单的能力，可委托工程造价咨询人编制。受委托编制工程量清单的工程造价咨询人应依法取得工程咨询资质，并在其资质许可的范围内从事工程造价的咨询活动。

2. 招标工程量清单必须作为招标文件的组成部分，其准确性和完整性应由招标人负责

采用工程量清单方式招标发包，工程量清单必须作为招标文件的组成部分，招标人应将工程量清单连同招标文件的其他内容一并发（或发售）给投标人。招标人对编制的工程量清单的准确性和完整性负责。投标人依据工程量清单进行投标报价，对工程量清单不负有核实的义务，更不具有修改和调整的权利。工程量清单作为投标人报价的共同平台，其准确性——数量不算错，其完整性——不缺项漏项，均应由招标人负责。

如招标人委托工程造价咨询人编制，责任仍应由招标人承担。因为中标人与招标人签订施工合同后，在履约过程中发现工程量清单漏项或错算，引起合同价款调整的，应由发包人（招标人）承担，而非其他编制人，所以此处规定仍由招标人负责。至于工程造价咨询人对所出现的错误应承担什么责任，则应由招标人与工程造

小知识

工程造价咨询人：取得工程造价咨询资质等级证书，接受委托从事建设工程造价咨询活动的当事人及取得该当事人资格的合法继承人。

价咨询人通过合同约定处理或协商解决。

3. 招标工程量清单是工程量清单计价的基础，应作为编制招标控制价、投标报价、计算或调整工程量、索赔等的依据之一

招标工程量清单在工程量清单计价中起到了基础性作用，是整个工程量清单计价活动的重要依据之一。

招标控制价是招标人根据国家或省级、行业建设行政主管部门颁发的有关计价依据和办法，以及拟定的招标文件和招标工程量清单，结合工程具体情况编制的招标工程的最高投标限价，其作用是招标人用于招标工程分包规定的最高投标限价。

投标价是投标人投标时响应招标文件要求所报出的对已标价工程量清单汇总后标明的总价。投标价是工程招标发包过程中，由投标人按照招标文件的要求和招标工程量清单，根据工程特点并结合自身的施工技术、装备和管理水平，依据有关计价规定自主确定的工程造价，是投标人希望达成工程承包交易的期望价格，它不能高于招标人设定的最高投标限价，即招标控制价。

小知识

索赔：在工程建设的施工工程中发承包双方在履行合同时，对于非自己过错的责任事件并造成损失时，依据合同约定或法律法规规定向对方提出经济补偿和（或）工期顺延要求的行为。

4. 招标工程量清单应以单位（项）工程为单位编制，应由分部分项工程项目清单、措施项目清单、其他项目清单、规费和税金项目清单组成

5. 编制招标工程量清单的依据

1）《建设工程工程量清单计价规范》(GB 50500—2013）和相关工程的国家计算规范。

2）国家或省级、行业建设行政主管部门颁发的计价定额和办法。

3）建设工程设计文件及相关资料。

4）与建设工程项目有关的标准、规范和技术资料。

5）拟定的招标文件。

6）施工现场情况、地勘水文资料、工程特点及常规施工方案。

7）其他相关资料。

任务2 分部分项工程量清单

1. 分部分项工程量清单应包括项目编码、项目名称、项目特征、计量单位和工程量

2. 分部分项工程项目清单必须根据相关工程现行国家计算规范规定的项目编码、项目名称、项目特征、计量单位和工程量计算规则进行编制

3. 分部分项工程量清单的项目编码共分5级，采用十二位阿拉伯数字表示

项目编码中的一至九位应根据相关工程现行国家计算规范规定

小知识

项目编码、项目名称、项目特征、计量单位和工程量，是构成一个分部分项工程量清单的五个要件，这五个要件在分部分项工程量清单的组成中缺一不可。

设置，十至十二位应根据拟建工程工程量清单项目名称设置，其含义如图 2-1 所示。同一招标工程的项目编码不得有重码。

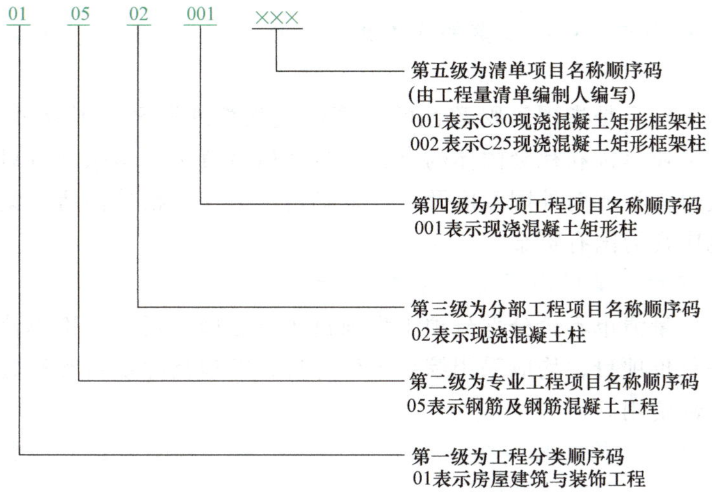

图 2-1

小知识

一个工程量清单中有三个不同单位工程的实心砖墙砌体工程量时，以单位工程为编制对象，则第一个单位工程的实心砖墙的项目编码应为010401003001，第二个单位工程的实心砖墙的项目编码应为 010401003002，第三个单位工程的实心砖墙的项目编码应为010401003003。

当同一标段（或合同）的一份工程量清单中有多个单项或单位工程并且工程量清单是以单位工程为编制对象时，在编制工程量清单时应特别注意项目编码十至十二位的设置不得有重码的规定。

4. 分部分项工程量清单的项目名称必须根据相关工程现行国家计量规范中规定的项目名称确定

5. 分部分项工程量清单项目所列的工程量必须根据相关工程现行国家计量规范中规定的工程量计算规则计算

6. 工程数量的有效位数应遵守的规定

1）以“t”为计量单位的应保留小数点三位，第四位小数四舍五入。

2）以“m^3”“m^2”“m”为计量单位的应保留小数点后两位，第三位小数四舍五入。

3）以“个”“件”“组”“根”“系统”为单位的取整数。

7. 分部分项工程量清单的计量单位必须根据相关工程现行国家计量规范中规定的计量单位确定

当计量单位有两个或两个以上时，应结合拟建工程的实际情况，确定其中一个计量单位，同一工程项目的计量单位应一致。在实际工程中，就应选择最适宜、最方便计量的单位来表示。

小知识

《房屋建筑与装饰工程工程量计算规范》中规定门窗工程的计量单位为“樘”“m^2”两个计量单位。

8. 分部分项工程量清单的项目特征必须根据相关工程现行国家计量规范中规定的项目特征予以描述

分部分项工程量清单的项目特征是确定一个清单项目综合单价的重要依据，在编制的工程量清单中必须对其项目特征进行准确和全面的描述。

任务3 工程量清单计价的几点规定

1. 使用国有资金投资的建设工程发承包，必须采用工程量清单计价

国有资金是指国家财政性的预算内或预算外资金。国家机关、国有企事业单位和社会团体的自有资金及借贷资金，国家通过对内发行政府债券或向外国政府及国际金融机构举借主权外债所筹集的资金也应视为国有资金。

2. 工程量清单应采用综合单价计价

工程量清单不论分部分项工程项目还是措施项目，不论单价项目还是总价项目，均应采用综合单价计价，即包括除规费和税金以外的全部费用。

小知识

利润：承包人履行合同义务，完成合同工程以后获得的盈利。

3. 综合单价是指完成一个规定项目所需的人工费、材料费和工程设备费、施工机具使用费和企业管理费、利润，以及一定范围内的风险费用

企业管理费是指建筑安装企业组织施工生产和经营管理所需的费用。风险费用是指隐含于已标价工程量清单综合单价中，用于化解发承包双方在工程合同中约定内容和范围内的市场价格波动风险的费用。

4. 措施项目中的安全文明施工费必须按国家、省级或行业建设行政主管部门的规定计算，不得作为竞争性费用

安全文明施工费通常包含安全施工费、环境保护费、文明施工费和临时设施费，是指按照国家现行的建筑施工安全、施工现场环境与卫生标准和有关规定，购置和更新施工防护用具及设施、改善安全生产条件和作业环境所需要的费用。

5. 规费和税金必须按国家、省级或行业建设行政主管部门的规定计算，不得作为竞争性费用

规费是政府和有关权力部门根据国家法律、法规规定施工企业必须缴纳的费用。税金是国家按照税法预先规定的标准，强制地、无偿地要求纳税人缴纳的费用，二者都应计入建筑安装工程造价的费用。

规费由社会保险费、住房公积金、工程排污费等组成。税金由营业税、城市维护建设税、教育费附加等组成。

回顾与测试

1. 招标工程量清单由谁编制，由几部分组成？
2. 分部分项工程量清单编码如何编写？
3. 工程数量的有效位数（小数）如何保留？
4. 分部分项工程的综合单价由几部分组成？

项目三

建筑面积和基数的计算

学习目标

- ➢了解建筑面积的概念、作用和计算原则。
- ➢学会计算单层、多层建筑物的建筑面积。
- ➢学会计算雨篷、阳台、车棚等的建筑面积。
- ➢了解不应计算面积的项目。

任务1　建筑面积概述

建筑面积
概述

一、建筑面积的概念

建筑面积亦称建筑展开面积，它是指建筑物（包括墙体）所形成的楼地面面积，即外墙结构外围水平面积之和，建筑面积包括附属于建筑物的室外阳台、雨篷、檐廊、室外走廊、室外楼梯等。建筑面积是确定建筑规模的重要指标，是确定各项技术经济指标的基础。

建筑面积包括使用面积、辅助面积和结构面积三部分。

1. 使用面积

使用面积指建筑物各层平面中直接为生产或生活使用的净面积的总和，在居住建筑中的使用面积称为“居住面积”。

2. 辅助面积

辅助面积指建筑物各层平面中为辅助生产或生活所占净面积的总和。使用面积和辅助面积的总和称为“有效面积”。

3. 结构面积

结构面积指建筑物各层平面中的墙、柱等结构所占面积的总和。

> **小知识**
>
> 普通住宅单元：客厅、办公室、卧室的面积为使用面积；楼梯、走道、厕所、厨房的面积为辅助面积；墙、柱的面积为结构面积。

二、建筑面积的作用

1. 重要指标

建筑面积是基本建设投资、建设项目可行性研究、建设项目评估、建设项目勘察设计、建筑工程施工、竣工验收和建筑工程造价管理等一系列工作的重要指标。

2. 确定各项技术经济指标的基础

有了建筑面积，才能确定每平方米建筑面积的工程造价。

$$单位面积工程造价=\frac{工程造价}{建筑面积}$$

还有很多其他的技术经济指标（如每平方米建筑面积的工料用量），也需要建筑面积这一数据，如：

$$单位建筑面积的材料消耗指标=\frac{工程材料消耗量}{建筑面积}$$

$$单位建筑面积的人工用量=\frac{工程人工工日耗用量}{建筑面积}$$

3. 计算有关分项工程量的依据

应用统筹计算方法，根据底层建筑面积就可以很方便地推算出室内回填土体积、地（楼）面面积和顶棚面积等。另外，建筑面积也是脚手架、垂直运输机械费用的计算依据。

4. 选择概算指标和编制概算的主要依据

概算指标通常是以建筑面积为计量单位的。用概算指标概算时，要以建筑面积为计算基础。

总之，建筑面积是一项重要的技术经济指标，对全面控制建设工程造价具有重要意义，并在整个基本建设工作中起着重要的作用。

三、计算建筑面积应遵循的原则

计算工业与民用建筑的建筑面积，总的原则：凡在结构上、使用上形成一定使用功能的建筑物和构筑物，并能单独计算出其水平面积及相应消耗的人工、材料和机械用量的，应计算建筑面积；反之，不应计算建筑面积。

1）计算建筑面积的建筑物，必须具备保证人们正常活动的永久性（密实）顶盖。

具备永久性顶盖的建筑物，在满足其他两项原则的前提下，或计算全面积，或计算 1/2 面积；但不具备永久性顶盖的建筑物，如无永久性顶盖的阳台，无永久性顶盖的室外楼梯的最上层楼梯等，均不能计算面积。

2）计算建筑面积的建筑物，应具备挡风遮雨的围护结构。

在满足其他两项原则的前提下，具备围护结构的建筑物，一般计算全面积，不具备围护结构的建筑物，一般应计算其 1/2 面积。

3）计算建筑面积的建筑物，应具备保证人们正常活动的空间高度：结构层高 2.20m，或坡屋顶结构净高 2.10m。

在满足其他两项原则的前提下，达到上述空间高度的建筑物，一般计算全面积；不能达到上述空间高度的建筑物，一般应计算其1/2面积。

任务2 平屋顶、带局部楼层的建筑物建筑面积计算

一、建筑面积计算规则

1）建筑物的建筑面积应按自然层外墙结构外围水平面积之和计算。结构层高在2.20m及以上的，应计算全面积；结构层高在2.20m以下的，应计算其1/2面积。当外墙结构本身在一个层高范围内不等厚时，以楼地面结构标高处的外围水平面积计算。

自然层：按楼地面结构分层的楼层。

结构层高：楼面或地面结构层上表面至上部结构层上表面之间的垂直距离。

2）建筑物内设有局部楼层，如图3-1所示，对于局部楼层的二层及以上楼层，有围护结构的应按其围护结构外围水平面积计算，无围护结构的应按其结构底板水平面积计算。结构层高在2.20m及以上的，应计算全面积，结构层高在2.20m以下的，应计算其1/2面积。

围护结构：围合建筑空间的墙体、门、窗。

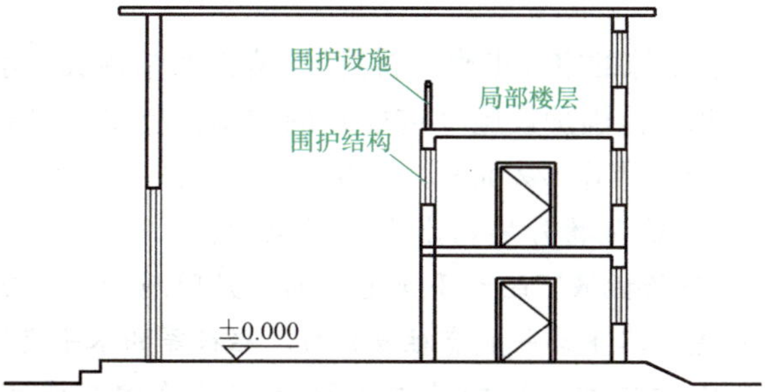

图3-1

小启示

建筑师的业是什么？直接地说，是建筑物之创造，为社会解决衣食住行中住的问题；间接地说，是文化的纪录者，是历史之反照镜。所以你们的问题十分地繁难，你们的责任十分地重大。

——梁思成

3）对于场馆看台下的建筑空间，结构净高在2.10m及以上的部位应计算全面积；结构净高在1.20m及以上至2.10m以下的部位应计算其1/2面积；结构净高在1.20m以下的部位不应计算建筑面积。室内单独设置的有围护设施的悬挑看台，应按看台结构底板水平投影面积计算建筑面积。有顶盖无围护结构的场馆看台应按其顶盖水平投影面积的1/2计算面积，如体育场、足球场、网球场、带看台的风雨操场等，如图3-2所示。

围护设施：为保障安全而设置的栏杆、栏板等围挡。

4）建筑物的门厅、大厅应按一层计算建筑面积，门厅、大厅

图 3-2

内设置的走廊应按走廊结构底板水平投影面积计算建筑面积。结构层高在 2.20m 及以上的，应计算全面积；结构层高在 2.20m 以下的，应计算其 1/2 面积。某宾馆大厅、走廊如图 3-3 所示。

走廊：建筑物中的水平交通空间。

小实践

计算建筑面积，必须准确地识别各种建筑构件。请找一找学校、小区、商场哪些是走廊、檐廊、挑廊、门斗？

图 3-3

5）有围护设施的室外走廊（挑廊），应按其结构底板水平投影面积计算 1/2 面积；有围护设施（或柱）的檐廊，应按其围护设施（或柱）外围水平面积计算 1/2 面积。挑廊、檐廊如图 3-4 所示。

挑廊：挑出建筑物外墙的水平交通空间。

檐廊：建筑物挑檐下的水平交通空间，是附属于建筑物底层外墙有屋檐作为顶盖，其下部一般有柱或栏杆、栏板等的水平交通空间。

6）门斗应按其围护结构外围水平面积计算建筑面积，且结构层高在 2.20m 及以上的，应计算全面积；结构层高在 2.20m 以下的，应计算其 1/2 面积。门斗如图 3-4 所示。

图 3-4

门斗是指建筑物入口处两道门之间的空间。

7）门廊应按其顶板的水平投影面积的 1/2 计算建筑面积。

门廊：建筑物入口前有顶棚的半围合空间。门廊是在建筑物出入口，无门、三面或二面有墙，上部有板（或借用上部楼板）围护的部位。

8）设在建筑物顶部的、有围护结构的楼梯间、水箱间、电梯机房等，结构层高在 2.20m 及以上的应计算全面积；结构层高在 2.20m 以下的，应计算其 1/2 面积。

二、应用案例

［例 3-1］　试计算图 3-5 所示单层建筑物的建筑面积。

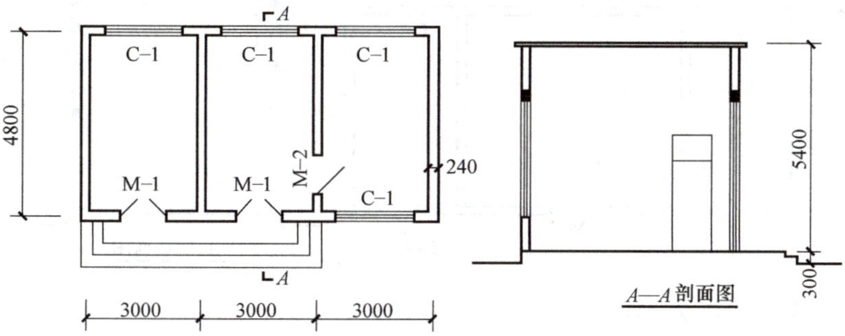

图 3-5

解：$S_{建}=(3.0m\times3+0.24m)\times(4.8m+0.24m)=46.57m^2$

［例 3-2］　某建筑物结构层高如图 3-6 所示，试计算：

1）当 $H=3.0m$ 时，建筑物的建筑面积；

2）当 $H=2.0m$ 时，建筑物的建筑面积。

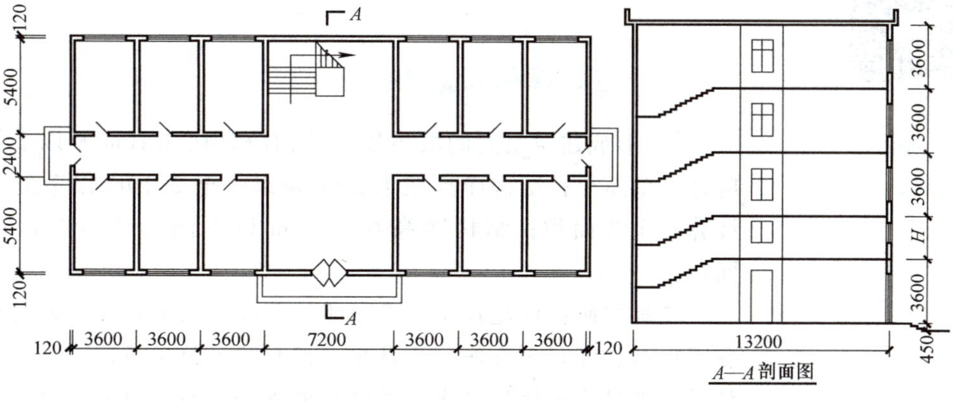

图 3-6

分析：多层建筑物，当结构层高在 2.20m 及以上者应计算全面积；层高不足 2.20m 者应计算其 1/2 面积。

解：（1）当 $H=3.0\text{m}$ 时

$$S_{建}=(3.6\text{m}\times6+7.2\text{m}+0.24\text{m})\times(5.4\text{m}\times2+2.4\text{m}+0.24\text{m})\times5$$
$$=1951.49\text{m}^2$$

（2）当 $H=2.0\text{m}$ 时

$$S_{建}=(3.6\text{m}\times6+7.2\text{m}+0.24\text{m})\times(5.4\text{m}\times2+2.4\text{m}+0.24\text{m})\times(4.0+0.5)$$
$$=1756.34\text{m}^2$$

［例 3-3］ 建筑物局部为二层，如图 3-7 所示，试计算其建筑面积。

分析：该建筑物局部为二层，故二层部分的建筑面积按其外围结构水平面积计算。

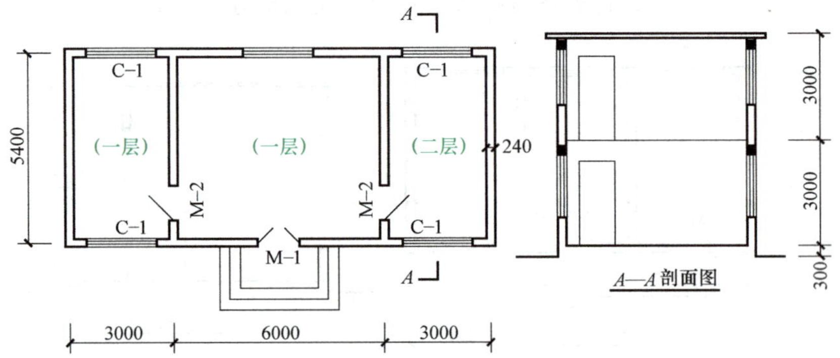

图 3-7

解：$S_{建}=(3.0\text{m}\times2+6.0\text{m}+0.24\text{m})\times(5.4\text{m}+0.24\text{m})+(3.0\text{m}+0.24\text{m})\times(5.4\text{m}+0.24\text{m})=87.31\text{m}^2$

任务 3　坡屋顶、带地下室的建筑物建筑面积计算

坡屋顶、带地下室的建筑物建筑面积计算

一、建筑面积计算规则

1）形成建筑空间的坡屋顶，结构净高在 2.10m 及以上的部位应计算全面积；结构净高在 1.20m 及以上至 2.10m 以下的部位应计算其 1/2 面积；结构净高在 1.20m 以下的部位不应计算建筑面积。

建筑空间：以建筑界面限定的、供人们生活和活动的场所。具备可出入、可利用条件（设计中可能标明了使用用途，也可能没有标明使用用途或使用用途不明确）的围合空间，均属于建筑空间。

结构净高：楼面或地面结构层上表面至上部结构层下表面之间的垂直距离。

2）地下室、半地下室应按其结构外围水平面积计算。结构层

小知识

阁楼通常是指位于建筑物顶层上部，利用坡屋顶（或屋盖）空间搭建、室内净高达到一定高度，有固定楼梯、门、窗（含老虎窗、天窗）等，实际供人们居住使用的建筑物。

高在 2.20m 及以上的，应计算全面积；结构层高在 2.20m 以下的，应计算其 1/2 面积。计算建筑面积的范围不包括采光井、外墙防潮层及其保护墙，如图 3-8 所示。

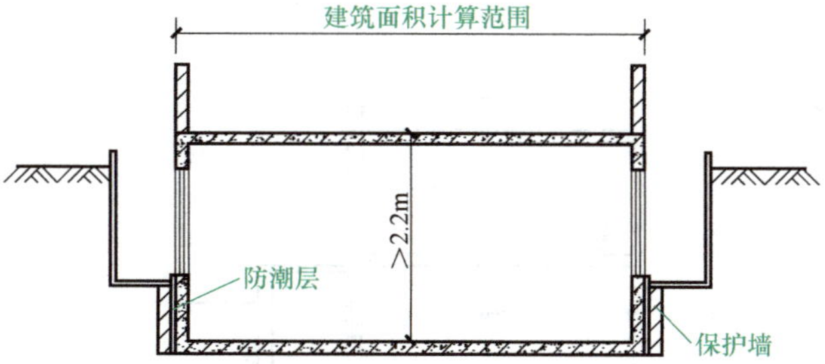

图 3-8

地下室：室内地平面低于室外地平面的高度超过室内净高的 1/2 的房间。

半地下室：室内地平面低于室外地平面的高度超过室内净高的 1/3，且不超过 1/2 的房间。

3）建筑物出入口外墙外侧坡道有顶盖的部位，应按其外墙结构外围水平面积的 1/2 计算面积。

4）建筑物架空层及坡地建筑物吊脚架空层，应按其顶板水平投影计算建筑面积。结构层高在 2.20m 及以上的，应计算全面积；结构层高在 2.20m 以下的，应计算其 1/2 面积。

小知识

架空层：仅有结构支撑而无外围护结构的开敞空间层。

本条既适用于建筑物吊脚架空层、深基础架空层建筑面积的计算，也适用于目前部分住宅、学校教学楼等工程在底层架空或在二楼或以上某个甚至多个楼层架空，作为公共活动、停车、绿化等空间的建筑面积的计算。架空层中有围护结构的建筑空间按相关规定计算。建筑物吊脚架空层如图 3-9 所示。

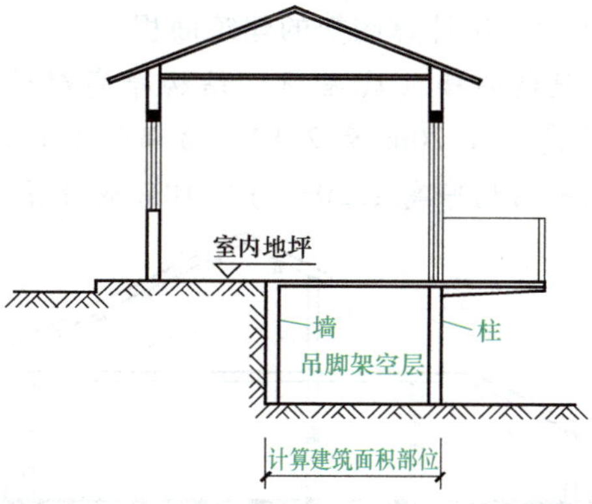

图 3-9

5）建筑物的室内楼梯、电梯井、提物井、管道井、通风排气竖井、烟道，应并入建筑物的自然层计算建筑面积。有顶盖的采光井应按一层计算面积，且结构净高在 2.10m 及以上的，应计算全面积；结构净高在 2.10m 以下的，应计算其 1/2 面积。

建筑物的楼梯间层数按建筑物的层数计算。有顶盖的采光井包括建筑物中的采光井和地下室采光井。地下室采光井如图 3-10 所示。

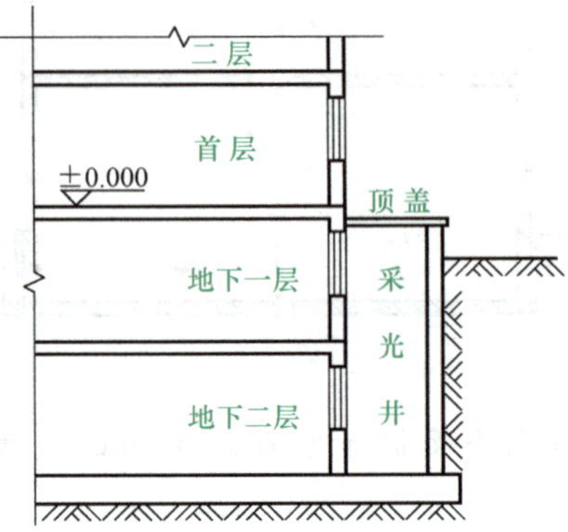

图 3-10

6）室外楼梯应并入所依附建筑物自然层，并应按其水平投影面积的 1/2 计算建筑面积。层数为室外楼梯所依附的楼层数，即梯段部分投影到建筑物范围的层数。利用室外楼梯下部的建筑空间不得重复计算建筑面积；利用地势砌筑的为室外踏步，不计算建筑面积。

楼梯：由连续行走的梯级、休息平台和维护安全的栏杆（或栏板）、扶手以及相应的支托结构组成的作为楼层之间垂直交通使用的建筑部件。

二、应用案例

［例 3-4］ 某住宅楼共五层，其上部设计为坡屋顶并加以利用，如图 3-11 所示。试计算阁楼的建筑面积。

分析：该建筑物阁楼（坡屋顶）结构净高超过 2.10m 的部位计算全面积；净高在 1.20m 至 2.10m 的部位应计算其 1/2 面积，计算时关键是找出结构净高 1.20m 与 2.10m 的分界线。

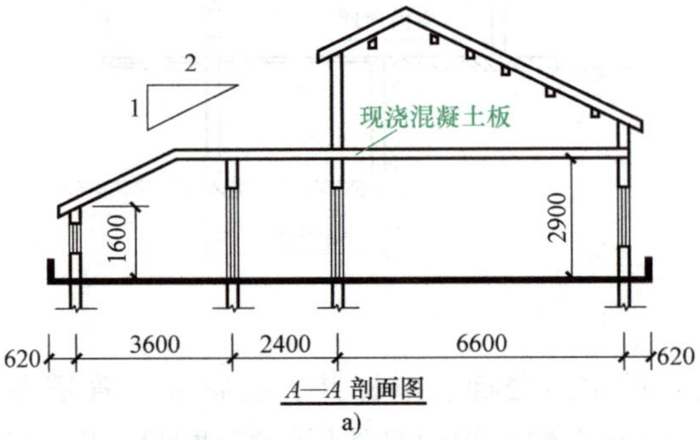

图 3-11

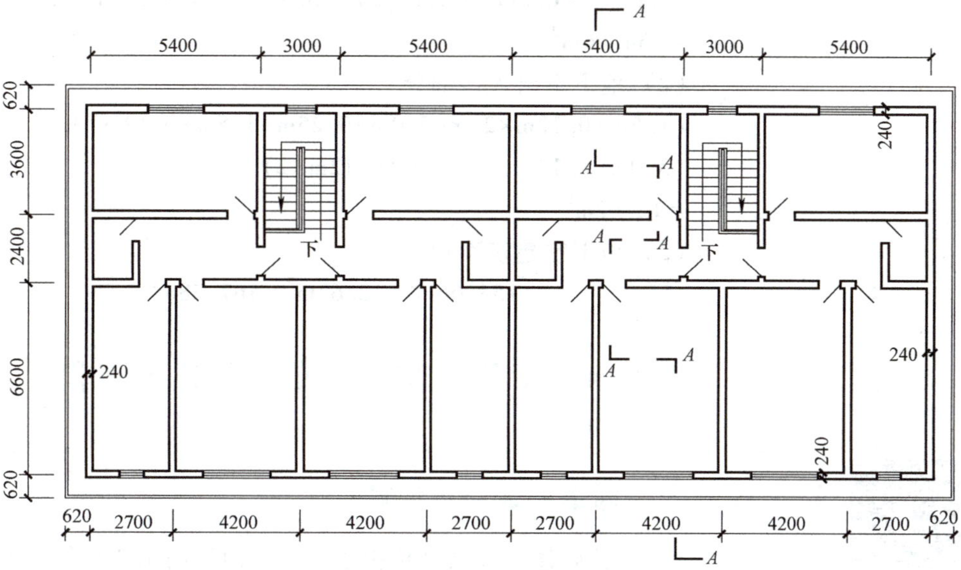

b)

图 3-11（续）

解： 阁楼房间内部净高为 2.1m 处距轴线的距离为

$$(2.1\text{m}-1.6\text{m})\times 2/1+0.12\text{m}=1.12\text{m}$$

$$S_{建}=[(2.7\text{m}+4.2\text{m})\times 4+0.24\text{m}]\times(1.12\text{m}+0.12\text{m})\times 1/2+[(2.7\text{m}+4.2\text{m})\times 4+0.24\text{m}]\times(6.6\text{m}+2.4\text{m}+3.6\text{m}-1.12\text{m}+0.12\text{m})=340.20\text{m}^2$$

[例 3-5] 某建筑物的仓库为全地下室，其平面图如图 3-12 所示，出入口处有永久性的顶盖。试计算全地下室的建筑面积。

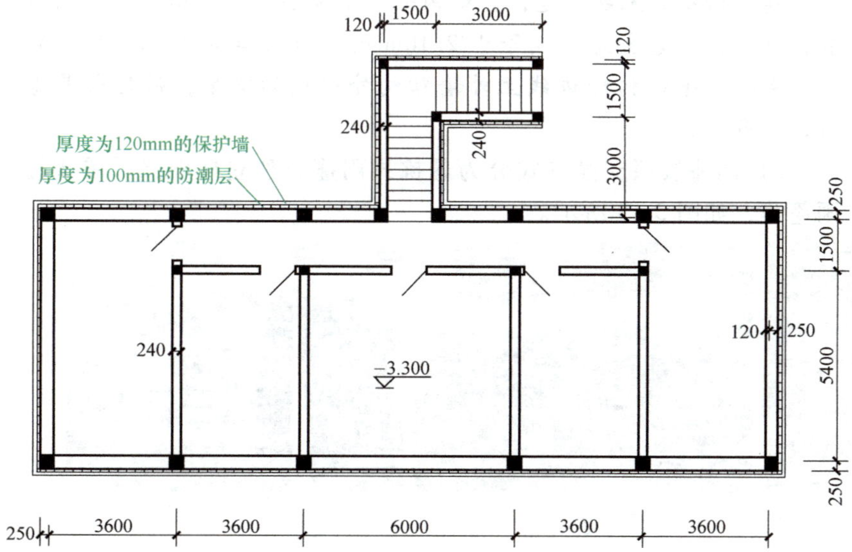

图 3-12

小知识

建筑其实不只是空间材料，建筑也是人与空间的关系，它承载的是生活的延续，满足了人们生产和生活的需要。

解：（1）地下室主体部分

$(3.6\text{m}\times4+6.0\text{m}+0.25\text{m}\times2)\times(5.4\text{m}+1.5\text{m}+0.25\text{m}\times2)$

$=154.66\text{m}^2$

（2）地下室出入口部分

$(1.5\text{m}+0.12\text{m}\times2)\times(3.0\text{m}-0.25\text{m}+1.5\text{m}+0.12\text{m})+$

$(3.0\text{m}-0.12\text{m})\times(1.5\text{m}+0.12\text{m}\times2)$

$=12.62\text{m}^2$

（3）地下室建筑面积

$$154.66\text{m}^2+12.62\text{m}^2=167.28\text{m}^2$$

任务4 雨篷、阳台、车棚等建筑面积计算

雨篷、阳台、车棚等建筑面积计算

一、雨篷建筑面积计算

1）有柱雨篷应按其结构板水平投影面积的1/2计算建筑面积；无柱雨篷的结构外边线至外墙结构外边线的宽度在2.10m及以上的，应按雨篷结构板的水平投影面积的1/2计算建筑面积。

雨篷：建筑物出入口上方、凸出墙面、为遮挡雨水而单独设立的建筑部件。雨篷划分为有柱雨篷（包括独立柱雨篷、多柱雨篷、柱墙混合支撑雨篷、墙支撑雨篷）和无柱雨篷（悬挑雨篷）。如凸出建筑物，且不单独设立顶盖，利用上层结构板（如楼板、阳台底板）进行遮挡，则不视为雨篷，不计算建筑面积。对于无柱雨篷，如顶盖高度达到或超过两个楼层时，也不视为雨篷，不计算建筑面积。

有柱雨篷，没有出挑宽度的限制，也不受跨越层数的限制，均计算建筑面积。无柱雨篷，其结构板不能跨层，并受出挑宽度的限制，设计出挑宽度大于或等于2.10m时才计算建筑面积。出挑宽度，系指雨篷结构外边线至外墙结构外边线的宽度，弧形或异形时，取最大宽度。

2）雨篷按照支撑形式分为悬挑式雨篷、独立柱雨篷、单排柱雨篷等，如图3-13所示。

图3-13

［例 3-6］　试计算图 3-14 中建筑物入口处雨篷的建筑面积。

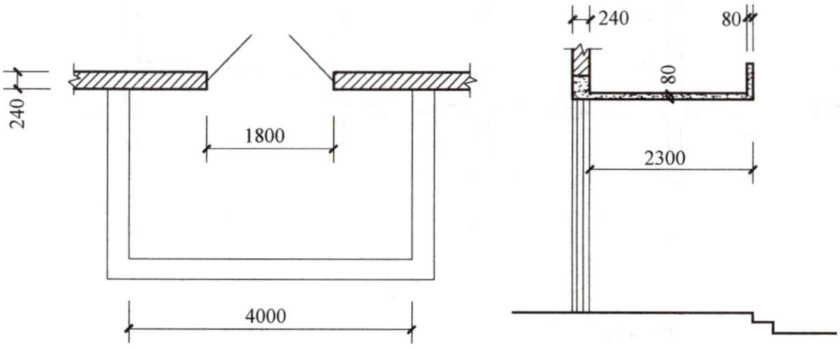

图 3-14

解：$S_{建} = 2.3\text{m} \times 4.0\text{m} \times 1/2 = 4.6\text{m}^2$

小启示

欲知平直，则必准绳；欲知方圆，则必规矩。

二、阳台建筑面积计算

1）在主体结构内的阳台，应按其结构外围水平面积计算全面积；在主体结构外的阳台，应按其结构底板水平投影面积计算 1/2 面积。建筑物的阳台，不论其形式如何，均以建筑物主体结构为界分别计算建筑面积。

主体结构：接受、承担和传递建设工程所有上部荷载，维持上部结构整体性、稳定性和安全性的有机联系的构造。

阳台：附设于建筑物外墙，设有栏杆或栏板，可供人活动的室外空间。

2）阳台按其与外墙的相对位置关系分为凸阳台、凹阳台、半凸半凹阳台和转角阳台，如图 3-15 所示；按其结构布置方式分为挑板式、挑梁式；按其是否封闭分为封闭阳台、非封闭阳台。

图 3-15

［例 3-7］　某宿舍楼主体结构为砌体结构，如图 3-16 所示。凹阳台和半凹阳台为挑梁式结构，墙体厚度和挑梁宽度均为 240mm，轴线居墙中。试计算建筑物阳台部分的建筑面积。

分析：建筑物的阳台，不论其形式如何，均以建筑物主体结构为界分别计算建筑面积。

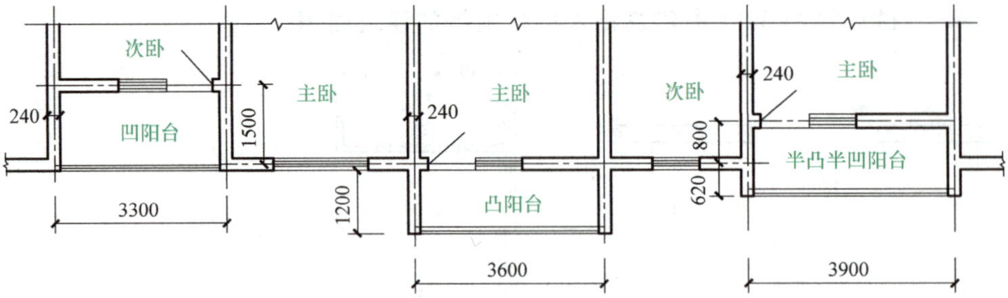

图 3-16

解：（1）凹阳台

$$S_{建}=(3.3\text{m}-0.24\text{m})\times1.5\text{m}=4.59\text{m}^2$$

（2）凸阳台

$$S_{建}=(3.6\text{m}+0.24\text{m})\times1.2\text{m}\times1/2=2.30\text{m}^2$$

（3）半凸半凹阳台

$$S_{建}=(3.9\text{m}+0.24\text{m})\times(0.62\text{m}-0.12\text{m})\times1/2+(3.9\text{m}-0.24\text{m})\times0.8\text{m}$$
$$=3.96\text{m}^2$$

（4）阳台建筑面积小计

$$S_{总建}=4.59\text{m}^2+2.30\text{m}^2+3.96\text{m}^2=10.85\text{m}^2$$

三、车棚建筑面积计算

1）有永久性顶盖无围护结构的车棚、站台（图 3-17）等，应按其顶盖水平投影面积的 1/2 计算。

图 3-17

2）有永久性顶盖无围护结构的货棚、加油站、收费站（图 3-18）等，应按其顶盖水平投影面积的 1/2 计算。

图 3-18

3）车棚、货棚、站台、加油站、收费站等，不能按柱子的范围来确定建筑面积计算范围，而应以其顶盖的水平投影面积来计算。

4）当在车棚、货棚、站台、加油站、收费站内设有维护结构的管理室、休息室时，这些房屋应按单层或多层建筑物的相关规定来计算建筑面积。

［例 3-8］　试计算某货棚（无围护结构）的建筑面积，如图 3-19 所示。

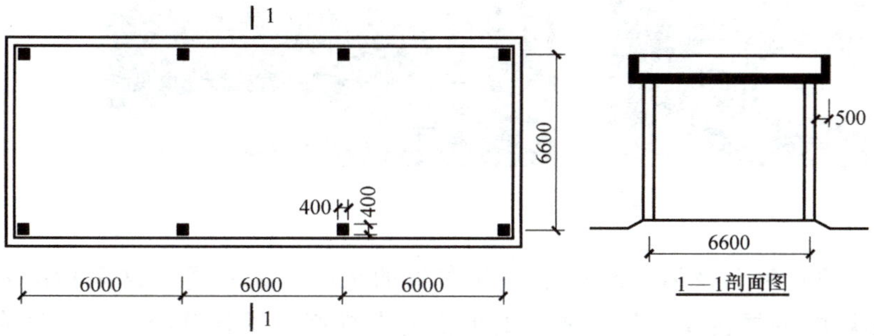

图 3-19

解： $(6.0m\times3+0.4m+0.5m\times2)\times(6.6m+0.4m+0.5m\times2)\times1/2$
$=77.60m^2$

［例 3-9］　试计算如图 3-20 所示的火车站单排柱站台的建筑面积。

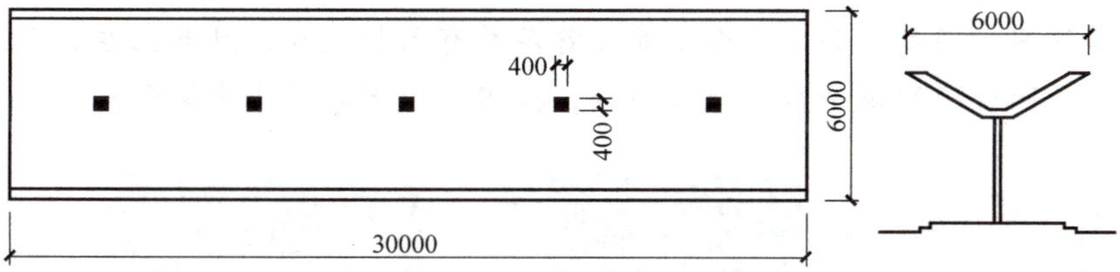

图 3-20

解： $30.0m\times6.0m\times1/2=90m^2$

小实践

外出旅游或在上学和放学的路上，找一找，哪些是站台、货棚、车棚、加油站或收费站？想想如何计算它们的建筑面积？

任务 5　不应计算建筑面积的项目

1）与建筑物内不相连通的建筑部件，这里指的是依附于建筑物外墙外不与户室开门连通，起装饰作用的敞开式挑台（廊）、平台，以及不与阳台相通的空调室外机搁板（箱）等设备平台部件。

2）骑楼、过街楼底层的开放公共空间和建筑物通道，如图 3-21 所示。

骑楼：建筑底层沿街面后退且留出公共人行空间的建筑物，是指沿街二层以上用承重柱支撑骑跨在公共人行空间之上，其底层沿街面后退的建筑物。

过街楼：跨越道路上空并与两边建筑相连接的建筑物，是指当有道路在建筑群穿过时为保证建筑物之间的功能联系，设置跨越道路上空使两边建筑相连接的建筑物。

建筑物通道：为穿过建筑物而设置的空间。

图 3-21

3）舞台及后台悬挂幕布和布景的天桥、挑台等，这里指的是影剧院的舞台及为舞台服务的可供上人维修、悬挂幕布、布置灯光及布景等搭设的天桥和挑台等构件设施。

4）露台、露天游泳池，如图 3-22 所示。

露台：设置在屋面、首层地面或雨篷上的供人室外活动的有围护设施的平台。露台应满足四个条件：一是位置，设置在屋面、地面或雨篷顶；二是可出入；三是有围护设施；四是无盖。这四个条件须同时满足。如果平台设置在首层并有围护设施，且其上层为同体量阳台，则该平台应视为阳台，按阳台的规则计算建筑面积。

图 3-22

5）花架、屋顶的水箱及装饰性结构构件，如图 3-23 所示。

6）建筑物内的操作平台、上料平台、安装箱和罐体的平台，建筑物内不构成结构层的操作平台、上料平台（包括：工业厂房、搅拌站和料仓等建筑中的设备操作控制平台、上料平台等），其主要作用为室内构筑物或设备服务的独立上人设施，不计算建筑面积。

7）勒脚、附墙柱（非结构性装饰柱）、垛、台阶、墙面抹灰、

图 3-23

装饰面、镶贴块料面层、装饰性幕墙，主体结构外的空调室外机搁板（箱）、构件、配件，挑出宽度在 2.10m 以下的无柱雨篷和顶盖高度达到或超过两个楼层的无柱雨篷。勒脚、台阶、雨篷如图 3-24 所示。

勒脚：在房屋外墙接近地面部位设置的饰面保护构造。

台阶：联系室内外地坪或同楼层不同标高而设置的阶梯形踏步，是供人行走的阶梯式连接构件。室外台阶还包括与建筑物出入口连接处的平台。

图 3-24

8）窗台与室内地面高差在 0.45m 以下且结构净高在 2.10m 以下的凸（飘）窗，窗台与室内地面高差在 0.45m 及以上的凸（飘）窗。飘窗及空调板，如图 3-25 所示。

9）室外爬梯、室外专用消防钢楼梯，如图 3-26 所示。室外钢楼梯需要区分具体用途，如专用于消防楼梯，则不计算建筑面积，如果是建筑物唯一通道，兼用于消防，应并入所依附建筑物自然层，并应按其水平投影面积的 1/2 计算建筑面积。

10）无围护结构的观光电梯。

11）建筑物以外的地下人防通道，独立的烟囱、烟道、地沟、油（水）罐、气柜、水塔、贮油（水）池、贮仓、栈桥等构筑物。

小实践

在校园里或在小区里，找一找哪些是骑楼、过街楼、勒脚、台阶、散水、附墙柱、室外爬梯、飘窗、空调板、雨篷？想想它们的哪些部位应计算建筑面积，哪些不算？

图 3-25

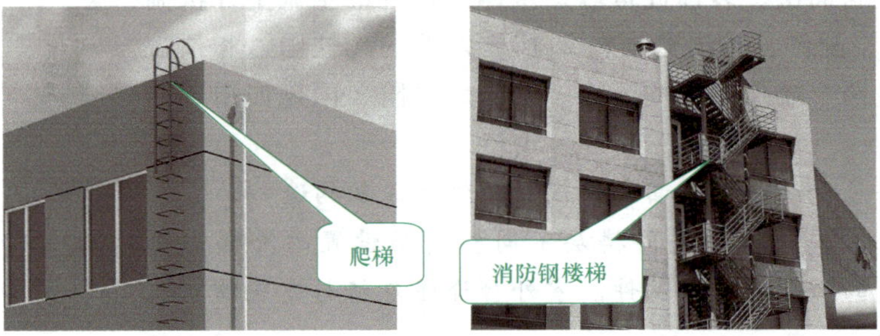

图 3-26

任务 6　建筑面积计算规则综合应用

［例 3-10］　某二层办公楼的底层平面图、二层平面图和南立面图如图 3-27 所示。工程主体为砌体结构，二层阳台为挑梁式结构。试计算二层办公楼的建筑面积。

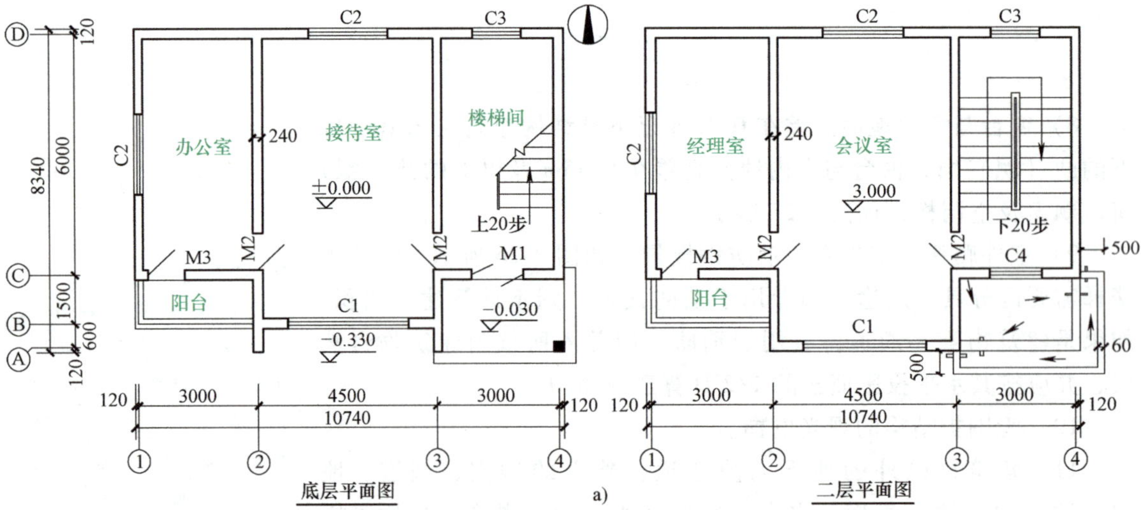

图 3-27

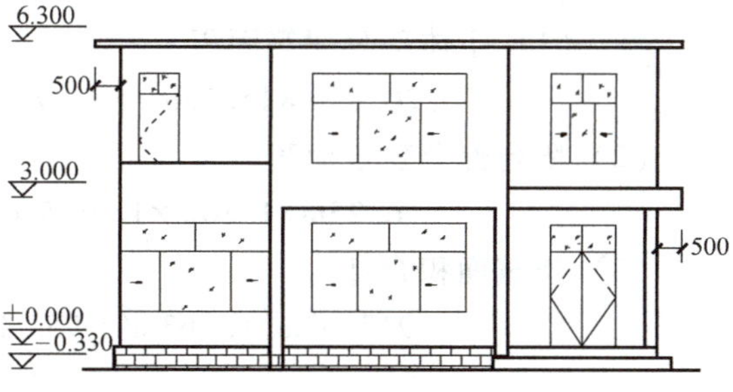

b)

图 3-27（续）

分析： 由图可知，虽然办公楼底层为封闭式阳台，二层为非封闭式阳台，但是阳台不论是否封闭，均应按其水平投影面积的 1/2 计算。因为雨篷的外挑宽度为 1.50m＋0.60m＋0.50m＝2.60m＞2.1m，所以按结构板水平投影面积的 1/2 计算。

解：（1）一、二层阳台的建筑面积

$$3.0\text{m}\times1.5\text{m}\times1/2\times2=4.50\text{m}^2$$

（2）雨篷的建筑面积

$(3.0\text{m}+0.5\text{m})\times(1.5\text{m}+0.6\text{m}+0.5\text{m})\times1/2+(0.5\text{m}\times0.06\text{m})\times2\times1/2=4.58\text{m}^2$

（3）一层办公室、接待室、楼梯间的建筑面积

$(6.0\text{m}+0.24\text{m})\times10.74\text{m}+(4.5\text{m}+0.24\text{m})\times1.5\text{m}=74.13\text{m}^2$

（4）二层经理室、会议室、楼梯间的建筑面积

$(6.0\text{m}+0.24\text{m})\times10.74\text{m}+(4.5\text{m}+0.24\text{m})\times(1.5\text{m}+0.6\text{m})=76.97\text{m}^2$

（5）建筑面积合计

$$4.50\text{m}^2+4.58\text{m}^2+74.13\text{m}^2+76.97\text{m}^2=160.18\text{m}^2$$

小启示

合抱之木，生于毫末；九层之台，起于累土；千里之行，始于足下。

[例 3-11] 仔细阅读附录二　土木实训楼施工图中建施 06～13，试计算土木实训楼的建筑面积。

分析： 由图可知，土木实训楼二层封闭式阳台应按其水平投影面积的 1/2 计算；三层开敞（无顶盖）的露台不计算建筑面积（图 3-28）；走廊西侧悬挑的雨篷（图 3-29）外挑宽度为 1.394m＜2.1m，不计算建筑面积；实训楼檐口处的挑檐（图 3-30）不计算建筑面积。土木实训楼三层的层高均大于 2.2m，所以应计算全面积。

图 3-28

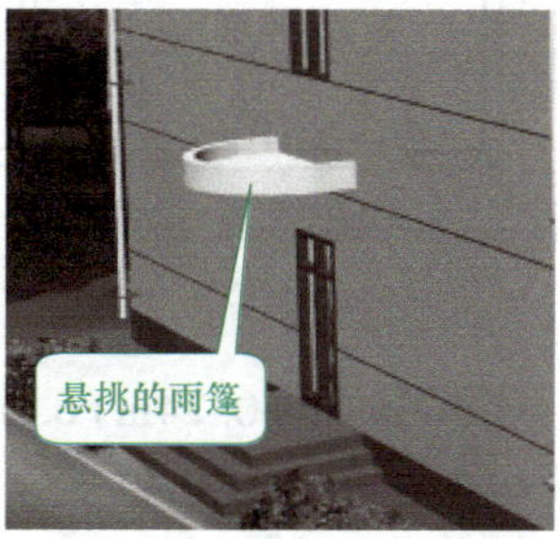

图 3-29

图 3-30

解：（1）主体部分建筑面积

$$(20.85m\times15.15m)\times3=947.63m^2$$

（2）阳台部分建筑面积

$$6.25m\times1.80m\times1/2=5.63m^2$$

（3）建筑面积合计

$$947.63m^2+5.63m^2=953.26m^2$$

任务7 基数的计算

基数的计算

在工程量计算过程中，有些数据要反复使用多次，这些数据称为基数。如外墙中心线（$L_{中}$），在计算基础、墙体、圈梁等部位工程量时要使用多次；又如房心净面积（$S_{房}$），在计算楼地面工程量和顶棚工程量时要使用多次。基数计算准确与否直接关系到编制预算的质量和速度，因此，计算基数时要尽量通过多种方法计算，以保证基数的准确性。

一、基数的含义

小启示

基数犹如建筑物的地基土，需要层层夯实，牢固的地基是保证建筑物质量的底线。

$L_{中}$——建筑平面图中设计外墙中心线的总长度。

$L_{外}$——建筑平面图中设计外墙外边线的总长度。

$L_{内}$——建筑平面图中设计内墙净长线长度。

$L_{净}$——建筑基础平面图中内墙混凝土基础或垫层净长度。

$S_{底}$——建筑物底层建筑面积。

$S_{房}$——建筑平面图中的房心净面积。

二、一般线面基数的计算

[例 3-12] 某单层建筑物的平面图如图 3-31 所示。试计算它的各种基数。

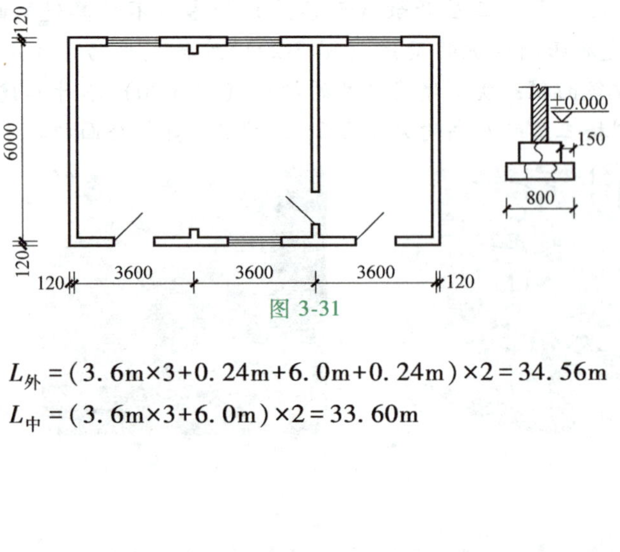

图 3-31

解： $L_{外}=(3.6m\times3+0.24m+6.0m+0.24m)\times2=34.56m$

$L_{中}=(3.6m\times3+6.0m)\times2=33.60m$

或 $L_{中} = L_{外} - 4 \times 墙厚 = 34.56\text{m} - 4 \times 0.24\text{m} = 33.60\text{m}$

$L_{内} = 6.0\text{m} - 0.24\text{m} = 5.76\text{m}$

$L_{净} = 6.0\text{m} - 0.80\text{m} = 5.20\text{m}$

$S_{底} = (3.6\text{m} \times 3 + 0.24\text{m}) \times (6.0\text{m} + 0.24\text{m}) = 68.89\text{m}^2$

$S_{房} = (3.6\text{m} \times 3 - 0.24\text{m} \times 2) \times (6.0\text{m} - 0.24\text{m}) = 59.44\text{m}^2$

或 $S_{房} = S_{底} - (L_{中} + L_{内}) \times 墙厚 = 68.89\text{m}^2 - (33.60\text{m} + 5.76\text{m}) \times 0.24\text{m} = 59.44\text{m}^2$

三、扩展基数的计算

建筑物的某些部分的工程量不能直接利用基数计算，但它与基数之间存在着必然联系，可以利用扩展基数计算。

［例 3-13］ 某单层建筑物平面图和檐沟详图如图 3-32 所示。墙体厚度均为 240mm，轴线居墙中。试计算：

1）一般线面基数（$L_{中}$、$L_{外}$、$L_{内}$、$S_{底}$、$S_{房}$）；

2）扩展基数：檐沟底板中心线长度和檐沟翻檐中心线长度。

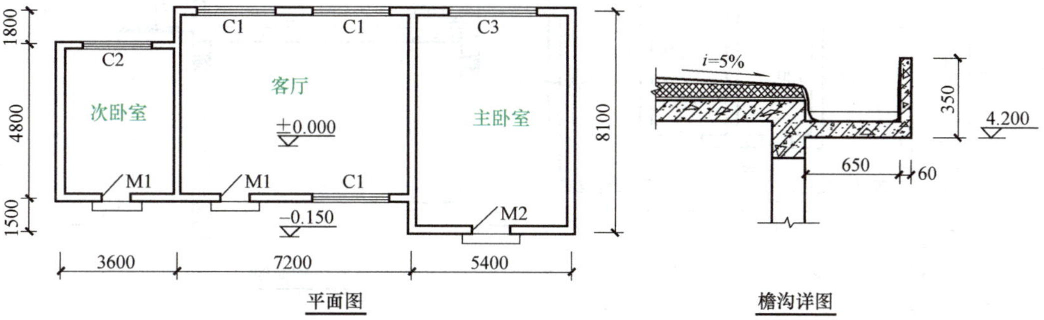

图 3-32

解：（1）一般线面基数

$L_{外} = [(3.6\text{m} + 7.2\text{m} + 5.4\text{m} + 0.24\text{m}) + (8.1\text{m} + 0.24\text{m})] \times 2 = 49.56\text{m}$

$L_{中} = (3.6\text{m} + 7.2\text{m} + 5.4\text{m} + 8.1\text{m}) \times 2 = 48.60\text{m}$

或 $L_{中} = L_{外} - 4 \times 墙厚 = 49.56\text{m} - 4 \times 0.24\text{m} = 48.60\text{m}$

$L_{内} = (4.80\text{m} - 0.24\text{m}) + (4.8\text{m} + 1.8\text{m} - 0.24\text{m}) = 10.92\text{m}$

$S_{底} = (3.6\text{m} + 7.2\text{m} + 5.4\text{m} + 0.24\text{m}) \times (8.1\text{m} + 0.24\text{m}) - [1.8\text{m} \times 3.6\text{m} + (3.6\text{m} + 7.2\text{m}) \times 1.5\text{m}] = 114.43\text{m}^2$

$S_{房} = (4.8\text{m} - 0.24\text{m}) \times (3.6\text{m} - 0.24\text{m}) + (7.2\text{m} - 0.24\text{m}) \times (4.8\text{m} + 1.8\text{m} - 0.24\text{m}) + (5.4\text{m} - 0.24\text{m}) \times (8.1\text{m} - 0.24\text{m}) = 100.14\text{m}^2$

或 $S_{房}=S_{底}-(L_{中}+L_{内})\times$墙厚

$=114.43m^2-(48.60m+10.92m)\times0.24m$

$=100.14m^2$

（2）扩展基数

檐沟底板中心线长度 $=L_{外}+4\times$底板宽度 $=49.56m+4\times0.65m$

$=52.16m$

檐沟翻檐中心线长度 $=L_{外}+8\times$翻檐中心线距外墙外边线的距离

$=49.56m+8\times(0.65m+0.06m/2)=55.00m$

小知识

因为檐沟混凝土工程量规则规定：檐沟按设计图示尺寸以体积计算。所以计算檐沟体积应首先计算檐沟底板和翻檐中心线长度。

回顾与测试

1. 何谓建筑面积，包括哪几部分？
2. 建筑面积的计算原则有哪些？
3. 试计算如图 3-33 所示的单层建筑物的建筑面积。

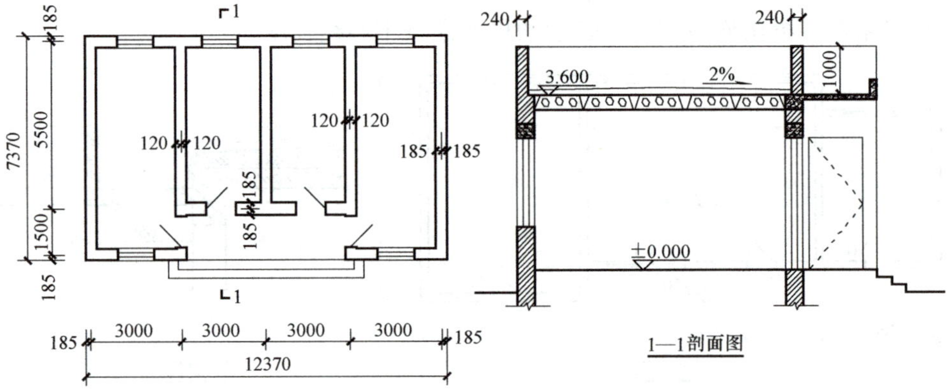

图 3-33

4. 某建筑物共三层，如图 3-34 所示，其中雨篷的长度为 2.30m，试计算其建筑面积。

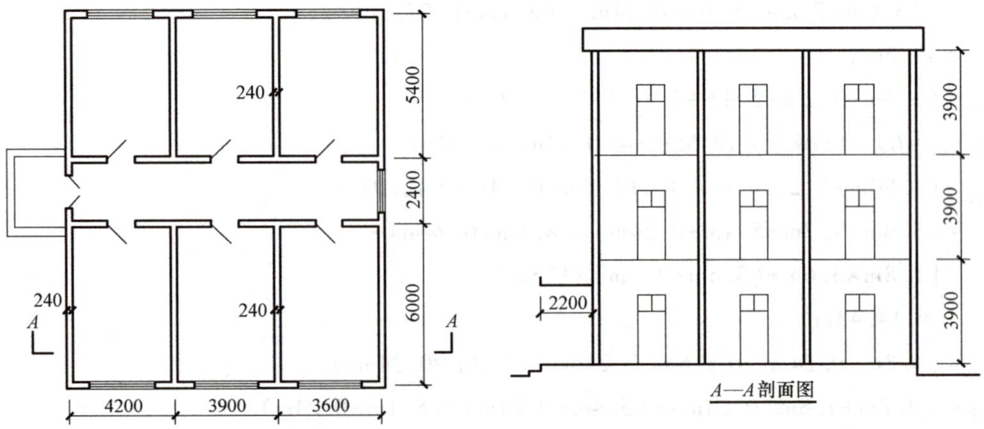

图 3-34

模块二

建筑工程清单计量与计价

- ◆ 项目四　土方工程
- ◆ 项目五　地基处理与边坡支护、桩基工程
- ◆ 项目六　砌筑工程
- ◆ 项目七　混凝土及钢筋混凝土工程
- ◆ 项目八　门窗工程
- ◆ 项目九　屋面及防水工程
- ◆ 项目十　保温、隔热、防腐工程

项目四

土方工程

学习目标

- ➢熟悉土方清单编制规定。
- ➢学会沟槽、基坑、一般土方的工程量清单编制。
- ➢学会平整场地、土方回填的清单编制。
- ➢了解简单工程土方清单定额计量与计价。

任务1　土方清单编制规定

沟槽、基坑、一般土方的划分

1）土方体积应按挖掘前的天然密实体积计算。如需非天然密实土，体积按表4-1系数计算。

表4-1　土方体积折算系数表

天然密实体积	虚方体积	夯实后体积	松填体积
1.00	1.30	0.7	1.08
0.77	1.00	0.67	0.83
1.15	1.50	1.00	1.25
0.92	1.2	0.80	1.00

注：虚方指未经碾压、堆积时间不大于1年的土壤。

2）挖土方平均厚度应按自然地面测量标高至设计地坪标高间的平均厚度确定。基础土方开挖深度应按基础垫层底表面标高至交付施工场地标高确定；无交付施工场地标高时，应按自然地面标高确定；无自然地面标高时，应按设计室外地坪标高确定，如图4-1所示。

3）沟槽、基坑、一般土方的划分为：底宽≤7m且底长>3倍底宽为沟槽；底长≤3倍底宽且底面积≤150m^2为基坑；超出上述范围为一般土方，如图4-2所示。

4）挖沟槽、基坑、一般土方因工作面和放坡增加的工程量（管沟工作面增加的工程量）是否并入各土方工程量中，应按各省、

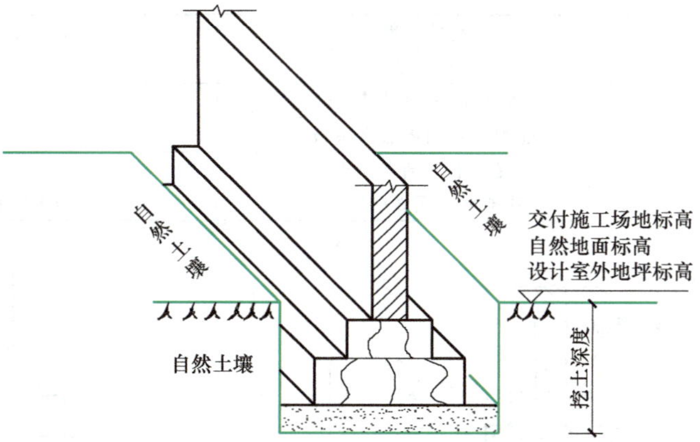

图 4-1

图 4-2

自治区、直辖市或行业主管部门的规定实施。

本书计算土方清单工程量时，将工作面和放坡增加的工程量（管沟工作面增加的工程量）并入各土方工程量中。

5）挖沟槽、基坑、一般土方工作面和放坡增加的工程量（管沟工作面增加的工程量），如果并入各土方工程量中，办理工程结算时，按经发包人认可的施工组织设计规定计算，在编制工程量清单时，土方放坡起点和放坡系数见表 4-2。

小启示

地基不牢楼房倒，本领不高事故闹；千里之堤，溃于蚁穴。

表 4-2　土方放坡起点和放坡系数表

土方类别	放坡起点/m	人工挖土	机械挖土		
			在坑内作业	在坑上作业	顺沟槽在坑上作业
一、二类土	1.20	1∶0.5	1∶0.33	1∶0.75	1∶0.5
三类土	1.50	1∶0.33	1∶0.25	1∶0.67	1∶0.33
四类土	2.00	1∶0.25	1∶0.10	1∶0.33	1∶0.25

6）基础土方施工所需的工作面宽度见表 4-3。

7）基础由几种不同材料组成时，各部分应全部满足工作面要求，若垫层工作面宽度超出了上部基础要求工作面外边线，则以垫层底面工作面的外边线开始放坡，如图 4-3 所示。

表 4-3 基础土方施工所需的工作面宽度表

基础材料	每边各增加工作面宽度/mm
砖基础	200
浆砌毛石、条石基础	150
混凝土基础垫层支模板	300
混凝土基础支模板	300
基础垂直面做防水层	1000(防水层面)

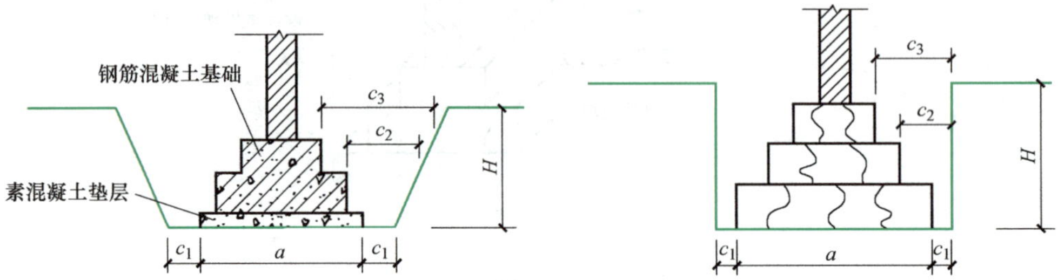

图 4-3

8）计算放坡时，在交接处的重复工作量不予扣除，基础土方放坡，自基础（含垫层）底标高算起。基础开挖边线上不允许出现错台。沟槽、坑中土类别不同时，分别按其放坡起点、放坡系数，依不同土类别厚度加权平均计算综合放坡系数，如图 4-4 所示。

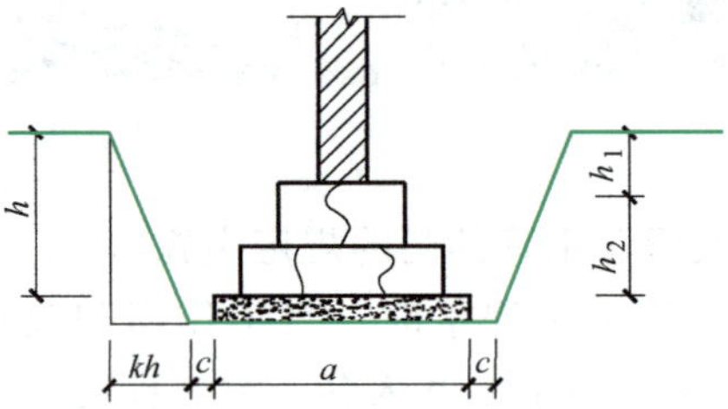

图 4-4

混合土放坡起点深度计算公式为

$$h_0=(1.2h_1+1.7h_2)/h$$

经计算，如果放坡起点深度（h_0）<挖土总深度（h），那么需要放坡开挖，则计算综合放坡系数 k，否则不必计算 k。

综合放坡系数计算公式为

$$k=(k_1h_1+k_2h_2)/h$$

式中 h_0——混合土放坡起点深度；

k_1——普通土放坡系数；

k_2——坚土放坡系数；

h_1——普通土厚度；

h_2——坚土厚度；

h——挖土总深度。

9）土壤分类见表 4-4，当土壤类别不能准确划分时，根据地勘报告决定报价。

表 4-4 土壤分类表

土壤分类	土壤名称	开挖方法
一、二类土	粉土、砂土（粉砂、细砂、中砂、粗砂、砾砂）、粉质黏土、弱中盐渍土、软土（淤泥质土、泥炭、泥炭质土）、软塑红黏土、冲填土	用锹开挖，少许用镐、条锄开挖。机械能全部直接铲挖满载者
三类土	黏土、碎石土（圆砾、角砾）混合土、可塑红黏土、硬塑红黏土、强盐渍土、素填土、压实填土	主要用镐、条锄开挖，少许用锹开挖。机械需部分刨松方能铲挖满载者或可直接铲挖但不能满载者
四类土	碎石土（卵石、碎石、漂石、块石）、坚硬红黏土、超盐渍土、杂填土	主要用镐、条锄挖掘，少许用撬棍挖掘。机械须普遍刨松方能铲挖满载者

任务 2 平整场地

一、清单工程量计算规范相关规定

1）建筑物场地厚度≤±300mm 时的挖、填、运、找平，应按土方工程中平整场地项目编码列项。厚度>±300mm 的竖向布置挖土或山坡切土，应按土方工程中一般挖土方项目编码列项。

2）项目编码：010101001。

3）项目名称：平整场地。

4）项目特征：①土壤类别；②弃土运距；③取土运距。

5）计量单位：m^2。

6）工程量计算规则：按设计图示尺寸以建筑物首层建筑面积计算。

7）工作内容：①土方挖填；②场地找平；③运输。

小启示

万丈高楼平地起，一砖一瓦皆根基；万丈高楼平地起，勿在浮沙筑高台。

计算平整场地工程量

计算平整场地工程量

二、应用案例

［例 4-1］ 某农村住宅正房为平房，坡屋顶，如图 4-5 所示。土壤为二类粉质黏土。试计算平整场地清单工程量。

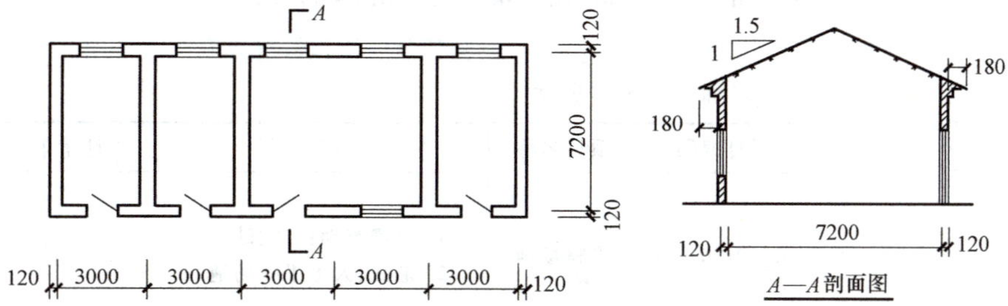

图 4-5

解：$(3.0m\times5+0.24m)\times(7.2m+0.24m)=113.39m^2$

[例 4-2] 仔细阅读附录二 土木实训楼施工图中建施 04～06。采用人工平整场地，土壤为三类黏土（坚土）。试计算平整场地工程量，并填写分部分项工程量清单表。

分析：平整场地按建筑物首层建筑面积计算。

解：$20.85m\times15.15m=315.88m^2$

分部分项工程量清单表

工程名称：土木实训楼

项目编码	项目名称	项目特征	计量单位	工程量
010101001001	平整场地	1. 土壤类别:三类黏土(坚土) 2. 形式:人工平整场地	m^2	315.88

[例 4-3] 某写字楼共五层，一层平面图如图 4-6 所示。人工机械平整场地，土壤为二类砂土，试计算人工平整场地工程量，并填写分部分项工程量清单表。

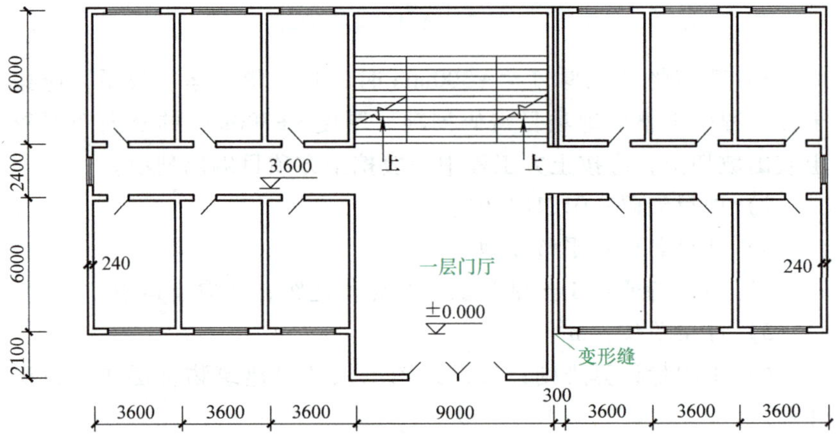

一层平面图

图 4-6

解：$(3.6m\times6+9.0m+0.30m+0.24m)\times(6.0m\times2+2.4m+0.24m)+(9.0m+0.24m)\times2.10m=475.29m^2$

分部分项工程量清单表

工程名称：土木实训楼

项目编码	项目名称	项目特征	计量单位	工程量
010101001001	平整场地	1. 土壤类别:二类砂土 2. 形式:人工平整场地	m^2	475.29

任务3 挖一般土方

一、清单工程量计算规范相关规定

1）项目编码：010101002。

2）项目名称：挖一般土方。

3）项目特征：①土壤类别；②挖土深度；③弃土运距。

4）计量单位：m^3。

5）工程量计算规则：按设计图示尺寸以体积计算。

6）工作内容：①排地表水；②土方开挖；③围护（挡土板）及拆除；④基底钎探；⑤运输。

二、应用案例

［例 4-4］ 某丘陵地区欲建一幢写字楼，坐落在杂填土上，采用挖掘机大开挖，坑上作业，将土弃于3km以外。基础平面图及详图如图4-7所示。试计算机械大开挖清单工程量，并编制分部分项工程量清单表。

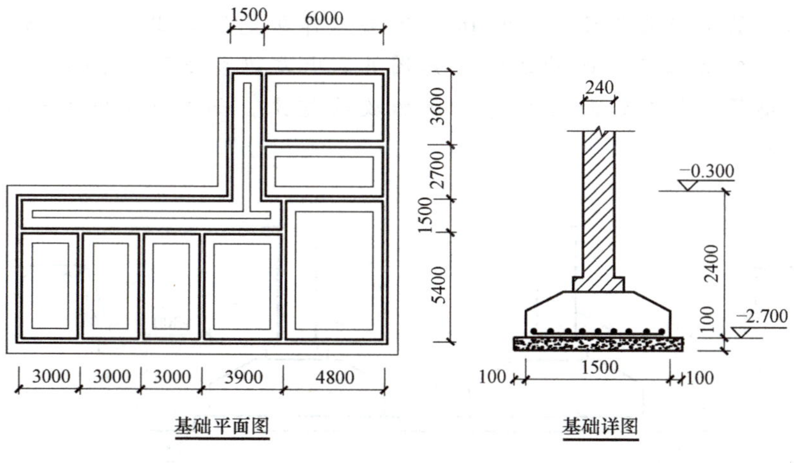

图 4-7

分析：1）大开挖土方或基坑放坡，开挖后形状如图4-8所示，计算公式为：$V=(a+2c+kh)(b+2c+kh)h+(1/3)k^2h^3$＝开挖底面积×挖土深度+(1/3)×放坡系数^2×挖土深度^3。

式中 V——挖土工程量（m^3）；

a——基础挖土长度（m）；

b——基础挖土宽度（m）；
c——基础工作面（m）；
k——综合放坡系数；
h——挖土深度（m）。

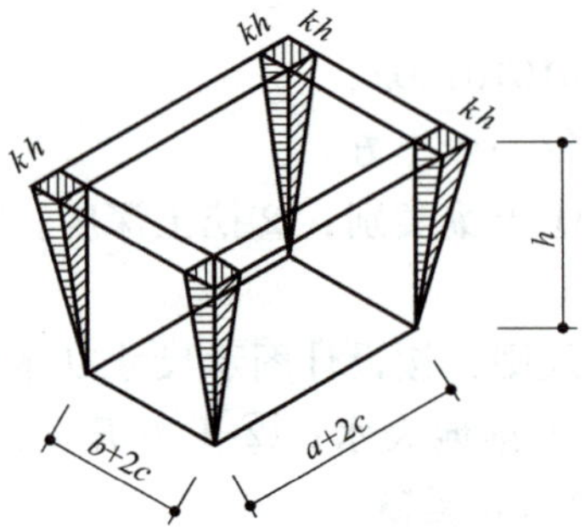

图 4-8

温故

查表 4-2：杂填土为四类土，四类土放坡起点为 2.00m。

2）基础土方放坡，自基础（含垫层）底标高算起，土方的每一边坡（含直坡），均应为连续坡，边坡上不能出现错台。

3）查表 4-3，混凝土基础支模板和混凝土垫层支模板每边的工作面宽度均为 300mm。土方开挖时，如果混凝土基础和混凝土垫层工作面宽度取 300mm，垫层工作面宽度超出了上部混凝土基础要求工作面外边线，如图 4-9 中左边蓝线所示，这时则以垫层底面工作面的外边线开始放坡挖土，如图 4-9 中右边蓝线所示。

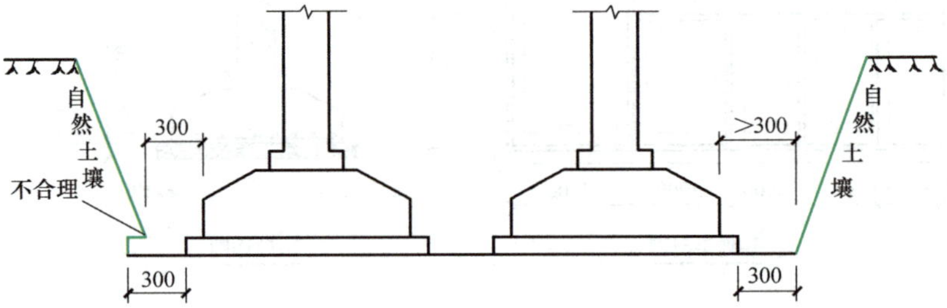

图 4-9

温故

查表 4-2：挖掘机坑上作业四类土，放坡系数 k 为 0.33。

解： 开挖总深度 = 2.70m + 0.1m − 0.30m = 2.50m > 2.00m，故放坡。

（1）开挖底面积

（3.0m × 3 + 3.90m + 4.80m + 1.50m + 0.10m × 2 + 0.30m × 2）×（5.40m + 1.50m + 2.70m + 3.60m）− 3.0m × 3 ×（2.70m + 3.60m）= 207.30m²

（2）大开挖总挖土体积

$207.30m^2 \times 2.5m + (1/3) \times 0.33^2 \times (2.5m)^3 = 518.82m^3$

因为本工程挖土总宽度大于 7.0m 且开挖底面积大于 $150m^2$，所以本工程大开挖执行挖一般土方项目。

分部分项工程量清单表

工程名称：写字楼

项目编码	项目名称	项目特征	计量单位	工程量
010101002001	挖一般土方	1. 土壤类别：四类杂填土 2. 挖土平均厚度：2.50m 3. 弃土运距：3km	m^3	518.82

任务 4　挖沟槽土方

一、清单工程量计算规范相关规定

1）项目编码：010101003。

2）项目名称：挖沟槽土方。

3）项目特征：①土壤类别；②挖土深度；③弃土运距。

4）计量单位：m^3。

5）工程量计算规则：按设计图示尺寸以基础垫层底面积乘以挖土深度计算。

6）工作内容：①排地表水；②土方开挖；③围护（挡土板）及拆除；④基底钎探；⑤运输。

二、应用案例

[例 4-5]　认真阅读附录二　土木实训楼施工图中结施 01～04。土壤为三类黏土（坚土），弃土 2km，挖掘机坑上作业，考虑混凝土支模增加的工作面宽度。试计算下列基础挖土清单工程量，并填写分部分项工程量清单表。

1）条形基础 TJB_P-1 挖土方；

2）条形基础 TJB_J-1 挖土方。

解：沟槽开挖深度 = 1.60m+0.10m−0.40m = 1.30m<1.50m，故不放坡。

温故

查表 4-2：三类土放坡起点为 1.50m。

分析：当条形基础挖沟槽不放坡，开挖后形状如图 4-10 所示，沟槽挖土体积 = 沟槽开挖宽度×沟槽开挖深度×沟槽开挖长度。

（1）条形基础 TJB_P-1

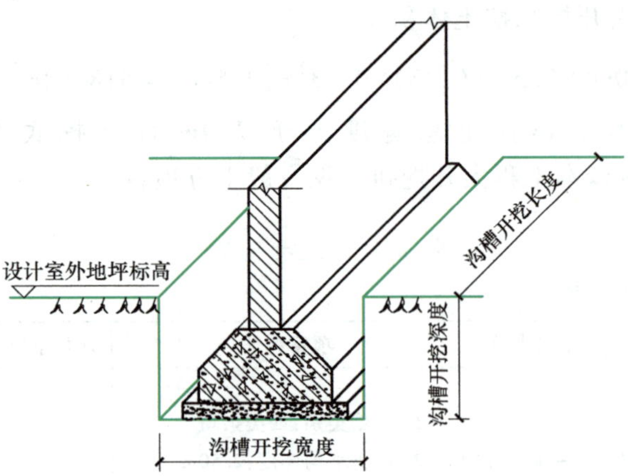

图 4-10

小知识

长方体的体积=长度×宽度×高度

基槽长度：1.0m×2+3.0m+3.30m+2.70m+0.1m×2+0.30m×2 =11.80m

基槽宽度：(1.275m+0.1m+0.3m)×2=3.35m

挖土工程量：11.80m×3.35m×1.30m=51.39m^3

(2) 条形基础 TJB_J-2

基槽长度：1.0m×2+3.0m+0.1m×2+0.30m×2=5.80m

基槽宽度：(1.15m+0.1m+0.3m)×2=3.10m

挖土工程量：5.80m×3.10m×1.30m=23.37m^3

(3) 条形基础挖土工程量小计

51.39m^3+23.37m^3=74.76m^3

分部分项工程量清单表

工程名称：土木实训楼

项目编码	项目名称	项目特征	计量单位	工程量
010101003001	挖沟槽土方	1. 土壤类别：三类坚土 2. 挖土平均厚度：1.30m 3. 弃土运距：2km	m^3	74.76

[例 4-6]　认真阅读附录二　土木实训楼施工图中结施 01~04。土壤为三类坚土，弃土 2km，挖掘机坑上作业，考虑混凝土支模增加的工作面宽度，试计算筏板基础挖土清单工程量，并填写分部分项工程量清单表。

分析： 沟槽、基坑、一般土方的划分为：底宽≤7m 且底长>3 倍底宽为沟槽；底长≤3 倍底宽且底面积≤150m^2 为基坑；超出上述范围为一般土方。

解： 挖土深度 = 1.6m + 0.1m − 0.40m = 1.30m < 1.50m，故不放坡。

基槽长度：20.40m+0.90m×2+0.10m×2+0.30m×2=23.0m

基槽宽度：2.70m+0.90m×2+0.10m×2+0.30m×2=5.30m<7.0m

因为宽度5.30m<7.0m且长度23.0m>3×5.30m=15.90m，所以本工程筏板基础土方为沟槽土方。

挖土工程量：23.0m×5.30m×1.30m=158.47m^3

分部分项工程量清单表

工程名称：土木实训楼

项目编码	项目名称	项目特征	计量单位	工程量
010101003001	挖沟槽土方	1. 土壤类别：三类坚土 2. 挖土平均厚度：1.30m 3. 弃土运距：2km	m^3	158.47

任务5　挖基坑土方

一、清单工程量计算规范相关规定

1）项目编码：010101004。

2）项目名称：挖基坑土方。

3）项目特征：①土壤类别；②挖土深度；③弃土运距。

4）计量单位：m^3。

5）工程量计算规则：按设计图示尺寸以基础垫层底面积乘以挖土深度计算。

6）工作内容：①排地表水；②土方开挖；③围护（挡土板）及拆除；④基底钎探；⑤运输。

计算基坑土方工程量

二、应用案例

[例4-7]　认真阅读附录二　土木实训楼施工图中结施01~04。土壤为三类坚土，弃土2km，挖掘机坑上作业，考虑混凝土支模增加的工作面宽度，试计算下列独立基础挖土清单工程量，并填写分部分项工程量清单表。

1）DJ_P-1；2）DJ_J-2。

解： 挖土深度=1.60m+0.10m−0.40m=1.30m<1.50m，故不放坡。

（1）独立基础DJ_P-1，共4个

挖土工程量：（1.20m+0.10m+0.30m）×2×（1.20m+0.10m+0.30m）×2×1.30m=13.31m^3

（2）独立基础DJ_J-2，共1个

挖土工程量：$(1.35\text{m}+0.10\text{m}+0.30\text{m})\times2\times(1.35\text{m}+0.10\text{m}+0.30\text{m})\times2\times1.30\text{m}=15.93\text{m}^3$

（3）独立基础挖土工程量

$$13.31\text{m}^3\times4+15.93\text{m}^3\times1=69.17\text{m}^3$$

分部分项工程量清单表

工程名称：土木实训楼

项目编码	项目名称	项目特征	计量单位	工程量
010101004001	挖基坑土方	1. 土壤类别:三类坚土 2. 挖土平均厚度:1.15m 3. 弃土运距:2km	m^3	69.17

任务6　土 方 回 填

一、清单工程量计算规范相关规定

1）项目编码：010103001。

2）项目名称：回填方。

3）项目特征：①密实度要求；②填方材料品种；③填方粒径要求；④填方来源、运距。

4）计量单位：m^3。

5）工程量计算规则：按设计图示尺寸以体积计算。①场地回填：回填面积乘以平均回填厚度；②室内回填：主墙间面积乘以回填厚度不扣除间壁墙；③基础回填：按挖方清单项目工程量减去自然地坪以下埋设的基础体积（包括基础垫层及其他构筑物）。

6）工作内容：①运输；②回填；③压实。

二、应用案例

［例 4-8］　仔细阅读附录二　土木实训楼施工图中结施 01~05。如果已知条形基础挖土方 74.76m^3，独立基础挖土方 69.17m^3，筏板基础挖土体积 158.47m^3。独立基础：垫层 3.56m^3，基础 22.39m^3；筏板基础：垫层 10.53m^3，基础 69.93m^3；条形基础：垫层 4.38m^3，基础 37.08m^3。采用原素土夯填，压实系数 0.9。试计算土木实训楼基础土方回填土工程量，填写分部分项工程量清单表。

分析：计算基础土方回填土工程量时，应扣除室外地坪以下的各种基础体积和垫层体积，并且要扣除室外地坪以下的混凝土柱体积，也就是扣除挖土范围内的所有构件体积，如图 4-11 所示。

基础土方回填土体积＝基础总挖土体积－垫层总体积－各种基础

体积−室外地坪以下的混凝土柱体积−室外地坪以下其他构件体积

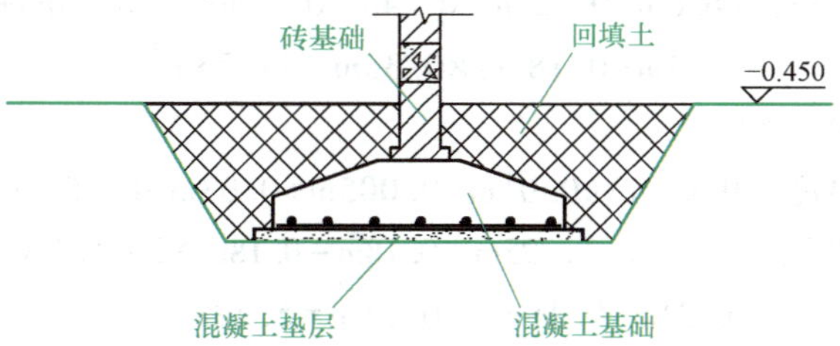

图 4-11

解：（1）基础挖土总体积

$$74.76m^3+69.17m^3+158.47m^3=302.40m^3$$

（2）基础垫层总体积

$$3.56m^3+10.53m^3+4.38m^3=18.47m^3$$

（3）混凝土基础体积

$$22.39m^3+69.93m^3+37.08m^3=129.40m^3$$

（4）室外地坪以下框架柱体积

DJ_P-1 处 KZ1：$0.45m\times0.45m\times(0.50m-0.40m)\times4=0.08m^3$

DJ_J-2 处 KZ3：$0.50m\times0.50m\times(0.50m-0.40m)=0.03m^3$

TJB_J-2 处 KZ1 和 KZ3：$0.45m\times0.45m\times(0.60m+0.05m-0.40m)+0.50m\times0.50m\times(0.60m+0.05m-0.40m)=0.11m^3$

筏板基础处 KZ2 和 KZ3：$0.45m\times0.45m\times(0.90m-0.40m)\times9+0.50m\times0.50m\times(0.90m-0.40m)=1.04m^3$

（5）基础回填土总体积

$302.40m^3-18.47m^3-129.40m^3-(0.08m^3+0.03m^3+0.11m^3+1.04m^3)=153.27m^3$

分部分项工程量清单表

工程名称：土木实训楼

项目编码	项目名称	项目特征	计量单位	工程量
010103001001	回填方	原土分层夯填，压实系数 0.9	m^3	153.27

[例 4-9] 仔细阅读附录二 土木实训楼施工图中建施 01~06。试计算一层热工测试实验室、办公室 1、建筑构造实验室、男厕所及洗漱间房心回填土工程量，填写分部分项工程量清单表。

分析：地面回填土厚度等于建筑物室内外高差减去室内地面的厚度。室内地面做法从建施 01 的室内装修组合和建施 02 的室内做法明细中查询。

小提示

房心回填土体积＝回填土长度×宽度×回填厚度

解：（1）热工测试实验室

回填土厚度：0. 40m−0. 02m−0. 05m＝0. 33m

回填体积：(6. 0m+0. 225m−0. 24m−0. 18m÷2)×(6. 0m+0. 45m−0. 24m−0. 18m)×0. 33m＝11. 73m^3

(2) 办公室 1

回填厚度：0. 40m−(0. 01m+0. 005m+0. 03m+0. 05m)＝0. 31m

回填体积：(3. 0m+0. 225m−0. 18m−0. 18m÷2)×(6. 0m+0. 45m−0. 24m−0. 18m)×0. 31m＝5. 52m^3

(3) 建筑构造实验室

回填厚度：0. 40m−0. 02m−0. 05m＝0. 33m

回填体积：(5. 4m−0. 18m)×(2. 1m+3. 9m+0. 45m−0. 24m−0. 18m)×0. 33m＝10. 39m^3

(4) 男厕所及洗漱间

回填厚度：(0. 40m−0. 03m)−(0. 01m+0. 005m+0. 03m+0. 05m)＝0. 28m

回填体积：(2. 7m+0. 45m−0. 24m×2)×(2. 1m+3. 9m+0. 45m−0. 24m×2)×0. 28m＝4. 46m^3

(5) 房心回填合计

11. 73m^3+5. 52m^3+10. 39m^3+4. 46m^3＝32. 10m^3

分部分项工程量清单表

工程名称：土木实训楼

项目编码	项目名称	项目特征	计量单位	工程量
010103001001	回填方	原土房心回填，素土分层夯填，压实系数为 0. 90	m^3	32. 10

任务 7　土方清单定额计量计价

[例 4-10]　某土方工程采用挖掘机坑上大开挖，基础平面图及详图如图 4-12 所示。土质为一类粉土，自卸汽车运土 1km，装载机装车。挖掘机坑上作业。基底钎探按槽长每 1. 5m 打 1 个钎眼，

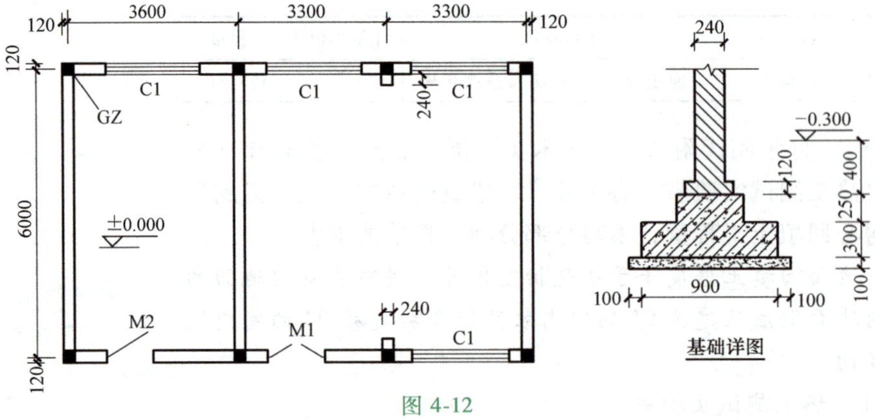

图 4-12

成梅花状分布。管理费率为人工费的 25.6%，利润为人工费的 15.0%。试计算编制土方工程量清单，并根据山东省 2020 年价目表计算综合单价和合价。

解： 挖土深度 = 0.40m+0.25m+0.30m+0.10m = 1.05m<1.20m，不放坡。

温故

查表 4-2：一类土放坡起点为 1.20m。

1. 计算挖土清单工程量并编制清单表

分析： 据清单计算规范规定，混凝土基础垫层支模板每边各增加工作面宽度为 300mm，混凝土基础支模板每边各增加工作面宽度为 300mm，所以由基础详图可以得到：垫层加上工作面后的开挖边线超过基础加上工作面的开挖边线，这时应以垫层的开挖边线为准，如图 4-13a 所示的蓝线。

土方清单定额计量计价

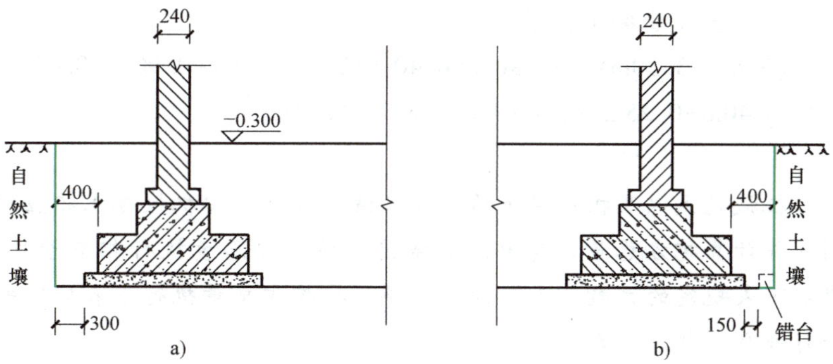

图 4-13

（1）大开挖基坑长度

$$3.6m+3.30m\times2+0.90m+0.10m\times2+0.30m\times2=11.90m$$

（2）大开挖基坑宽度

$$6.0m+0.90m+0.10m\times2+0.30m\times2=7.70m$$

（3）大开挖面积

$$11.90m\times7.70m=91.63m^2$$

（4）大开挖清单挖土工程量

$$91.63m^2\times1.05m=96.21m^3$$

因为 $11.90m<3\times7.70m$，且 $91.63m^2<150m^2$，所以本工程执行挖基坑土方项目。

小启示

巨大的建筑，总是由一木一石垒起来的，我们何妨做这一木一石呢？

综合性技能题也是一个个小技能点累积起来的，只要把这些小技能点弄懂了，那大的综合性技能题也就解决了。

分部分项工程量清单表

工程名称：某土方工程

项目编码	项目名称	项目特征	计量单位	工程量
010101004001	挖基坑土方	1. 土壤类别：一类粉土 2. 挖土平均厚度：1.05m 3. 弃土运距：1km	m^3	96.21

2. 计算挖土方定额工程量

【资料链接 1】

山东省定额计算规则规定如下。

沟槽：槽底宽度（设计图示的基础或垫层的宽度）3m 以内，且底长大于 3 倍底宽的为沟槽；地坑：坑底面积≤$20m^2$，且底长≤3 倍底宽的为地坑；一般土石方：超出上述范围，又非平整场地的为一般土石方。

混凝土基础垫层（支模板）单边工作面宽度为 150mm，混凝土基础（支模板）单边工作面宽度为 400mm。基础开挖边线上不允许出现错台，故基础开挖边线为自混凝土基础外边线向外 400mm，垂直开挖，如图 4-13b 所示的蓝线。

（1）挖土定额工程量

$(3.6m+3.30m\times2+0.90m+0.40m\times2)\times(6.0m+0.90m+0.40m\times2)\times(0.40m+0.25m+0.30m+0.10m)=96.21m^3$

【资料链接 2】

机械挖土以及机械挖土后的人工清理修整，按机械挖土相应规则一并计算挖方总量。其中，机械挖土按挖方总量执行相应子目，乘以下表规定的系数；人工清理修整，按挖方总量执行下表规定的子目并乘以相应系数。

机械挖土及人工清理修整系数表

基础类型	机械挖土		人工清理修整	
	执行子目	系数	执行子目	系数
一般土方	相应子目	0.95	1-2-3	0.063
沟槽土方		0.90	1-2-8	0.125
地坑土方		0.85	1-2-13	0.188

注：人工挖土方不计算人工清底修边。

（2）分别计算定额机械和人工挖土工程量

大开挖基坑底面面积

$(3.6m+3.30m\times2+0.90m+0.10m\times2)\times(6.0m+0.90m+0.10m\times2)=80.23m^2>20m^2$，故属于一般土石方。

其中机械挖土工程量为

$$96.21m^3\times0.95=91.40m^3$$

其中人工清理修整工程量为

$$96.21m^3\times0.063=6.06m^3$$

（3）钎探工程量

$$L_{中}=(3.60m+3.30m\times2+6.0m)\times2=32.40m$$

$$L_{净}=6.0m-(0.90m+0.10m\times2)=4.90m$$

工程量为

$$(32.40m+4.90m)\times(0.90m+0.10m\times2)=41.03m^2$$

3. 折算

$$6.06\div96.21=0.06$$
$$91.40\div96.21=0.95$$
$$96.21\div96.21=1.00$$
$$41.03\div96.21=0.43$$

4. 计算综合单价并分析人工、材料、机械等费用

【资料链接3】

山东省建筑工程价目表摘要（增值税 一般计税）

定额编码	项目名称	单位	单价(除税)/元	人工费/元	材料费(除税)/元	机械费(除税)/元
1-2-1	人工挖一般土方 基深≤2m 普通土	$10m^3$	316.16	316.16		
1-2-39	挖掘机挖一般土方	$10m^3$	28.91	7.68		21.23
1-2-52	装载机装车 土方	$10m^3$	24.87	11.52		13.35
1-2-58	自卸汽车运土方 运距≤1km	$10m^3$	60.32	3.84	0.76	55.72
1-4-4	基底钎探	$10m^3$	88.11	53.76	15.69	18.66

小启示

工匠们喜欢不断雕琢自己的作品，不断提升自己的手艺，享受着作品在双手中升华的过程。工匠们对细节有很高要求，追求完美和极致，对精品有着执着的坚持和追求，把品质从99%提高到99.99%，其利虽微，却长久造福于世。

每清单单位（m^3）所含的人工、材料、机械费用如下所示。

（1）人工挖一般土方 基深≤2m 普通土

人工费：316.16÷10×0.06元=1.90元

管理费：1.90元×25.6%=0.49元

利润：1.90元×15.0%=0.29元

（2）挖掘机挖一般土方

人工费：7.68÷10×0.95元=0.73元

机械费：21.23÷10×0.95元=2.02元

管理费：0.73元×25.6%=0.19元

利润：0.73元×15.0%=0.11元

（3）装载机装车 土方

人工费：11.52÷10×1.00元=1.15元

机械费：13.35÷10×1.00元=1.34元

管理费：1.15元×25.6%=0.29元

利润：1.15元×15.0%=0.17元

（4）自卸汽车运土方 运距≤1km

人工费：3.84÷10×1.00元=0.38元

材料费：0.76÷10×1.00元=0.08元

机械费：55.72÷10×1.00 元=5.57 元

管理费：0.38 元×25.6%=0.10 元

利润：0.38 元×15.0%=0.06 元

（5）基底钎探

人工费：53.76÷10×0.43 元=2.31 元

材料费：15.69÷10×0.43 元=0.67 元

机械费：18.66÷10×0.43 元=0.80 元

管理费：2.31 元×25.6%=0.59 元

利润：2.31 元×15.0%=0.35 元

综合单价人工、材料、机械费用分析表

清单项目名称	工程内容	定额编码	单位	工程量	人工费/元	材料费/元	机械费/元	管理费/元	利润/元	小计/元
挖基坑土方	人工挖一般土方	1-2-3	$10m^3$	0.06	1.90			0.49	0.29	2.68
	挖掘机挖一般土方	1-2-39	$10m^3$	0.95	0.73		2.02	0.19	0.11	3.05
	装载机装车 土方	1-2-52	$10m^3$	1.00	1.15		1.34	0.29	0.17	2.95
	自卸汽车运土方 运距≤1km	1-2-58	$10m^3$	1.00	0.38	0.08	5.57	0.10	0.06	6.19
	基底钎探	1-4-4	$10m^3$	0.43	2.31	0.67	0.80	0.59	0.35	4.72
综合单价										19.59

分部分项工程量清单计价表

工程名称：某平房

序号	项目编码	项目名称	计量单位	工程数量	金额	
					综合单价/(元/m^3)	合价/元
1	010101004001	挖基坑土方 土壤类别：一类粉土 挖土平均厚度：1.05m 弃土运距：1km	m^3	96.21	19.59	1884.75

回顾与测试

1. 如何划分沟槽、基坑和一般土方？
2. 土方回填分为哪几种类型，如何计算？
3. 某平房首层平面图如图 4-14 所示。土壤为二类砂土，人工平整场地，试计算平整场地清单工程量，并填写分部分项工程量清单表。

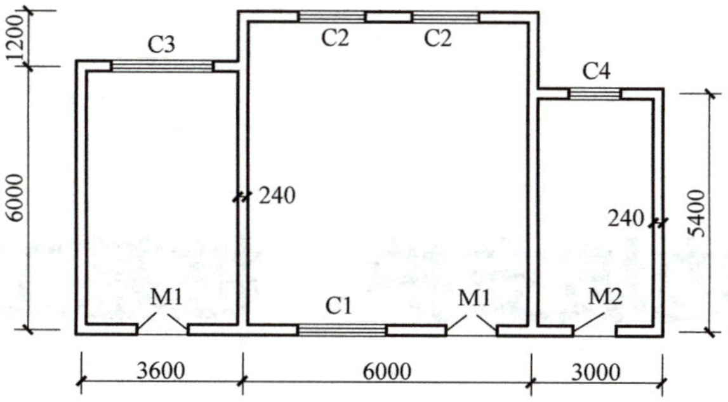

图 4-14

项目五

地基处理与边坡支护、桩基工程

学习目标

- ➢了解强夯地基的施工工艺和清单编制。
- ➢学会土钉、喷射混凝土护坡的清单编制。
- ➢学会预制钢筋混凝土方桩的清单编制。

任务1　强 夯 地 基

一、强夯的施工工艺

1）强夯法又称动力固结法，是用起重机械将大吨位重锤（一般为10~40t）起吊到6~40m高度后自由下落，给地基土以强大的冲击能量的夯击，使土中出现很大的冲击力，土体产生瞬间变形，迫使土层孔隙压缩，土体局部液化，在夯击点周围产生裂缝，形成良好的排水通道，孔隙水和气体逸出，使土粒重新排列，经时效压密达到固结，从而提高地基承载力，降低其压缩性的一种有效的地基加固方法。它是一种深层处理土壤的方法，影响深度一般在6~7m以上，如图5-1所示。

图 5-1

2）强夯法适用于处理碎石土、砂土、低饱和度的粉土与黏性土、湿陷性黄土、素填土和杂填土等地基。

二、清单工程量计算规范相关规定

1）项目编码：010201004。

2）项目名称：强夯地基。

3）项目特征：①夯击能量；②夯击遍数；③夯击点布置形式、间距；④地耐力要求；⑤夯填材料种类。

4）计量单位：m^2。

5）工程量计算规则：按设计图示处理范围以面积计算。

6）工作内容：①运输；②回填；③压实。

小知识

湿陷性黄土孔隙率一般比较大，颗粒间具有较大的结构强度，故在天然干燥状态下，黄土仍可承受一定的荷载，并且变形量也较小；但在自重或一定荷载作用下，受水浸湿后，黄土结构迅速破坏而发生显著的附加下沉，这就是黄土湿陷性。湿陷性黄土大部分分布在黄河中游地区。

三、应用案例

［例 5-1］　某多层建筑的地基土为杂填土，经有关部门反复论证，最终研究决定采用强夯处理效果最好。基础平面图尺寸如图 5-2 所示。设计规定：夯击能量是 200t · m，夯击 5 遍，强夯范围从基础外围轴线每边各加 3m，夯点成梅花状布置，夯点间距 3. 5m。试计算地基强夯工程量，填写分部分项工程量清单表。

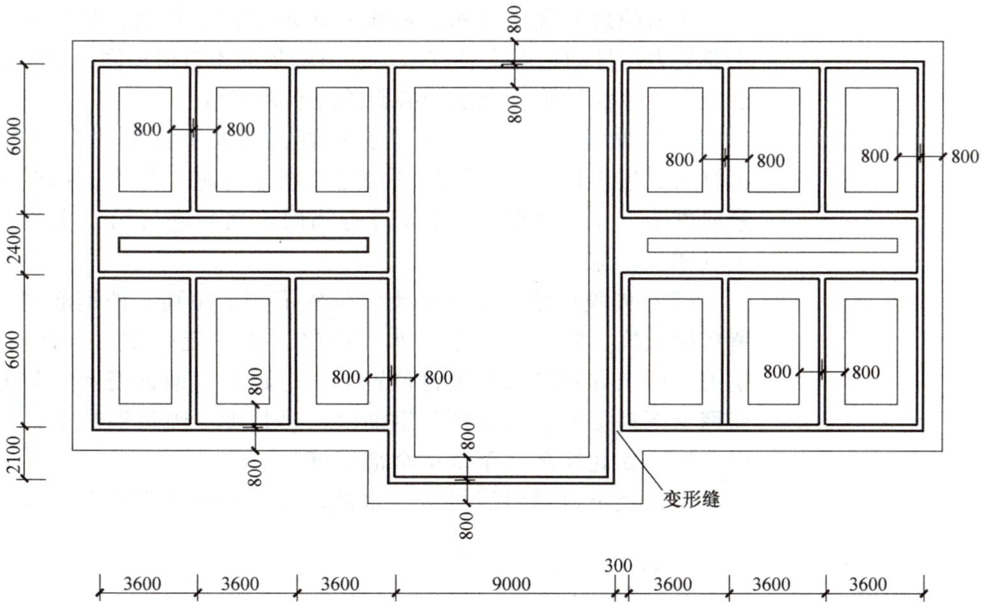

图 5-2

解： 地基强夯工程量

(3. 6m×6+9. 0m+0. 3m+0. 24m+3. 0m×2)×(6. 0m×2+2. 4m+0. 24m+3. 0m×2)+(9. 0m+0. 24m+3. 0m×2)×2. 1m=798. 57m^2

分部分项工程量清单表

工程名称：某多层建筑

项目编码	项目名称	项目特征	计量单位	工程量
010201004001	强夯地基	1. 夯击能量:200t·m 2. 夯击遍数:5遍 3. 夯点布置形式:梅花状 4. 夯点间距:3.5m	m^2	798.57

任务2 土钉、喷射混凝土（水泥砂浆）

一、施工工艺

土钉是用来加固或同时锚固施工现场土体的细长杆件，通常采用土中钻孔、置入带肋钢筋并沿孔全长注浆的方法做成。土钉也可用钢管、角钢等作为钉体，采用直接击入的方法置入土中。

喷射混凝土（水泥砂浆）是借助喷射机械，利用压缩空气做动力，将混凝土拌合料（水泥砂浆），通过高压管以高速喷射到受喷面上硬化而成。依靠高速喷射时集料的反复连续撞击压密混凝土（水泥砂浆），使混凝土（水泥砂浆）与砖、石、钢材之间产生很高的黏结强度。

土钉喷射混凝土（水泥砂浆）护坡亦称土钉墙，是以土钉作为主要受力构件的边坡支护技术，它由密集的土钉群加固的原位土体喷混凝土（水泥砂浆）面层和必要的防水系统组成，其施工工艺为：

（1）先锚后喷　挖土到土钉位置，打入土钉后，挖第二层土，再打第二层土钉，如此循环到最后一层土钉施工完毕。喷射第一次素混凝土（水泥砂浆），随即进行锚固，然后进行第二次喷射混凝土（水泥砂浆）。

（2）先喷后锚　挖土到土钉位置下一定距离，铺钢筋网，并预留搭接长度，喷射混凝土（水泥砂浆）至一定强度后，打入土钉。挖第二层土方到第二层土钉位置下一定距离，铺钢筋网，与上次钢筋网上下搭接好，同样预留钢筋网搭接长度，喷射混凝土，打第二层土钉。如此循环直至基坑全部深度。

土钉及土钉喷射混凝土（水泥砂浆）护坡如图5-3所示。

二、土钉清单工程量计算规范相关规定

1）项目编码：010202008。

2）项目名称：土钉。

3）项目特征：①地层情况；②钻孔深度；③钻孔直径；④置入方法；⑤杆体材料品种、规格、数量；⑥浆液种类、强度等级。

a)

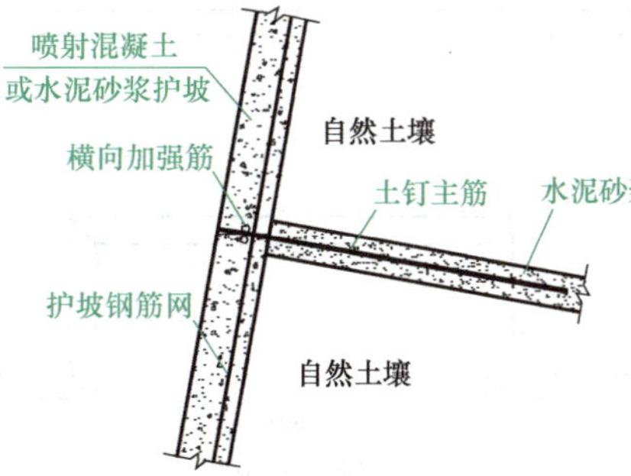

b)

图 5-3

4）计量单位：m 或根。

5）工程量计算规则：①以“m”计量，按设计图示尺寸以钻孔深度计算；②以“根”计量，按设计图示数量计量。

6）工作内容：①钻孔、浆液制作、运输、压浆；②土钉制作、安装；③土钉施工平台搭设、拆除。

三、喷射混凝土、水泥砂浆清单工程量计算规范相关规定

1）项目编码：010202009。

2）项目名称：喷射混凝土、水泥砂浆。

3）项目特征：①部位；②厚度；③材料种类；④混凝土（砂浆）类别、强度等级。

4）计量单位：m^2。

5）工程量计算规则：按设计图示尺寸以面积计算。

6）工作内容：①修整边坡；②混凝土（砂浆）制作、运输、喷射、养护；③钻排水孔、安装排水管；④喷射施工平台搭设、拆除。

四、案例应用

［例 5-2］　某高层建筑地基为碎石土，地下水位于 18.80m 以下，梁板式满堂基础，施工场地狭窄，无法正常放坡。施工方案规定采用土钉支护，如图 5-4 所示。土钉孔直径为 130mm，孔平均深度为 11.80m，内置⌀20 的钢筋，孔内喷射 1∶1.5 的水泥砂浆。土钉在支护范围内的水平和垂直间距均不超过 1.80m，呈梅花状分布。基坑开挖边坡喷射 C25 预拌混凝土，厚度 100mm，内配⌀8@200 的双向钢筋网。基坑支护平面图及边坡支护如图 5-4 所示。试计算土钉及喷射混凝土护坡工程量，填写分部分项工程量清单表。

解：（1）开挖基坑的斜长度

$$\sqrt{2.3m^2+(15.6m-0.6m)^2}=15.18m$$

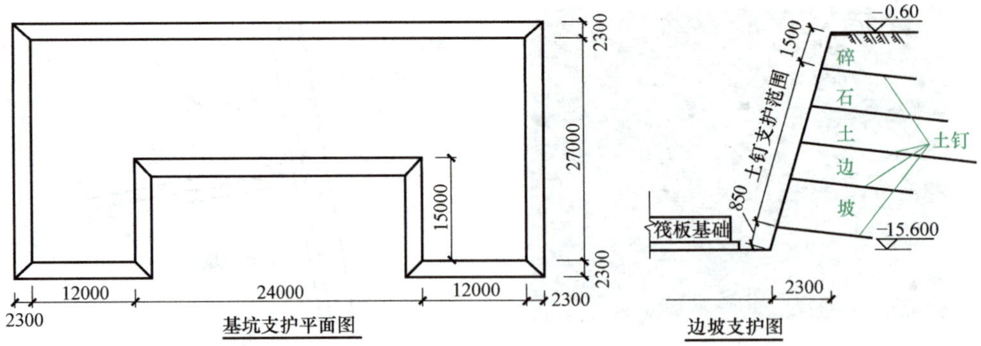

图 5-4

(2) 基坑开挖边坡中位线长度

(27.0m+24.0m+12.0m×2+15.0m+2.3m×2)×2=189.20m

(3) 土钉

水平排数：(15.18m−1.5m−0.85m)÷1.8m+1=9

垂直排数：189.20m÷1.8m=106

土钉总根数：106×9=954 根

土钉总长度：954×11.80m=11257.20m

(4) 喷射混凝土护坡面积

15.18m×189.20m=2872.06m^2

分部分项工程量清单表

工程名称：某高层建筑

项目编码	项目名称	项目特征	计量单位	工程量
010202008001	土钉	1. 土质:碎石土 2. 钻孔平均深度:11.80m 3. 杆体:Φ20 钢筋 4. 注浆:1∶1.5 水泥砂浆	根	954
			m	11257.20
010202009001	喷射混凝土	1. 部位:基坑土方边坡 2. 厚度:100mm 3. 混凝土类别、强度等级:预拌混凝土、C25	m^2	2872.06

任务3 预制钢筋混凝土方桩

一、清单工程量计算规范相关规定

1) 项目编码：010301001。

2) 项目名称：预制钢筋混凝土方桩。

3) 项目特征：①地层情况；②送桩深度、桩长；③桩截面；④桩倾斜度；⑤沉桩方法；⑥接桩方式；⑦混凝土强度等级。

4）计量单位：①m；②m^3；③根。

5）工程量计算规则：①以“m”计量，按设计图示尺寸以桩长（包括桩尖）计算；②以“m^3”计算，按设计图示截面积乘以桩长（包括桩尖）以实体积计算；③以“根”计量，按设计图示数量计算。

6）工作内容：①工作平台搭拆；②桩机竖拆、移位；③沉桩；④接桩；⑤送桩。

二、应用案例

［例 5-3］　某建筑地基为粉质黏土，经反复研究，决定采用预制钢筋混凝土桩基础（C30）。土壤为Ⅱ类土。预制桩形状如图 5-5 所示，共 96 根，其中试验桩 3 根。采用柴油打桩机（2.5t）打桩。试计算桩基础工程量，填写分部分项工程量清单表。

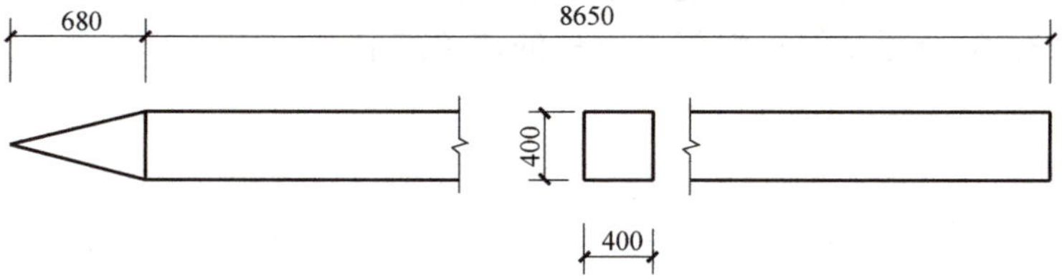

图 5-5

分析：计算桩身长度时，桩尖部分长度应并入桩身内计算。

解：（1）桩截面积：$0.40m \times 0.40m = 0.16m^2$

（2）桩长度：$8.65m + 0.68m = 9.33m$

（3）试验桩工程量

根数：3 根

长度：$9.33m \times 3 = 27.99m$

体积：$27.99m \times 0.16m^2 \times 3 = 13.44m^3$

（4）普通桩工程量

根数：96 根－3 根＝93 根

长度：$9.33m \times 93 = 867.69m$

体积：$867.69m \times 0.16m^2 \times 93 = 12911.23m^3$

分部分项工程量清单表

工程名称：某建筑

<table>
<tr><th>项目编码</th><th>项目名称</th><th>项目特征</th><th>计量单位</th><th>工程量</th></tr>
<tr><td rowspan="3">010301001001</td><td rowspan="3">预制钢筋混凝土方桩（试验桩）</td><td rowspan="3">1. 地基土：粉质黏土
2. 桩长：9.33m
3. 桩截面：400mm×400mm
4. 沉桩方式：柴油打桩机（2.5t）
5. 混凝土强度等级：C30
6. 桩性质：试验桩</td><td>m</td><td>27.99</td></tr>
<tr><td>m^3</td><td>13.44</td></tr>
<tr><td>根</td><td>3</td></tr>
</table>

（续）

项目编码	项目名称	项目特征	计量单位	工程量
010301001001	预制钢筋混凝土方桩（普通桩）	1. 地基土:粉质黏土 2. 桩长:9.33m 3. 桩截面:400mm×400mm 4. 沉桩方式:柴油打桩机(2.5t) 5. 混凝土强度等级:C30 6. 桩性质:普通桩	m	867.69
			m^3	12911.23
			根	93

回顾与测试

1. 强夯地基的施工方法有哪些?
2. 学会土钉、喷射混凝土护坡的清单编制。
3. 学会预制钢筋混凝土方桩的清单编制。

项目六

砌筑工程

学习目标

➢理解砖基础与墙身的划分界限。
➢学会砖基础、多孔砖墙、砌块墙的清单编制。
➢学会计算垫层、石基础的综合单价。

任务1 砖 基 础

砖基础与砖墙的分界线

一、基础知识

1）标准砖尺寸应为240mm×115mm×53mm。

2）标准砖墙厚度应按表6-1计算。

表6-1 标准砖墙计算厚度表

砖数(厚度)	$\frac{1}{4}$	$\frac{1}{2}$	$\frac{3}{4}$	1	$1\frac{1}{2}$	2	$2\frac{1}{2}$	3
计算厚度/mm	53	115	180	240	365	490	615	740

小知识

基础按使用的材料分为：灰土基础、砖基础、毛石基础、混凝土基础、钢筋混凝土基础等。

3）基础与墙体的划分：基础与墙（柱）身使用同一种材料时，以设计室内地坪为界（有地下室者，以地下室室内设计地坪为界），以下为基础，以上为墙（柱）身，如图6-1a所示。基础与墙身使用不同材料，位于设计室内地面高度≤±300mm时，以不同材料为分界线；高度>±300mm时，以设计室内地面为分界线，如图6-1b所示。

4）砖围墙应以设计室外地坪为界，以下为基础，以上为墙身。

二、清单工程量计算规范相关规定

1）项目编码：010401001。

2）项目名称：砖基础。

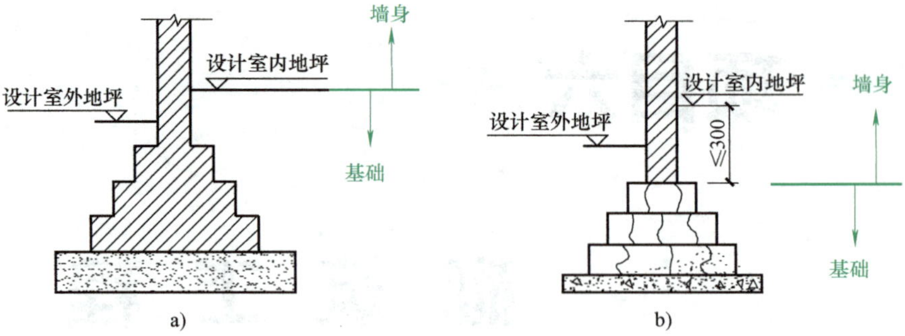

图 6-1

3）项目特征：①砖品种、规格、强度等级；②基础类型；③砂浆强度等级；④防潮层材料种类。

4）计量单位：m^3。

5）工程量计算规则：按设计图示尺寸以体积计算。

① 包括附墙垛基础宽出部分体积，扣除地梁（圈梁）、构造柱所占体积，不扣除基础大放脚 T 形接头处的重叠部分及嵌入基础内的钢筋、铁件、管道、基础砂浆防潮层和单个面积≤0.3m^2 的孔洞所占体积，靠墙暖气沟的挑檐不增加。

② 基础长度：外墙按中心线，内墙按净长线计算。

6）工作内容：①砂浆制作、运输；②砌砖；③防潮层铺设；④材料运输。

三、应用案例

［例 6-1］ 某工程基础平面图如图 4-14 所示，基础断面图及构造做法材料如图 6-2 所示。室外设计地坪为-0.450m，底圈梁的尺寸为 240mm×250mm。试计算砖基础砌筑工程量，并填写分部分项工程量清单表。

分析： 由构造详图可以看出，底圈梁以下基础采用机制红砖，底圈梁以上采用煤矸石多孔砖或煤矸石空心砖砌筑，所以本工程底圈梁以上为墙体，底圈梁以下为基础。

解：（1）基础断面面积

$(0.9m-0.05m-0.25m)\times0.24m+0.06m\times0.12m\times2=0.16m^2$

（2）计算基数

$L_{中}=(3.60m+6.0m+3.0m+6.0m+1.2m)\times2=39.60m$

$L_{内}=(6.0m-0.24m)+(5.4m-0.24)=10.92m$

（3）砖基础工程量

$(39.60m+10.92m)\times0.16m^2=8.08m^3$

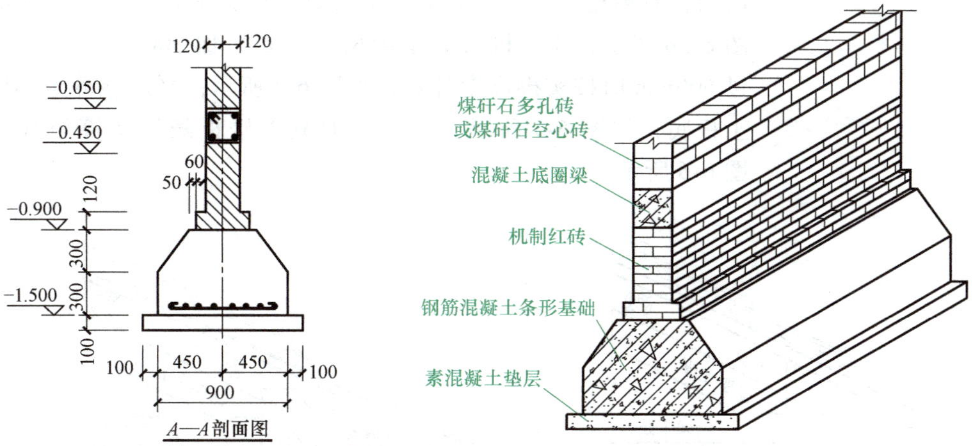

图 6-2

分部分项工程量清单表

工程名称：某工程

项目编码	项目名称	项目特征	计量单位	工程量
010401001001	砖基础	机制标准砖 240mm×115mm×53mm，M5.0 水泥砂浆砌筑，条形基础	m^3	8.08

任务 2　多孔砖墙

一、清单工程量计算规范相关规定

1）项目编码：010401004。

2）项目名称：多孔砖墙。

3）项目特征：①砖品种、规格、强度等级；②墙体类型；③砂浆强度等级、配合比。

4）计量单位：m^3。

5）工程量计算规则：按设计图示尺寸以体积计算。

① 扣除门窗、洞口、嵌入墙内的钢筋混凝土柱、梁、圈梁、挑梁、过梁及凹进墙内的壁龛、管槽、暖气槽、消火栓箱所占体积。不扣除梁头、板头、檩头、垫木、木楞头、沿缘木、木砖、门窗走头、砖墙内加固钢筋、木筋、铁件、钢管及单个面积≤0.3m^2 的孔洞所占体积。凸出墙面的腰线、挑檐、压顶、窗台线、虎头砖、门窗套的体积亦不增加。凸出墙面的砖垛并入墙体体积内计算。

② 墙长度：外墙按中心线，内墙按净长计算。

③ 墙高度。

外墙：斜（坡）屋面无檐口顶棚者算至屋面板底，如图 6-3a

所示；有屋架且室内外均有顶棚者算至屋架下弦底另加 200mm，如图 6-3b 所示；无顶棚者算至屋架下弦底另加 300mm，出檐宽度超过 600mm 时按实砌高度计算，如图 6-4 所示；平屋顶算至钢筋混凝土板底，如图 6-5 所示，有钢筋混凝土楼板隔层者算至板顶，如图 6-6 所示。

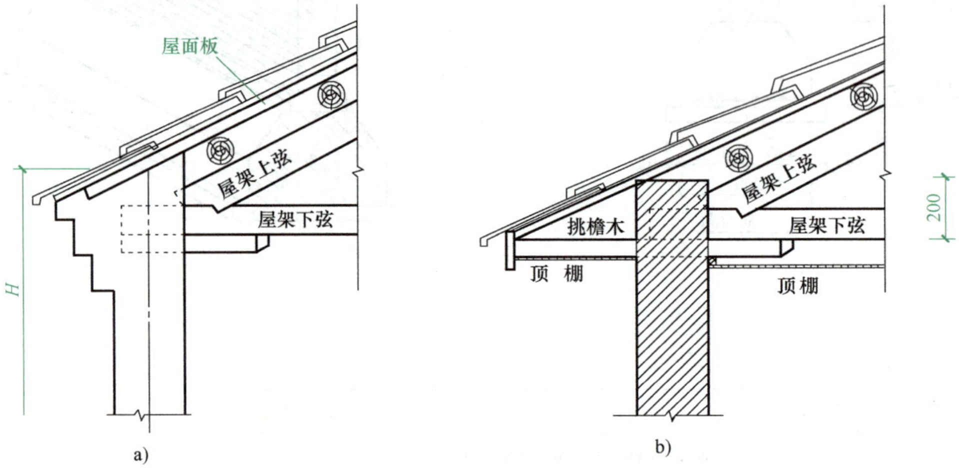

图 6-3

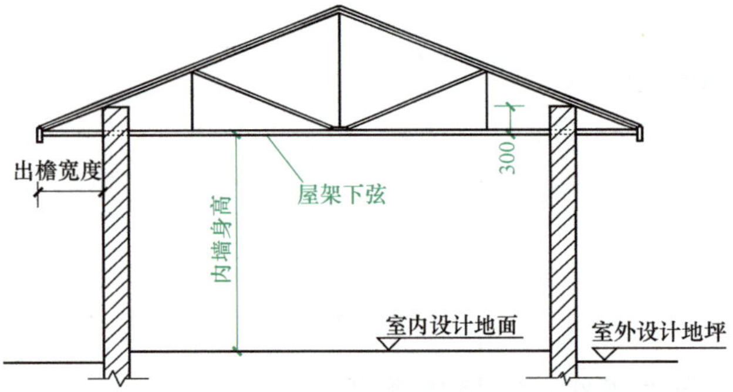

图 6-4

图 6-5

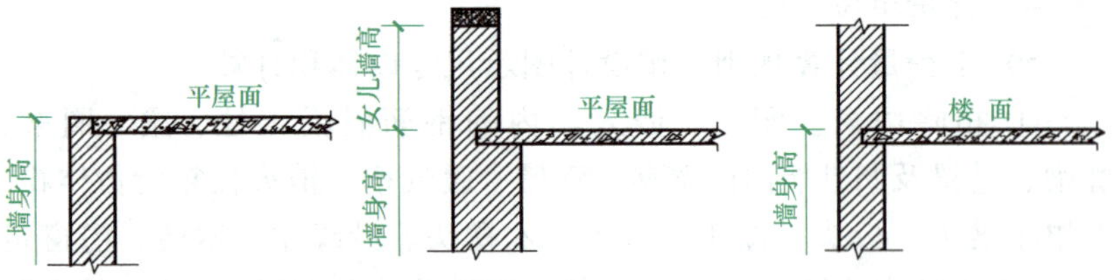

图 6-6

内墙：位于屋架下弦者，算至屋架下弦底，如图 6-4 所示；无屋架者算至顶棚底另加 100mm，如图 6-7a 所示；有钢筋混凝土楼板隔层者算至楼板顶，如图 6-7b 所示；有框架梁时算至梁底，如图 6-8 所示。

女儿墙：从屋面板上表面至女儿墙顶面（如有混凝土压顶时算至压顶下表面）。

内、外山墙：按其平均高度计算，如图 6-7c 所示。

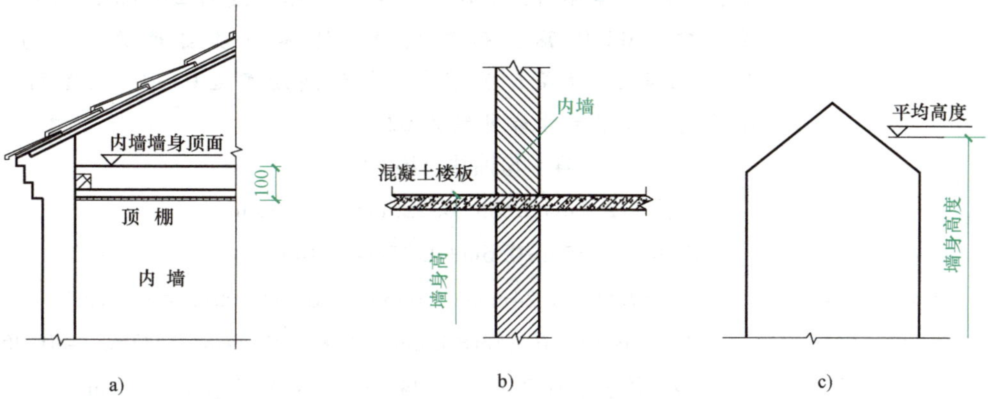

图 6-7

④ 框架间墙：不分内外墙按砌体净尺寸以体积计算，如图 6-8 所示。

⑤ 围墙：高度算至压顶上表面（如有混凝土压顶时算至压顶下表面），围墙柱并入围墙体积内。

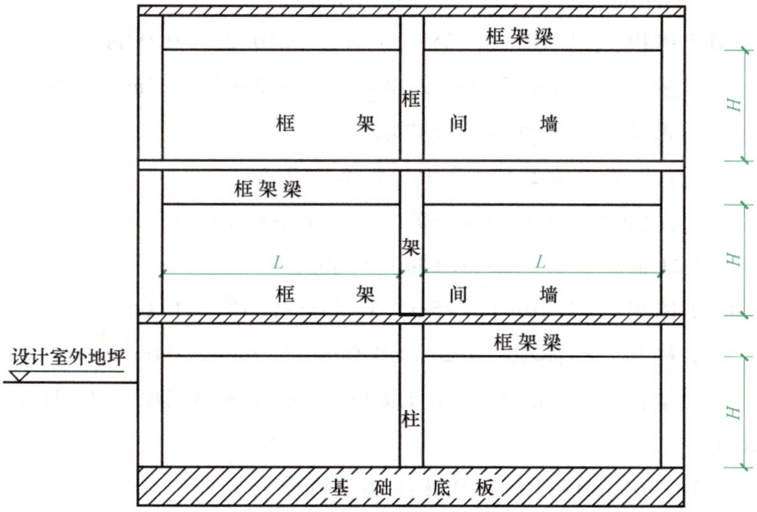

图 6-8

6）工作内容：①砂浆制作、运输；②砌砖；③勾缝；④砖压顶砌筑；⑤材料运输。

二、应用案例

［例 6-2］　仔细阅读附录二　土木实训楼施工图中建施 01～07、

建施 11~14，结施 01~07、结施 18。试计算一层 240mm 煤矸石多孔砖内墙砌筑工程量，并填写分部分项工程量清单表。

分析： 仔细阅读建施 01 的墙体工程和建施 06 的右下角注示可知，外墙、楼梯间、厕所、洗漱间墙体厚度为 240mm，采用煤矸石多孔砖，M5.0 混合砂浆砌筑。墙体高度自地梁（DL）算至 3.550m 层 KL（或 L1）底部。仔细阅读建施 03~04 门窗明细表过梁信息，过梁尺寸详见结施 02。

> **小提示**
>
> 楼梯柱（TZ1）的体积等于断面面积乘以柱高（柱高算至平台梁顶）；楼梯平台梁（PTL1）的体积等于断面面积乘以梁净长度；构造柱（GZ1）的体积等于断面面积乘以柱高，伸入墙内的马牙槎并入柱体积。

解：（1）④、⑤轴线 240 内墙

长度：2.1m+3.9m−0.225m×2＝5.55m

高度：3.55m−0.6m+0.05m＝3.0m

TZ1 体积：0.24m×0.24m×(1.78m+0.05m)＝0.11m^3

PTL1 体积：0.24m×0.2m×(1.8m−0.24m−0.225m)＝0.06m^3

GZ1 体积：0.24m×(0.24m+0.06m)×3.0m＝0.22m^3

工程量：(5.55m×3.0m×0.24m−0.11m^3−0.06m^3)×2−0.22m^3＝7.43m^3

（2）Ⓒ⑤~Ⓒ⑥轴线 240 内墙

长度：2.7m−0.225m×2＝2.25m

高度：3.55m−0.6m+0.05m＝3.0m

QD1224 面积：1.20m×2.40m＝2.88m^2

GL2 体积：(1.20m+0.25m)×0.24m×0.2m＝0.07m^3

工程量：(2.25m×3.0m−2.88m^2)×0.24m−0.07m^3＝0.86m^3

（3）Ⓒ⑤~Ⓒ⑥轴线 240 内墙

长度：2.7m+0.225m×2−0.24m×2＝2.67m

高度：(3.55m−0.05m)−0.4m+0.05m＝3.15m

M0921 面积：0.90m×2.10m＝1.89m^2

GL1 体积：(1.20m+0.25m)×0.24m×0.18m＝0.06m^3

构造柱马牙槎体积：0.24m×0.06m×3.0m＝0.04m^3

工程量：(2.67m×3.15m−1.89m^2)×0.24m−0.06m^3−0.04m^3＝1.46m^3

（4）240mm 煤矸石多孔砖内墙工程量合计

7.43m^3+0.86m^3+1.46m^3＝9.75m^3

分部分项工程量清单

工程名称：土木实训楼

项目编码	项目名称	项目特征	计量单位	工程量
010401004001	多孔砖墙	1. 砖品种：煤矸石多孔砖 2. 厚度：240mm 3. 砌筑砂浆：M5.0 混合砂浆	m^3	9.75

任务3 砌 块 墙

一、清单工程量计算规范相关规定

1）项目编码：010402001。

2）项目名称：砌块墙。

3）项目特征：①砖品种、规格、强度等级；②墙体类型；③砂浆强度等级。

4）计量单位：m^3。

5）工程量计算规则：按设计图示尺寸以体积计算。

① 扣除门窗、洞口、嵌入墙内的钢筋混凝土柱、梁、圈梁、挑梁、过梁及凹进墙内的壁龛、管槽、暖气槽、消火栓箱所占体积。不扣除梁头、板头、檩头、垫木、木楞头、沿缘木、木砖、门窗走头、砖墙内加固钢筋、木筋、铁件、钢管及单个面积≤0.3m^2 的孔洞所占体积。凸出墙面的腰线、挑檐、压顶、窗台线、虎头砖、门窗套的体积亦不增加。凸出墙面的砖垛并入墙体体积内计算。

② 墙长度：外墙按中心线，内墙按净长计算。

③ 墙高度。

外墙：斜（坡）屋面无檐口顶棚者算至屋面板底；有屋架且室内外均有顶棚者算至屋架下弦底另加 200mm；无顶棚者算至屋架下弦底另加 300mm，出檐宽度超过 600mm 时按实砌高度计算；有钢筋混凝土楼板隔层者算至板顶。平屋顶算至钢筋混凝土板底。

内墙：位于屋架下弦者，算至屋架下弦底；无屋架者算至顶棚底另加 100mm；有钢筋混凝土楼板隔层者算至楼板顶；有框架梁时算至梁底。

女儿墙：从屋面板上表面至女儿墙顶面（如有混凝土压顶时算至压顶下表面）。

内、外山墙：按其平均高度计算。

④ 框架间墙：不分内外墙按砌体净尺寸以体积计算。

⑤ 围墙：高度算至压顶上表面（如有混凝土压顶时算至压顶下表面），围墙柱并入围墙体积内。

6）工作内容：①砂浆制作、运输；②砌砖；③勾缝；④材料运输。

> **小知识**
>
> 砌筑砖墙体常用的材料有烧结煤矸石普通砖、多孔砖、空心砖等。砌块墙体常用的材料有加气混凝土砌块、陶粒混凝土砌块、烧结页岩空心砌块、混凝土空心砌块等。石墙有毛石和方整石等。

二、应用案例

［例 6-3］ 仔细阅读附录二 土木实训楼施工图中建施 01~07、建施 11~14，结施 01~07、结施 18。若设计变更一层外墙改为采用 240mm 厚加气混凝土砌块（585mm×240mm×240mm），M5.0 混合砂浆

砌筑。试计算一层外墙砌筑工程量，并填写分部分项工程量清单表。

分析： 仔细阅读结施 04 等施工图，不难看出，在Ⓐ轴线上有 GZ1 和 GZ3，在Ⓓ轴线上有 GZ1，在⑥轴线上有 GZ2，其形状如图 6-9 所示，马牙槎深入墙体高度为 60mm。墙高度自地梁（DL）顶部算至 3.550m 层 KL 底部。

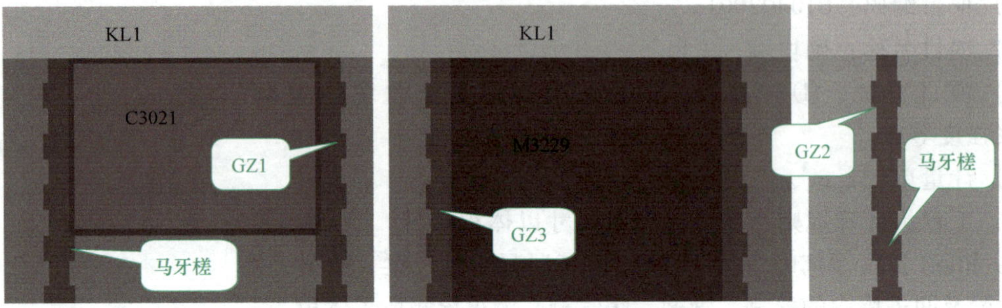

图 6-9

解： 高度：$3.55\text{m}-0.6\text{m}+0.05\text{m}=3.0\text{m}$

（1）Ⓐ轴线外墙

长度：$20.85\text{m}-0.45\text{m}\times3-0.50\text{m}\times2=18.50\text{m}$

门窗面积：$3.0\text{m}\times2.1\text{m}+2.4\text{m}\times2.1\text{m}+1.5\text{m}\times2.1\text{m}+3.2\text{m}\times2.95\text{m}=23.93\text{m}^2$

GZ1 体积：$0.24\text{m}\times0.24\text{m}\times3.0\text{m}\times2+0.24\text{m}\times0.06\text{m}\div2\times(3.0\text{m}+0.85\text{m}+0.05\text{m})\times2=0.40\text{m}^3$

GZ3 体积：$(0.24\text{m}\times0.24\text{m}+0.24\text{m}\times0.06\text{m}\div2)\times3.0\text{m}\times2=0.39\text{m}^3$

工程量：$(18.50\text{m}\times3.0\text{m}-23.93\text{m}^2)\times0.24\text{m}-0.40\text{m}^3-0.39\text{m}^3=6.78\text{m}^3$

（2）①轴线外墙

长度：$15.15\text{m}-0.45\text{m}\times4=13.35\text{m}$

门面积：$1.2\text{m}\times2.4\text{m}=2.88\text{m}^2$

工程量：$(13.35\text{m}\times3.0\text{m}-2.88\text{m}^2)\times0.24\text{m}=8.92\text{m}^3$

（3）⑥轴线外墙

长度：$15.15\text{m}-0.45\text{m}\times2-0.50\text{m}\times2=13.25\text{m}$

GZ2 体积：$0.24\text{m}\times(0.24\text{m}+0.06\text{m})\times3.0\text{m}=0.22\text{m}^3$

窗面积：$1.2\text{m}\times2.1\text{m}=2.52\text{m}^2$

工程量：$(13.25\text{m}\times3.0\text{m}-2.52\text{m}^2)\times0.24\text{m}-0.22\text{m}^3=8.72\text{m}^3$

（4）Ⓓ轴线外墙

小提示

楼梯间 C1815 的窗台高度 2700mm 自建施 14 楼梯剖面图中查询。

长度：$20.85\text{m}-0.45\text{m}\times6=18.15\text{m}$

门窗面积：$3.0\text{m}\times2.1\text{m}+2.4\text{m}\times2.1\text{m}+1.5\text{m}\times2.1\text{m}+1.2\text{m}\times2.1\text{m}+1.80\text{m}\times(3.55\text{m}-2.7\text{m})$<楼梯间 C1815 在 3.55m 以下部分>$18.54\text{m}^2$

GZ1 体积：$0.24\text{m}\times0.24\text{m}\times3.0\text{m}\times2+0.24\text{m}\times(0.06\text{m}\div2)\times$

$(3.0\text{m}+0.85\text{m}+0.05\text{m})\times2=0.40\text{m}^3$

工程量：$(18.15\text{m}\times3.0\text{m}-18.54\text{m}^2)\times0.24\text{m}-0.40\text{m}^3+(3.3\text{m}-0.45\text{m})\times(0.60\text{m}-0.35\text{m})\times0.24\text{m}$<楼梯间 KL3（高度 350mm）与普通 KL（高度 600mm）体积调整部分$\geqslant8.39\text{m}^3$

（5）外墙工程量合计

$6.78\text{m}^3+8.92\text{m}^3+8.72\text{m}^3+8.39\text{m}^3=32.81\text{m}^3$

分部分项工程量清单

工程名称：土木实训楼

项目编码	项目名称	项目特征	计量单位	工程量
010402001001	砌块墙	品种：加气混凝土砌块 规格：585mm×240mm×240mm；厚度：240mm 砂浆：M5.0 混合砂浆	m^3	32.81

任务 4　垫层及石基础清单定额计量计价

一、垫层清单工程量计算规范相关规定

1）项目编码：010404001。

2）项目名称：垫层。

3）项目特征：垫层材料种类、配合比、厚度。

4）计量单位：m^3。

5）工程量计算规则：按设计图示尺寸以立方米计算。

6）工作内容：①垫层材料的拌制；②垫层铺设；③材料运输。

7）垫层项目，主要适用于除混凝土垫层以外，没有包括垫层要求的清单项目，比如：灰土垫层、三合土垫层、楼地面等（非混凝土）。垫层按本项目编码列项。如果垫层已经包含到其他清单项目中，则不能适用本垫层项目。混凝土垫层按本书钢筋及钢筋混凝土工程中相关项目编码列项。

小知识

垫层是建筑物基础与地基土之间的过渡层，主要起到找平、隔离和过渡作用。

垫层与石基础的计量与计价

二、石基础清单工程量计算规范相关规定

1）项目编码：010403001。

2）项目名称：石基础。

3）项目特征：①石料种类、规格；②基础类型；③砂浆强度等级。

4）计量单位：m^3。

5）工程量计算规则：按设计图示尺寸以体积计算。

包括附墙垛基础宽出部分体积。不扣除基础砂浆防潮层及单个面积$\leqslant0.3\text{m}^2$的孔洞所占体积。靠墙暖气沟的挑檐不增加体积。

基础长度：外墙按中心线，内墙按净长计算。

6）工作内容：①砂浆制作、运输；②吊装；③砌石；④防潮层铺设；⑤材料运输。

7）石基础、石勒脚、石墙的划分：基础与勒脚应以设计室外地坪为界。勒脚与墙身应以设计室内地坪为界。石围墙内外地坪标高不同时，应以较低地坪标高为界，以下为基础；内外标高之差为挡土墙时，挡土墙以上为墙身。

8）石围墙、挡土墙、基础的划分：石围墙内外地坪标高不同时，应以较低地坪标高为界，以下为基础；内外标高之差为挡土墙时，挡土墙以上为墙身。

小知识

3∶7灰土是指灰土和黏土按3∶7的比例（体积比）拌合均匀，然后分层夯实而成，故称“三七灰土”。

三、应用案例

［例6-4］ 某工程首层平面图及基础详图如图6-10所示，垫层材料为3∶7灰土，厚度300mm，乱毛石基础，M5.0水泥砂浆砌筑。管理费率为人工费的25.6%，利润为人工费的15.0%。试计算编制土方工程量清单，并根据山东省2020年价目表计算综合单价和合价。

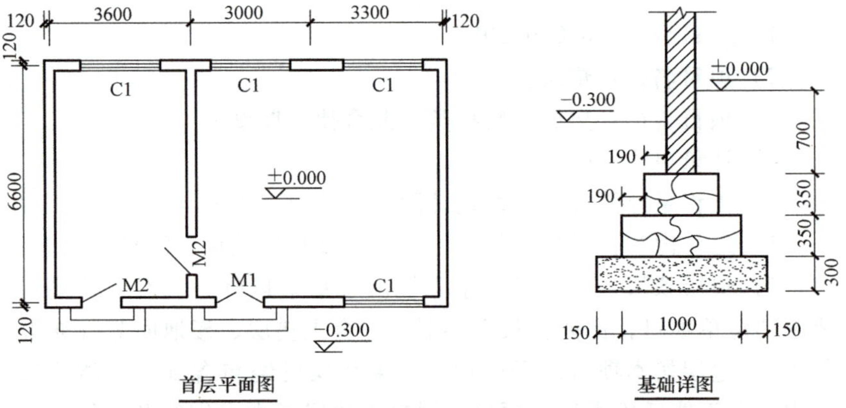

图6-10

解：（1）基数计算

外墙中心线长度：$L_{中}=(3.6m+3.0m+3.3m+6.6m)\times2=33.00m$

内墙净长线长度：$L_{净}=6.6m-0.24m=6.36m$

内墙垫层净长线长度：$L_{净}=6.6m-(1.0m+0.15m\times2)=5.30m$

（2）计算清单工程量并编制清单表

垫层清单工程量：$(1.0m+0.15m\times2)\times0.3m\times(33.00m+5.30m)=14.94m^3$

毛石基础清单工程量：$(1.0m\times2-0.19m\times2)\times0.35m\times(33.00m+6.36m)=22.32m^3$

分部分项工程量清单表

工程名称：某工程

项目编码	项目名称	项目特征	计量单位	工程量
010404001001	垫层	1. 垫层材料:3∶7 灰土 2. 厚度:300mm	m^3	14.94
010403001001	毛石基础	1. 材料:乱毛石 2. 基础类型:条形 3. 砂浆强度:M5.0 水泥砂浆	m^3	22.32

（3）计算挖土方定额工程量

【资料链接 1】

山东省定额计算规则规定：

条形基础垫层，外墙按外墙中心线长度、内墙按其设计净长度乘以垫层平均断面面积计算。

条形石基础：按墙体长度乘以设计断面面积以体积计算；基础长度：外墙按外墙中心线，内墙按内墙净长线计算。

小启示

认真、仔细、肯干是一种能力；听话、勤奋使你变得聪明。成功的路上并不拥挤，因为坚持下来的人并不多。

分析：比较垫层和石基础的清单计算规则和定额计算规则可以看出，对于本工程的定额工程量和清单工程量相等。

垫层定额工程量：14.94m^3

毛石基础定额工程量：22.32m^3

（4）折算

$$14.94 \div 14.94 = 1.0$$

$$22.32 \div 22.32 = 1.0$$

（5）计算综合单价并分析人工、材料、机械等费用

【资料链接 2】

山东省建筑工程价目表摘要（增值税　一般计税）

定额编码	项目名称	单位	单价（除税）/元	人工费/元	材料费（除税）/元	机械费（除税）/元
2-1-1	3∶7 灰土垫层　机械振动	10m^3	1983.94	880.64	1090.28	13.02
4-3-1	M5.0 水泥砂浆乱毛石基础	10m^3	5135.57	1159.68	3475.95	499.94
2-1-1(换)	3∶7 灰土(条形基础)	10m^3	2028.62	924.67	1090.28	13.67

注：1. 垫层定额按地面垫层编制。若为基础垫层，人工费、机械费分别乘以下列系数：条形基础 1.05；独立基础 1.10；满堂基础 1.00。

2. 条形基础人工费：880.64 元×1.05 = 924.67 元；机械 13.02 元×1.05 = 13.67 元

每清单单位（m^3）所含的人工费、材料费、机械费用如下所示。

① 3∶7 灰土（条形基础）

人工费：924.67÷10×1.0 元＝92.45 元

材料费：1090.28÷10×1.0 元＝109.03 元

机械费：13.67÷10×1.0 元=1.37 元

管理费：92.45 元×25.6%=23.67 元

利润：92.45 元×15.0%=13.87 元

② 毛石基础

人工费：1159.68÷10×1.0 元=115.97 元

材料费：3475.95÷10×1.0 元=347.60 元

机械费：499.94÷10×1.0 元=49.99 元

管理费：115.97 元×25.6%=29.69 元

利润：115.97 元×15.0%=17.40 元

综合单价人工、材料、机械费用分析表

清单项目名称	工程内容	定额编码	单位	工程量	人工费/元	材料费/元	机械费/元	管理费/元	利润/元	小计/元
垫层	3∶7 灰土（条形基础）	2-1-1	$10m^3$	1.00	92.45	109.03	1.37	23.67	13.87	240.39
	综合单价									240.39
毛石基础	M5.0 水泥砂浆乱毛石基础	1-2-1	$10m^3$	1.00	115.97	347.60	49.99	29.69	17.40	560.65
	综合单价									560.65

分部分项工程量清单计价表

工程名称：某工程

序号	项目编码	项目名称	项目特征	计量单位	工程数量	金额	
						综合单价/(元/m^2)	合价/元
1	010404001001	垫层	垫层材料：3∶7 灰土 厚度:300mm	m^3	14.94	240.39	3591.43
2	010403001001	毛石基础	材料:乱毛石 基础类型：条形 砂浆强度：M5.0 水泥砂浆	m^3	22.32	560.65	12513.71

回顾与测试

1. 砖基础与墙身是如何划分的？

2. 计算墙体工程量时，高度和长度如何来确定？

3. 仔细阅读附录二　土木实训楼施工图中建施 01~04 和建施 08，结施 11、结施 12 和结施 16。试计算三层 240 煤矸石多孔砖内墙砌筑工程量，并填写分部分项工程量清单表。

4. 仔细阅读附录二　土木实训楼施工图，若设计变更一层原180mm厚内墙全部改为采用240mm厚加气混凝土砌块（585mm×240mm×240mm），M5.0混合砂浆砌筑。试计算一层内墙砌筑工程量，并填写分部分项工程量清单表。

项目七

混凝土及钢筋混凝土工程

学习目标

➤学会混凝土垫层、基础的清单编制。
➤学会柱、梁、板的清单编制。
➤学会计算现浇混凝土基础、柱和梁的钢筋工程量。

任务1　现浇混凝土垫层

一、清单工程量计算规范相关规定

现浇混凝土垫层

1）项目编码：010501001。

2）项目名称：垫层。

3）项目特征：①混凝土种类；②混凝土强度等级。

4）计量单位：m^3。

5）工程量计算规则：按设计图示尺寸以体积计算，不扣除伸入承台基础的桩头所占体积。

6）工作内容：①模板及支撑制作、安装、拆除、堆放、运输及清理模内杂物、刷隔离剂等；②混凝土制作、运输、浇筑、振捣、养护。

说明：虽然清单计算规范混凝土工程的工作内容包含模板及支撑的制作、安装等，但是本书编写时在混凝土工程中一律不考虑模板，模板及支撑等内容在项目十五措施项目中介绍。

7）垫层项目，只适用于混凝土垫层，其他垫层（灰土垫层、三合土垫层、楼地面等（非混凝土）垫层，执行本书砌筑工程中相关项目编码列项。

二、应用案例

［例7-1］　仔细阅读附录二　土木实训楼施工图中结施01~05，

试计算独立基础、条形基础、筏板基础混凝土垫层工程量，并填写分部分项工程量清单表。

分析： 垫层的工程量=底面积×厚度=长度×宽度×厚度，土木实训楼独立基础、筏板基础及垫层如图 7-1 所示。

小知识

普通混凝土是由粗集料（碎石或卵石）、细集料（砂）、胶凝材料（水泥）、外加剂和水拌和，经硬化而成的一种人造石材。

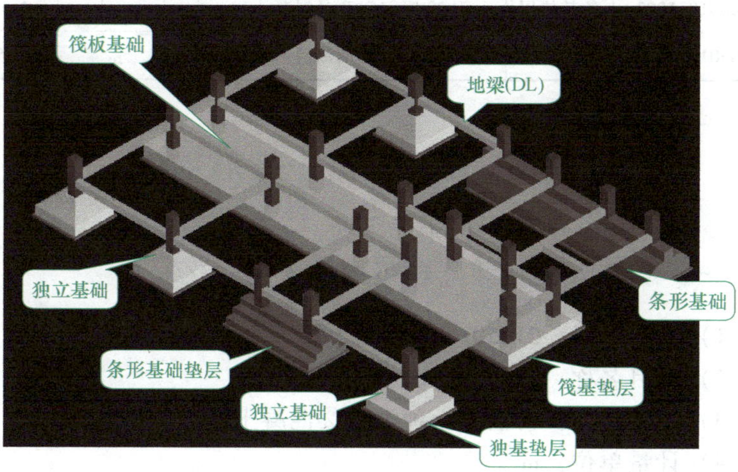

图 7-1

解：（1）独立基础垫层

DJ_P-1（4 个）：

$$(1.20m+0.1m)\times2\times(1.20m+0.1m)\times2\times0.1m=0.68m^3$$

DJ_J-2（1 个）：

$$(1.35m+0.1m)\times2\times(1.35m+0.1m)\times2\times0.1m=0.84m^3$$

工程量合计

$$0.68m^3\times4+0.84m^3\times1=3.56m^3$$

（2）条形基础垫层

TJB_P-1（1 个）：

$$(1.0m\times2+3.0m+3.3m+2.7m+0.1m\times2)\times(1.275m+0.1m)\times2\times0.1m=3.08m^3$$

TJB_J-2（1 个）：

$$(1.0m\times2+3.0m+0.1m\times2)\times(1.15m+0.1m)\times2\times0.1m=1.30m^3$$

工程量合计

$$3.08m^3\times1+1.30m^3\times1=4.38m^3$$

（3）筏板基础垫层

$$(20.4m+0.9m\times2+0.1m\times2)\times(2.7m+0.9m\times2+0.1m\times2)\times0.1m=10.53m^3$$

分部分项工程量清单表

工程名称：土木实训楼

项目编码	项目名称	项目特征	计量单位	工程量
010501001001	独基垫层	混凝土 C15，商品混凝土	m^3	3.56
010501001002	条基垫层	混凝土 C15，商品混凝土	m^3	4.38
010501001003	筏基垫层	混凝土 C15，商品混凝土	m^3	10.53

任务2　现浇混凝土带形基础

一、清单工程量计算规范相关规定

1）项目编码：010501002。

2）项目名称：带形基础。

3）项目特征：①混凝土种类；②混凝土强度等级。

4）计量单位：m^3。

5）工程量计算规则：按设计图示尺寸以体积计算，不扣除伸入承台基础的桩头所占体积。

6）工作内容：①模板及支撑制作、安装、拆除、堆放、运输及清理模内杂物、刷隔离剂等；②混凝土制作、运输、浇筑、振捣、养护。

二、应用案例

［例 7-2］　某钢筋混凝土带形基础，如图 7-2 所示。混凝土强度等级 C30。试计算现浇基础的工程量。

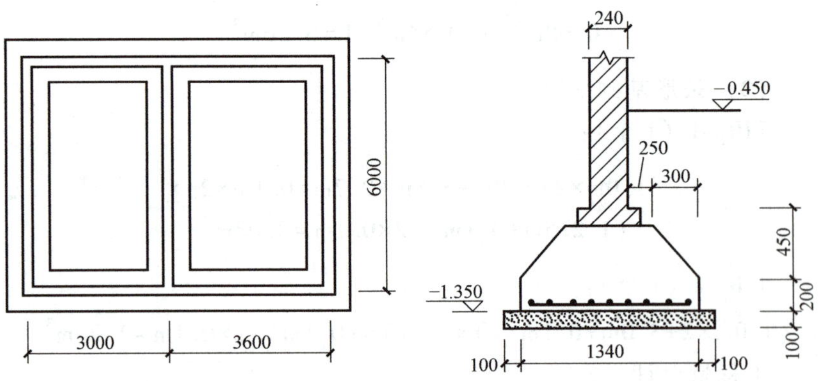

基础平面图　　基础详图

图 7-2

分析：带形基础断面为斜坡时，内外墙基础搭接部分形状如图

7-3 所示。由图知搭接部分体积

因为：$V_{搭接}=\frac{1}{2}HLb+\frac{2}{3}\times\left(\frac{1}{2}Hb_1\right)L$，且 $B=b+2b_1$

所以：$V_{搭接}=\frac{(B+2b)}{6}HL$

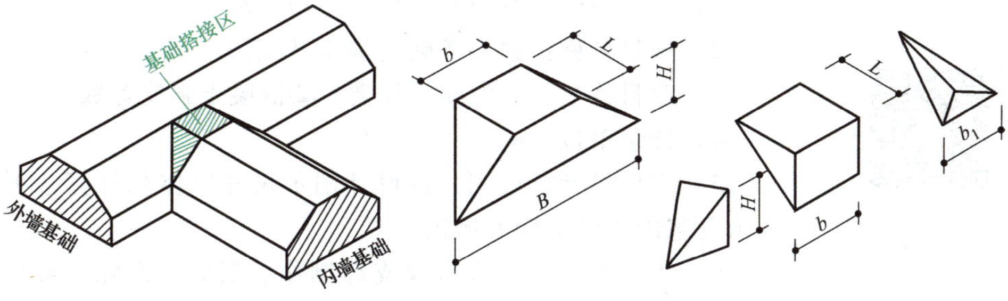

图 7-3

解： $L_{中}=(3.0\text{m}+3.6\text{m}+6.0\text{m})\times2=25.20\text{m}$

$L_{净}=6.0\text{m}-1.34\text{m}=4.66\text{m}$

$S_{断}=1.34\text{m}\times0.20\text{m}+(1.34\text{m}-0.30\text{m})\times0.45\text{m}=0.74\text{m}^2$

$V_{搭接}=\frac{1.34\text{m}+2\times(1.34\text{m}-0.3\text{m}\times2)}{6}\times0.45\text{m}\times0.30\text{m}=0.06\text{m}^3$

基础工程量：$(25.20\text{m}+4.66\text{m})\times0.74\text{m}^2+0.06\text{m}^3\times2=22.22\text{m}^3$

[例 7-3] 仔细阅读附录二　土木实训楼施工图中结施 01～05，试计算混凝土条形基础工程量，填写分部分项工程量清单表。

> **小知识**
> 梯形的面积公式：$S=(1/2)h(a+b)$

解： (1) TJB_P-1

长度：$1.0\text{m}\times2+3.0\text{m}+3.3\text{m}+2.70\text{m}=11.00\text{m}$

断面积：$1.275\text{m}\times2\times0.55\text{m}+1/2[(0.55\text{m}+0.45\text{m}\times2)+(1.275\text{m}\times2)]\times0.50\text{m}+(0.55\text{m}+0.05\text{m}\times2)\times0.50\text{m}=2.73\text{m}^2$

体积：$11.00\text{m}\times2.73\text{m}^2=30.03\text{m}^3$

(2) TJB_J-2

长度：$1.0\text{m}\times2+3.0\text{m}=5.00\text{m}$

断面积：$1.15\text{m}\times2\times0.35\text{m}+(0.4\text{m}\times2+0.6\text{m}\times2)\times0.3=1.41\text{m}^2$

体积：$5.00\text{m}\times1.41\text{m}^2=7.05\text{m}^3$

分部分项工程量清单表

工程名称：某钢筋混凝土带形基础

项目编码	项目名称	项目特征	计量单位	工程量
010501002001	带形基础	有梁式坡式带形基础，混凝土C30，商品混凝土	m^3	30.03
010501002002	带形基础	无梁式阶梯式带形基础，混凝土C30，商品混凝土	m^3	7.05

任务3 现浇混凝土独立基础、筏板基础

一、清单工程量计算规范相关规定

现浇混凝土独立基础

1）项目编码：010501003（010501004）。

2）项目名称：独立基础（满堂基础）。

3）项目特征：①混凝土种类；②混凝土强度等级。

4）计量单位：m^3。

5）工程量计算规则：按设计图示尺寸以体积计算，不扣除伸入承台基础的桩头所占体积。

6）工作内容：①模板及支撑制作、安装、拆除、堆放、运输及清理模内杂物、刷隔离剂等；②混凝土制作、运输、浇筑、振捣、养护。

二、应用案例

［例7-4］ 仔细阅读附录二 土木实训楼施工图中结施01～05。试计算混凝土独立基础混凝土工程量，填写分部分项工程量清单表。

分析：独立基础DJ_P-1可分为两部分，上部为四棱台，下部为长方体，如图7-4所示。四棱台体积为：$V=1/3\times$高度（上底面积+下底面积+$\sqrt{上底面积\times下底面积}$）=$(1/3)H(S_上+S_下+\sqrt{S_上\times S_下})$；长方体积为：$V=$长度×宽度×高度。$DJ_J$-2上下两部分均为长方体。

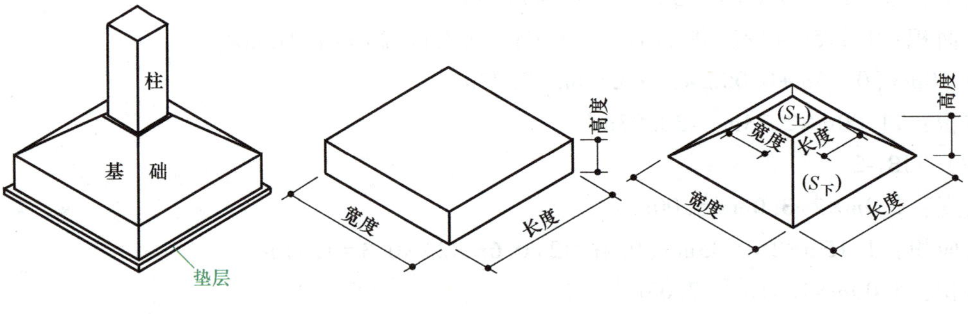

图7-4

解：（1）DJ_P-1体积

上底面积：$S_上=(0.45m+0.075m\times2)\times(0.45m+0.075m\times2)=0.36m^2$

下底面积：$S_下=(1.20m\times2)\times(1.20m\times2)=5.76m^2$

上部体积：$V=(1/3)\times0.6m\times(0.36m^2+5.76m^2+\sqrt{0.36m^2\times5.76m^2})=1.51m^3$

下部体积：$(1.20m\times2)\times(1.20m\times2)\times0.5m=2.88m^3$

DJ_P-1 体积：$(1.51m^3+2.88m^3)\times4=17.56m^3$

（2）DJ_J-2 体积

上部体积：$V=(0.45m\times2+0.50m)\times(0.45m\times2+0.50m)\times0.60m=1.18m^3$

下部体积：$(1.35m\times2)\times(1.35m\times2)\times0.5m=3.65m^3$

DJ_J-2 体积：$(1.18m^3+3.65m^3)\times1=4.83m^3$

（3）独立基础工程量合计

$$17.56m^3+4.83m^3=22.39m^3$$

小启示

人生在勤，勤则不匮。幸福不会从天降，美好生活靠劳动创造。劳动创造幸福，实干成就伟大。

分部分项工程量清单表

工程名称：土木实训楼

项目编码	项目名称	项目特征	计量单位	工程量
010501003001	独立基础	混凝土 C30，商品混凝土	m^3	22.39

[例 7-5]　某办公楼，框架结构，采用独立基础，其中 J-5 如图 7-5 所示，共 16 个。C15 素混凝土垫层，基础为 C35 混凝土，泵送商品混凝土。试计算 J-5 的垫层及基础的混凝土工程量，填写分部分项工程量清单表。

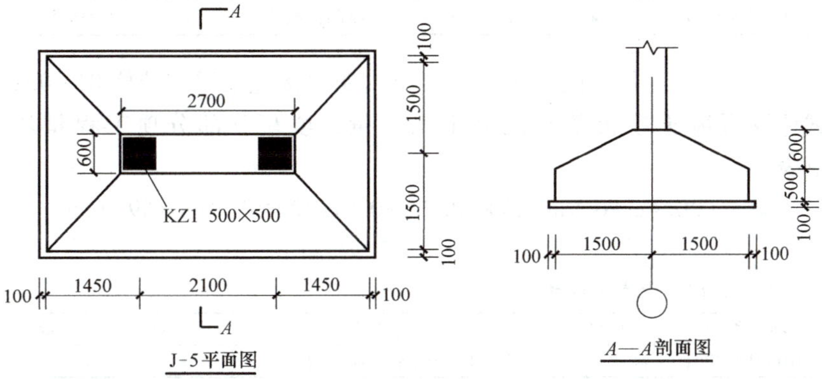

图 7-5

分析：独立基础 J-5 可分为两部分，上部为拟柱体，下部为长方体，如图 7-6 所示。拟柱体体积公式为：$V=(1/6)\times$高度(上底面

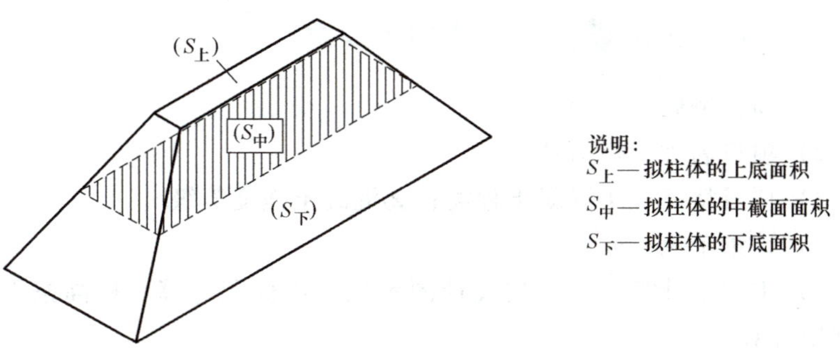

图 7-6

积+下底面积+4×中截面面积)=(1/3)H ($S_上+S_下+4S_中$);长方体积为:V=长度×宽度×高度。

解:(1)垫层体积

(1.45m×2+2.1m+0.10m×2)×(1.5m×2+0.10m×2)×0.1m×16

=26.62m^3

(2)基础体积

上底面积:$S_上$= 0.6m×2.7m=1.62m^2

下底面积:$S_下$=(1.45m×2+2.1m)×(1.5m×2)= 15.0m^2

中截面积:$S_中$=[(1.45m×2+2.1m+2.7m)÷2]×(1.5m×2+0.6m)÷2=6.93m^2

上部体积:V=1/6×0.6m×(1.62m^2+15.0m^2+4×6.93m^2)= 4.43m^3

下部体积:(1.45m×2+2.1m)×(1.5m×2)×0.60m=9.00m^3

基础体积:(4.43m^3+9.00m^3)×16=214.88m^3

分部分项工程量清单表

工程名称:某办公楼

项目编码	项目名称	项目特征	计量单位	工程量
010501001001	独基垫层	混凝土 C15,泵送商品混凝土	m^3	26.62
010501003001	独立基础	混凝土 C35,泵送商品混凝土	m^3	214.88

[例 7-6] 仔细阅读附录二 土木实训楼施工图中结施 01~05,试计算混凝土筏板基础混凝土工程量,填写分部分项工程量清单表。

解:(20.4m+0.9m×2)×(2.7m+0.9m×2)×0.70m=69.93m^3

分部分项工程量清单表

工程名称:土木实训楼

项目编码	项目名称	项目特征	计量单位	工程量
010501004001	满堂基础	混凝土 C30,泵送商品混凝土	m^3	69.93

任务 4 现浇混凝土柱

一、清单工程量计算规范相关规定

1)项目编码:010502001。

2)项目名称:矩形柱。

3)项目特征:①混凝土种类;②混凝土强度等级。

4)计量单位:m^3。

5)工程量计算规则:按设计图示尺寸以体积计算。柱高按下列规定计算:

① 有梁板的柱高,应自柱基上表面(或楼板上表面)至上一

层楼板上表面之间的高度计算，如图 7-7a 所示。

② 无梁板的柱高，应自柱基上表面（或楼板上表面）至柱帽下表面之间的高度计算，如图 7-7b 所示。

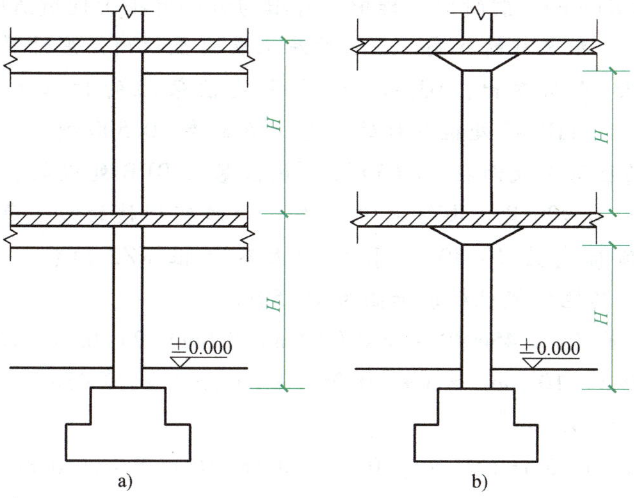

图 7-7

③ 框架柱的柱高，应自柱基上表面至柱顶高度计算，如图 7-8a 所示。

④ 构造柱按全高计算，嵌接墙体部分（马牙槎）并入柱身体积，如图 7-8b 所示。

⑤ 依附柱上的牛腿和升板的柱帽，并入柱身体积计算。

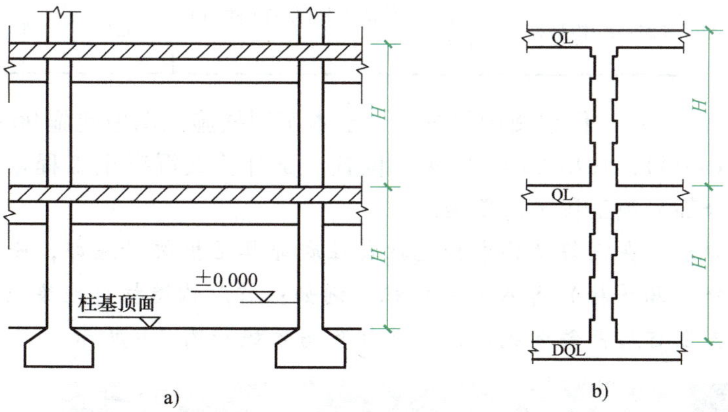

图 7-8

6）工作内容：①模板及支撑制作、安装、拆除、堆放、运输及清理模内杂物、刷隔离剂等；②混凝土制作、运输、浇筑、振捣、养护。

7）混凝土种类：指清水混凝土、彩色混凝土等。如在同一地区既使用预拌（商品）混凝土，又允许现场搅拌混凝土时，应注明。

二、应用案例

［例 7-7］ 仔细阅读附录二 土木实训楼施工图中结施 01～05。试计算 KZ1～KZ3 混凝土工程量，并填写分部分项工程量清单表。

分析： 框架柱的柱高，应自柱基上表面至柱顶高度计算。由结施 02～03 可以看出，DJ_P-1 和 DJ_J-2 处框架柱的柱基上表面在 -0.500 处；TJB_P-1 处框架柱的柱基上表面在 -0.500 处；TJB_J-2 处框架柱的柱基上表面在 -0.650 处；筏板基础 BPB 处框架柱的柱基上表面在 -0.900 处。由结施 05 可知，土木实训楼的四个角处的框架柱柱顶标高为 10.80m，ⒷⒸ轴上有 2 根 KZ2 的柱顶标高为 10.80m，其他框架柱柱顶标高为 10.50m。

解： KZ1：$0.45\text{m}\times0.45\text{m}\times[(0.5\text{m}+10.8\text{m})\times2+(0.5\text{m}+10.5\text{m})\times2+(0.05\text{m}+10.5\text{m})\times3+(0.05\text{m}+10.8\text{m})+(0.05\text{m}+0.60\text{m}+10.5\text{m})]=19.90\text{m}^3$

KZ2：$0.45\text{m}\times0.45\text{m}\times[(0.9\text{m}+10.5\text{m})\times6+(0.9\text{m}+10.8\text{m})\times3]=20.96\text{m}^3$

KZ3：$0.50\text{m}\times0.50\text{m}\times[(0.05\text{m}+0.6\text{m}+10.5\text{m})+(0.5\text{m}+10.8\text{m})+(0.9\text{m}+10.8\text{m})+(0.9\text{m}+10.5\text{m})]=11.39\text{m}^3$

小计：$19.90\text{m}^3+20.96\text{m}^3+11.39\text{m}^3=52.25\text{m}^3$

分部分项工程量清单表

工程名称：土木实训楼

项目编码	项目名称	项目特征	计量单位	工程量
010502001001	矩形柱	混凝土等级 C30，预拌（商品）混凝土	m^3	52.25

［例 7-8］ 仔细阅读附录二 土木实训楼施工图中建施 06～09，结施 01～11，找出 GZ1～GZ4 的位置。试计算其混凝土工程量，并填写分部分项工程量清单表。

分析： 在框架结构中构造柱自柱底部算至框架梁底部，嵌接墙体部分（马牙槎）并入柱身体积。例如：首层构造柱自地梁（DL）顶部算至首层框架梁底部，构造柱及马牙槎如图 7-9 所示。

图 7-9

解：（1）GZ1，4 根

高度：$10.5m+0.05m-0.6m\times2-0.55m=8.80m$

主体部分体积：$8.80m\times0.24m\times0.24m=0.51m^3$

马牙槎部分体积：$8.80\times0.24m\times0.06m\div2+[(0.85m+0.05m)\times2+0.95m+0.05m]\times0.24m\times0.06m\div2=0.08m^3$

GZ1 体积：$(0.51m^3+0.08m^3)\times4=0.59m^3$

（2）GZ2，2 根

高度：$10.5m+0.05m-0.6m\times2-0.55m=8.80m$

主体部分体积：$8.80m\times0.24m\times0.24m=0.51m^3$

马牙槎部分体积：$8.80\times0.24m\times(0.06m\div2)\times3=0.19m^3$

GZ2 体积：$(0.51m^3+0.19m^3)\times2=1.40m^3$

（3）GZ3，2 根

高度：$3.55m-0.6m+0.05m=3.0m$

体积：$(0.24m\times0.24m+0.24m\times0.06m\div2)\times3.0m\times2=0.39m^3$

（4）GZ4，2 根

高度：$7.15m-3.55m-0.4m=3.20m$

体积：$(0.18m\times0.18m+0.18m\times0.06m)\times3.20m\times2=0.28m^3$

（5）构造柱体积小计

$0.59m^3+1.40m^3+0.39m^3+0.28m^3=2.66m^3$

小提示

一层（3.550m 层）二层（7.150m 层）框架梁的高度为 0.60m，三层（10.500m 层）框架梁的高度为 0.55m。

分部分项工程量清单表

工程名称：土木实训楼

项目编码	项目名称	项目特征	计量单位	工程量
010502002001	构造柱	混凝土等级 C25，预拌（商品）混凝土	m^3	2.66

任务 5　现浇混凝土矩形梁

一、清单工程量计算规范相关规定

1）矩形梁、圈梁、过梁的项目编码见表 7-1。

表 7-1　矩形梁、圈梁、过梁的项目编码表

项目名称	矩形梁	圈梁	过梁
项目编码	010503002	010503004	010503005

2）项目特征：①混凝土种类；②混凝土强度等级。

3）计量单位：m^3。

4）工程量计算规则：按设计图示尺寸以体积计算，伸入墙内的梁头、梁垫并入梁体积内计算。

梁长按下列规定计算：①梁与混凝土柱连接时，梁长算至混凝土柱侧面，如图 7-10a 所示；②主梁与次梁连接时，次梁长算至主梁侧面，如图 7-10b 所示。

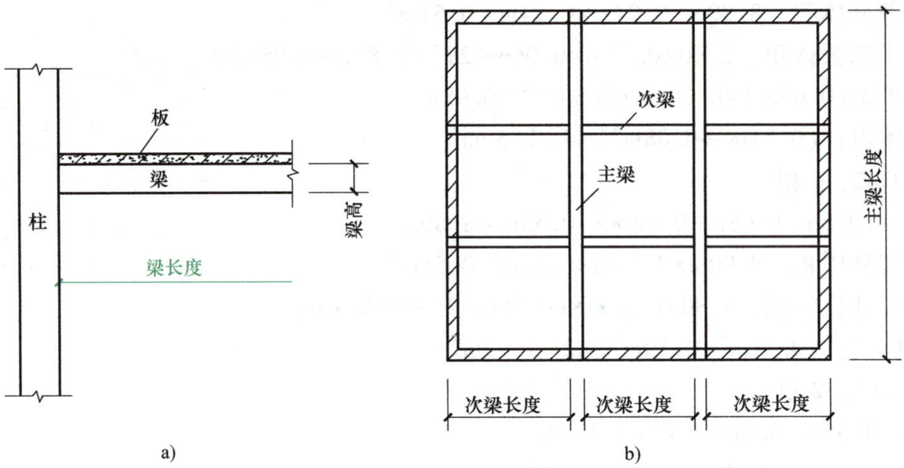

图 7-10

5）工作内容：①模板及支架（撑）制作、安装、拆除、堆放、运输及清理模内杂物、刷隔离剂等；②混凝土制作、运输、浇筑、振捣、养护。

二、应用案例

［例 7-9］ 仔细阅读附录二 土木实训楼施工图中结施 01、结施 05、结施 07、结施 08、结施 14。试计算一层（标高 3.550m 层）框架梁混凝土工程量，KL3、雨篷、阳台除外，并填写分部分项工程量清单表。

说明：本书对于柱、梁、板整体现浇的框架结构，框架梁高度算至板底，按矩形梁编码列项；框架梁之间无框架次梁时，现浇板按平板编码列项；框架梁之间有次梁时，次梁和板体积合并计算，按有梁板编码列项。本书关于梁、板的分界线，如图 7-11 所示。

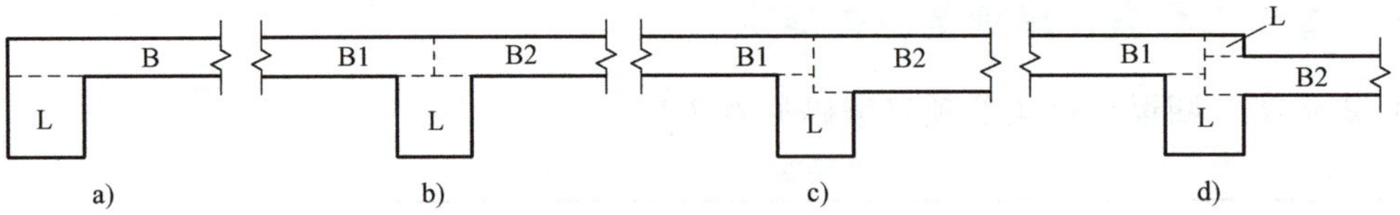

图 7-11

小提示

KL1 和①轴线 KL9 按边梁计算，梁高算至板底，板算至梁外边。

解：（1）矩形梁工程量

KL1：$(6.0\text{m}+5.4\text{m}+3.3\text{m}+2.7\text{m}-0.225\text{m}\times5-0.275\text{m})\times(0.6\text{m}-0.15\text{m})\times0.3\text{m}+(3.0\text{m}-0.225\text{m}-0.275\text{m})\times(0.6\text{m}-0.12\text{m})\times0.3\text{m}=2.52\text{m}^3$

KL2：$(6.0\text{m}+5.7\text{m}-0.225\text{m}\times4)\times(0.6\text{m}-0.15\text{m})\times0.3\text{m}+(3.0\text{m}-0.225\text{m}\times2)\times(0.6\text{m}-0.12\text{m})\times0.3\text{m}=1.83\text{m}^3$

KL4：$(2.7m-0.225m\times2)\times(0.6m-0.12m)\times0.3m=0.32m^3$

KL5：$(6.0m+5.4m-0.225m\times4)\times[0.6m-(0.15m+0.12m)\div2]\times0.25m=1.22m^3$

KL6：$(3.0m+2.7m-0.225m\times4)\times(0.6m-0.12m)\times0.25m+(3.3m-0.225m\times2)\times[0.60m-(0.12m+0.10m)\div2]\times0.25m=0.93m^3$

KL7：$(6.0m+5.4m-0.225m\times4)\times[0.6m-(0.15m+0.12m)\div2]\times0.25m+(3.0m-0.225m-0.275m)\times(0.6m-0.12m)\times0.25m+(3.3m+2.7m-0.225m-0.275m)\times[0.75m-(0.15m+0.12m)\div2]\times0.25m=2.37m^3$

①轴线 KL9：$(6.0m+2.1m+3.9m-0.225m\times4)\times(0.6m-0.15m)\times0.3m+(2.7m-0.225m\times2)\times(0.6m-0.12m)\times0.3m=1.82m^3$

⑥轴线 KL9：$(6.0m-0.275m\times2)\times(0.6m-0.15m)\times0.3m+(2.7m+2.1m+3.9m-0.225m\times4)\times(0.6m-0.12m)\times0.3m=1.86m^3$

KL10：$(6.0m+2.1m+3.9m-0.225m\times4)\times[0.6m-(0.15m+0.12m)\div2]\times0.25m+(2.7m-0.225m\times2)\times(0.6m-0.12m)\times0.25m=1.56m^3$

②轴线 KL11：$(6.0m-0.225m\times2)\times(0.6m-0.15m)\times0.25m=0.62m^3$

④轴线 KL11：$(6.0m-0.275m\times2)\times[0.6m-(0.15m+0.12m)\div2]\times0.25m=0.63m^3$

KL12：$(2.1m+3.9m-0.225m\times2)\times(0.6m-0.12m)\times0.25m=0.67m^3$

②轴线 KL13：$(2.1m+3.9m-0.225m\times2)\times(0.6m-0.15m)\times0.25m=0.62m^3$

④轴线 KL13：$(2.1m+3.9m-0.225m\times2)\times(0.6m-0.12m)\times0.25m=0.67m^3$

小提示

为了便于计算，KL12 和④轴线 KL13 按边梁考虑。

（2）矩形梁工程量合计

$2.52m^3+1.83m^3+0.32m^3+1.22m^3+0.93m^3+2.37m^3+1.82m^3+1.86m^3+1.56m^3+0.62m^3+0.63m^3+0.67m^3+0.62m^3+0.67m^3=17.64m^3$

分部分项工程量清单表

工程名称：土木实训楼

项目编码	项目名称	项目特征	计量单位	工程量
010503002001	矩形梁	混凝土 C30，（预拌）商品混凝土	m^3	17.64

任务 6　现浇混凝土板

一、清单工程量计算规范相关规定

1）有梁板、无梁板、平板、天沟（檐沟）挑檐板的项目编码见表 7-2。

表 7-2 有梁板、无梁板、平板、天沟（檐沟）挑檐板的项目编码表

项目名称	有梁板	无梁板	平板	天沟(檐沟)挑檐板
项目编码	010505001	010505002	010505003	010505007

2）项目特征：①混凝土种类；②混凝土强度等级。

3）计量单位：m^3。

4）工程量计算规则：按设计图示尺寸以体积计算，不扣除单个单位面积≤0.3m^2 的柱、垛以及孔洞所占体积；压形钢板混凝土楼板扣除构件内压形钢板所占体积；有梁板（包括主、次梁与板）按梁、板体积之和计算，无梁板按板和柱帽体积之和计算，各类板伸入墙内的板头并入板体积内计算，薄壳板的肋、基梁并入薄壳体积内计算。

5）工作内容：①模板及支架（撑）制作、安装、拆除、堆放、运输及清理模内杂物、刷隔离剂等；②混凝土制作、运输、浇筑、振捣、养护。

二、应用案例

[例 7-10] 仔细阅读附录二 土木实训楼施工图中结施 07、结施 08、结施 14。试计算一层（标高 3.55m）混凝土现浇板工程量，雨篷、阳台板除外，并填写分部分项工程量清单表。

说明： 本书对于柱、梁、板整体现浇的框架结构，框架梁高度算至板底，按矩形梁编码列项；框架梁之间无框架次梁时，现浇板按平板编码列项；框架梁之间有次梁时，次梁和板体积合并计算，按有梁板编码列项。

> **小提示**
> KL12 和④轴线 KL13 按边梁计算，故 LB7、LB8 和 LB6 板宽算至 KL12 左边线、KL13 右边线，LB9 算至 KL12 左边线、KL13 右边线。TL2 工程量按楼梯计算，故 LB9 上边线算至 TL2 下边线。

> **小提示**
> LB9 的计算范围不含 TL2，TL2 位置及具体尺寸查阅结施 15、17。

解：（1）各种现浇板工程量

LB1、LB2：$(6.0m+5.4m+0.225m)\times(6.0m+2.1m+3.9m-0.225m\times4)\times0.15m=19.36m^3$

LB3：$(3.3m+2.7m+0.25m\div2)\times(6.0m+0.225m\times2-0.25m\div2)\times0.15m=5.81m^3$

LB4：$20.85m\times(2.7m-0.225m\times2+0.25m\div2)\times0.12m=5.94m^3$

LB5：$(3.0m+0.225m-0.25m\div2)\times(6.0m+0.225m\times2-0.25m\div2)\times0.12m=2.35m^3$

LB6：$(3.0m+0.225m)\times(2.1m+3.9m+0.225m\times2-0.25m\div2)\times0.12m=2.45m^3$

LB9：$(3.3m-0.225m\times2)\times(0.9m+0.225m-0.25m\div2-0.24m)\times0.12m=0.26m^3$

（2）现浇板工程量合计

$19.36m^3+5.81m^3+5.94m^3+2.35m^3+2.45m^3+0.26m^3=36.17m^3$

（3）有梁板工程量

LB7 和 LB8：(2.7m+0.225m×2)×(2.1m+3.9m+0.225m×2−0.25m÷2)×0.12m=2.39m³

L1：(2.7m+0.225m×2−0.25m−0.3m)×(0.4m−0.12m)×0.25m=0.18m³

(4) 有梁板工程量合计

$$2.39m^3+0.18m^3=2.57m^3$$

分部分项工程量清单表

工程名称：土木实训楼

项目编码	项目名称	项目特征	计量单位	工程量
010505001001	有梁板	混凝土 C30，商品混凝土	m^3	2.57
010505003001	平板	混凝土 C30，商品混凝土	m^3	36.17

任务 7　现浇混凝土楼梯、散水、栏板

> 小知识
> 楼梯按照制作材料来分有钢筋混凝土楼梯、钢楼梯、木楼梯及组合材料楼梯。

一、清单工程量计算规范相关规定

1. 直形楼梯

1) 项目编码：010506001。

2) 项目名称：直形楼梯。

3) 项目特征：①混凝土种类；②混凝土强度等级。

4) 计量单位：①m^2；②m^3。

5) 工程量计算规则：①以"m^2"计量，按设计图示尺寸以水平投影面积计算，不扣除宽度≤500mm 的楼梯井，伸入墙内部分不计算；②以"m^3"计量，按设计图示尺寸以体积计算。

6) 工作内容：①模板及支架（撑）制作、安装、拆除、堆放、运输及清理模内杂物、刷隔离剂等；②混凝土制作、运输、浇筑、振捣、养护。

7) 整体楼梯（包括直形楼梯、弧形楼梯）水平投影面积包括休息平台、平台梁、斜梁和楼梯的连接梁，如图 7-12 所示。当整

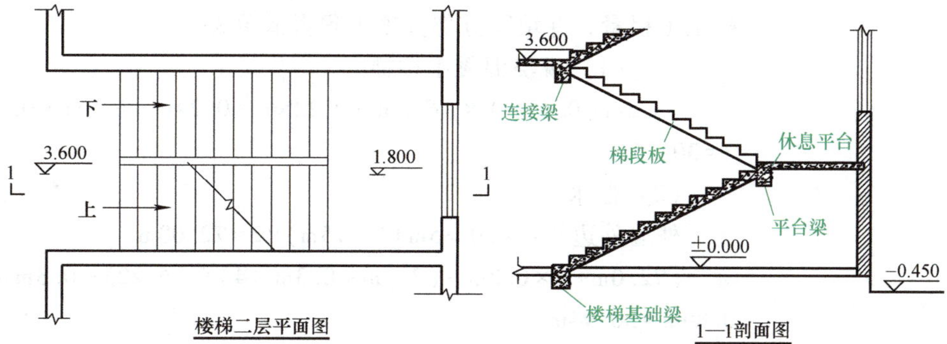

图 7-12

体楼梯与现浇楼板无梯梁连接时，以楼梯的最后一个踏步边缘加300mm为界。

2. 散水

1）项目编码：010507001。

2）项目名称：散水。

3）项目特征：①垫层材料种类、厚度；②面层厚度；③混凝土种类；④混凝土强度等级；⑤变形缝填塞材料种类。

4）计量单位：m^2。

5）工程量计算规则：按设计图示尺寸以面积计算，不扣除单个≤$0.3m^2$的孔洞所占面积。

6）工作内容：①地基夯实；②铺设垫层；③模板及支架撑制作、安装、拆除、堆放、运输及清理模内杂物、刷隔离剂等；④混凝土制作、运输、浇筑、振捣、养护；⑤变形缝填塞。

3. 栏板

1）项目编码：010505006。

2）项目名称：栏板。

3）计量单位：m^3。

4）工程量计算规则：按设计图示尺寸以体积计算，不扣除单个单位面积≤$0.3m^2$的柱、垛以及孔洞所占体积；压形钢板混凝土楼板扣除构件内压形钢板所占体积；有梁板（包括主、次梁与板）按梁、板体积之和计算，无梁板按板和柱帽体积之和计算，各类板伸入墙内的板头并入板体积内计算，薄壳板的肋、基梁并入薄壳体积内计算。

5）工作内容：①模板及支架（撑）制作、安装、拆除、堆放、运输及清理模内杂物、刷隔离剂等；②混凝土制作、运输、浇筑、振捣、养护。

二、应用案例

[例7-11] 仔细阅读附录二 土木实训楼施工图中建施01~08、建施11~13和结施18。试计算散水、楼梯、三层露台栏板混凝土工程量，并填写分部分项工程量清单表。

解：（1）现浇混凝土楼梯

$(3.3m-0.45m)\times(6.0m+0.225m-0.24m-0.9m+0.24m)\times 2=30.35m^2$

（2）散水

外墙外边线：$(20.85m+15.15m)\times 2=72.00m$

$[72.0m+3\times 0.8m-(2.7m+0.3m\times 4)-(6.225+0.3m\times 2)]\times 0.80m=50.94m^2$

（3）露台栏板

[(6.25m−0.10m)+(1.8m−0.10m÷2)×2]×0.6m×0.10m=0.58m³

分部分项工程量清单表

工程名称：土木实训楼

项目编码	项目名称	项目特征	计量单位	工程量
010506001001	直形楼梯	混凝土 C25，商品混凝土	m^2	30.35
010507001001	散水、坡道	混凝土 C20，商品混凝土	m^2	50.94
010505006001	栏板	混凝土 C25，商品混凝土	m^3	0.58

任务 8　现浇独立基础钢筋

一、钢筋工程基础知识

1）混凝土构件的锚固分为直锚、弯锚和锚板三种，当设计无规定时，在条件允许的情况下优先采用直锚。抗震设计时受拉钢筋基本锚固长度 l_{abE} 见表 7-3。

表 7-3　抗震设计时受拉钢筋基本锚固长度 l_{abE}

钢筋种类	抗震等级	混凝土强度等级			
		C25	C30	C35	C40
HPB300	一、二级	39*d*	35*d*	32*d*	29*d*
	三级	36*d*	32*d*	29*d*	26*d*
HRB400 HRBF400	一、二级	46*d*	40*d*	37*d*	33*d*
	三级	42*d*	37*d*	34*d*	30*d*
HRB500 HRBF500	一、二级	55*d*	49*d*	45*d*	41*d*
	三级	50*d*	50*d*	41*d*	38*d*

2）受拉钢筋抗震锚固长度 l_{aE} 见表 7-4。受拉钢筋的锚固长度 l_{aE} 计算值不应小于 200mm。

表 7-4　受拉钢筋抗震锚固长度 l_{aE}

钢筋种类	抗震等级	混凝土强度等级							
		C25		C30		C35		C40	
		$d\leq25$	$d>25$	$d\leq25$	$d>25$	$d\leq25$	$d>25$	$d\leq25$	$d>25$
HPB300	一、二级	39*d*	—	35*d*	—	32*d*	—	29*d*	—
	三级	36*d*	—	32*d*	—	29*d*	—	26*d*	—
HRB400 HRBF400	一、二级	46*d*	51*d*	40*d*	45*d*	37*d*	40*d*	33*d*	37*d*
	三级	42*d*	46*d*	37*d*	41*d*	34*d*	37*d*	30*d*	34*d*
HRB500 HRBF500	一、二级	55*d*	61*d*	49*d*	54*d*	45*d*	49*d*	41*d*	46*d*
	三级	50*d*	56*d*	45*d*	49*d*	41*d*	45*d*	38*d*	42*d*

注：表中 *d* 为钢筋直径。

小知识

钢筋与混凝土两种不同材料为什么能共同作用？答：(1) 混凝土和钢筋之间有良好的黏结性能；(2) 混凝土和钢筋两种材料的温度线膨胀系数很接近；(3) 混凝土抗压强度高，抗拉强度低，但钢筋的抗拉能力很强；(4) 混凝土包裹在钢筋的外部，可使钢筋免于腐蚀或高温软化。

3）纵向受拉钢筋抗震绑扎搭接长度 l_{lE} 见表 7-5。

表 7-5 纵向受拉钢筋抗震绑扎搭接长度 l_{lE}

钢筋种类及同一区段内搭接钢筋面积百分率			混凝土强度等级							
			C25		C30		C35		C40	
			d≤25	d>25	d≤25	d>25	d≤25	d>25	d≤25	d>25
一、二级抗震级别	HPB300	≤25%	47d	—	42d	—	38d	—	35d	—
		50%	55d	—	49d	—	45d	—	41d	—
	HRB400 HRBF400	≤25%	55d	61d	48d	54d	44d	48d	40d	44d
		50%	64d	71d	56d	63d	52d	56d	46d	52d
	HRB500 HRBF500	≤25%	66d	73d	59d	65d	54d	59d	49d	55d
		50%	77d	85d	69d	76d	63d	69d	57d	64d
三级抗震级别	HPB300	≤25%	43d	—	38d	—	35d	—	31d	—
		50%	50d	—	45d	—	41d	—	36d	—
	HRB400 HRBF400	≤25%	50d	55d	44d	49d	41d	44d	36d	41d
		50%	59d	64d	52d	57d	48d	52d	42d	48d
	HRB500 HRBF500	≤25%	60d	67d	54d	59d	49d	54d	46d	50d
		50%	70d	78d	63d	69d	57d	63d	53d	59d

说明： 本书在例题中若不特别指明钢筋的定尺长度和连接方式，计算钢筋长度时就不考虑钢筋的搭接长度；若例题中明确指明钢筋的定尺长度和搭接方式，这时应计算钢筋的搭接长度。

4）梁、柱、剪力墙箍筋和拉筋弯钩构造如图 7-13 所示。

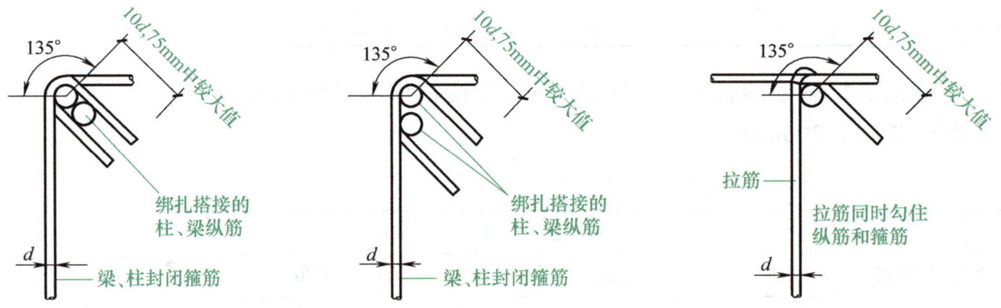

注：1. 拉筋紧靠纵向钢筋并勾住箍筋。
2. 拉筋135°端部弯钩增加值：HPB300为1.9d；HRB400为2.89d。
3. 非框架梁以及不考虑地震作用的悬挑梁，箍筋及拉筋弯钩平直段长度可为5d；当其受扭时，应为10d。

封闭箍筋和拉筋弯钩构造详图

图 7-13

分析： 由图 7-13 可知，对于抗震柱、梁等构件，当箍筋直径<7.5mm 时，箍筋的平直段长度应取 75mm，比如 ϕ6.5 的箍筋；

当箍筋直径≥7.5mm 时，箍筋的平直段长度取 10d，HPB300 钢筋加上 135°弯曲增加值 1.9d，这时单个箍筋弯钩长度可直接取 11.9d；HRB400 钢筋加上 135°弯曲增加值 2.89d，单个箍筋弯钩长度直接取 12.89d。

说明：本书的箍筋和拉筋长度统一按外皮来计算。

5）钢筋理论质量：钢筋每米理论质量 = 0.006165×d^2（d 为钢筋直径）或按表 7-6 计算。

表 7-6 钢筋单位理论质量表

钢筋直径/d	4	6.5	8	10	12	14	16
理论质量/(kg/m)	0.099	0.260	0.350	0.617	0.880	1.208	1.578
钢筋直径/d	18	20	22	25	28	30	32
理论质量/(kg/m)	1.998	2.466	2.984	3.850	4.830	5.550	6.310

6）现浇混凝土保护层厚度是指最外层钢筋外缘至混凝土表面的距离，适用设计年限为 50 年的混凝土结构。现浇混凝土板、墙的最小保护层厚度取 15mm；梁、柱取 20mm。

基础底面钢筋的保护层厚度，有混凝土垫层时应从垫层顶面算起，且不应小于 40mm，无垫层时不小于 70mm。

二、清单工程量计算规范相关规定

1）项目编码：010515001。

2）项目名称：现浇构件钢筋。

3）项目特征：钢筋种类、规格。

4）计量单位：t。

5）工程量计算规则：按设计图示钢筋（网）长度（面积）乘以单位理论质量计算。

6）钢筋设计长度按照钢筋中轴线计算。按间距计算分布钢筋根数时，应按向上取整加 1，以保证钢筋间距符合规范和设计要求。钢筋弯曲调整值见表 7-7。

钢筋中轴线长度 = 钢筋外皮长度 − 钢筋弯曲调整值

表 7-7 钢筋弯曲调整值

弯曲形式	HPB300	HRB400	HRB500	钢筋弯折的弯弧内直径 D
	D=2.5d	D=4d	钢筋 ϕ≤25 D=6d	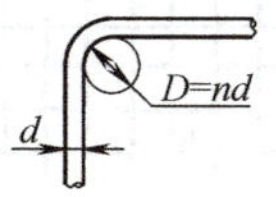
90°弯折	1.75	2.08	2.50	

7）工作内容：①钢筋制作、运输；②钢筋安装；③焊接（绑扎）。

8）钢筋列项时按钢筋种类和直径不同分别列项。

三、独立基础钢筋计算规定

独立基础底板配筋如图 7-14 所示。

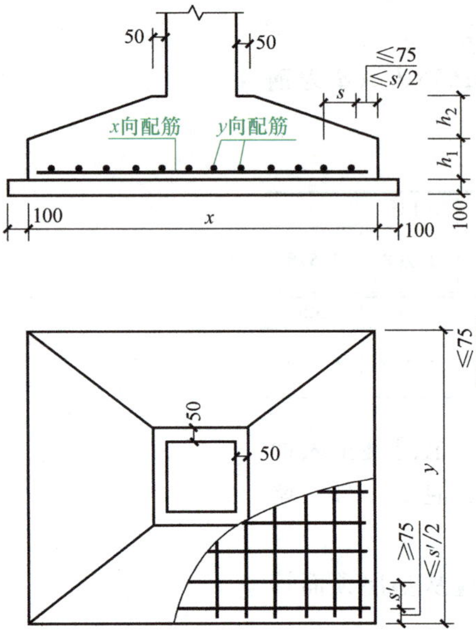

独立基础底板配筋构造
(x、y≤2500)

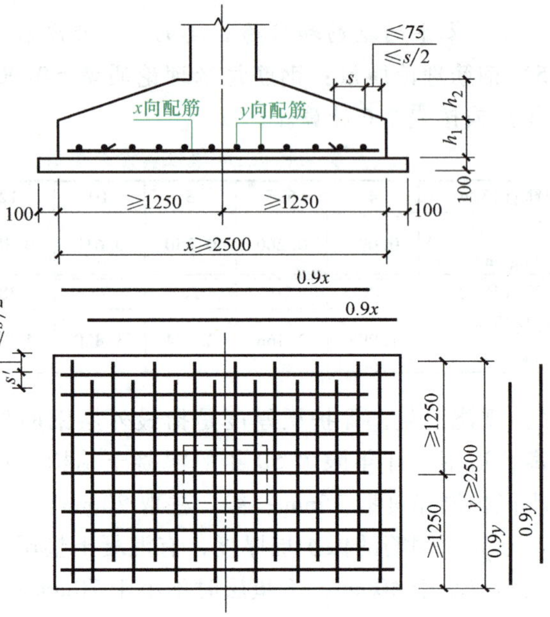

独立基础(对称)底板配筋长度减短10%构造

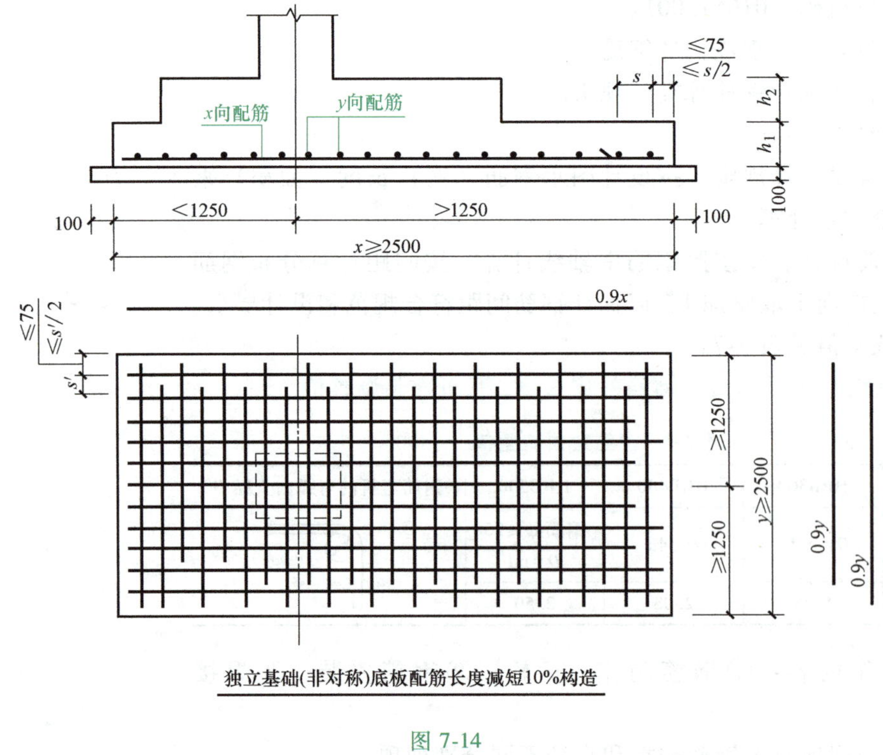

独立基础(非对称)底板配筋长度减短10%构造

图 7-14

分析： 由图 7-14 所示独立基础配筋可以得出以下几点：

1）当独立基础底板长度<2500mm 时，所有钢筋长度均按基础底板长度减去保护层即可。

2）当独立基础底板长度≥2500mm 时，除底板四周外侧钢筋外，其余钢筋长度可取相应方向底板长度的 0.9 倍。

3）当非对称独立基础底板长度≥2500mm，但该基础某侧从柱中心至基础底板边缘的距离<1250mm 时，钢筋在该侧不应减短。

4）计算钢筋根数时，起步距离为≤$s/2$ 且≤75mm。

四、应用案例

[例 7-12] 仔细阅读附录二 土木实训楼施工图中结施 01~03，试计算钢筋混凝土独立基础 DJ_P-1 钢筋工程量，并填写分部分项工程量清单表。

解： 识读结施 02 可知，土木实训楼 DJ_P-1 共 2 个，为对称基础，底板长度<2500mm。

Φ 14@ 150

单根长度：1.2m×2−0.04m×2＝2.32m

起步距离判断：0.15m÷2＝0.075m，取 0.075m

根数：[(1.2m×2−0.075m×2)÷0.15根/m+1根]×2＝32 根

Φ 14 钢筋工程量

2.32m×32×2×1.208kg/m＝179kg＝0.179t

钢筋工程量清单表

工程名称：土木实训楼

项目编码	项目名称	项目特征	计量单位	工程量
010515001001	现浇混凝土钢筋	带肋钢筋，HRB400，Φ 14	t	0.179

[例 7-13] 仔细阅读附录二 土木实训楼施工图中结施 01~03。试计算钢筋混凝土独立基础 DJ_J-2 钢筋工程量。

解： 识读结施 02 可知，土木实训楼 DJ_J-2 共 1 个，底板长度>2500mm。

Φ 16@ 150

基础四边 4 根通长钢筋单根长度：1.35m×2−2×0.04m＝2.62m

根数：4 根

基础内部钢筋单根长度：1.35m×2×0.9＝2.43m

起步距离判断：0.15m÷2＝0.075m，取 0.075m

根数：[(1.35m×2−0.075m×2−0.15m×2)÷0.15m/根+1根]×2＝32根

Φ 16 钢筋工程量

(2.62m×4+2.43m×32)×1.578kg/m＝139kg＝0.139t

任务 9　现浇柱钢筋

一、现浇柱钢筋计算规定

1）柱纵向钢筋在基础中的锚固如图 7-15 所示。

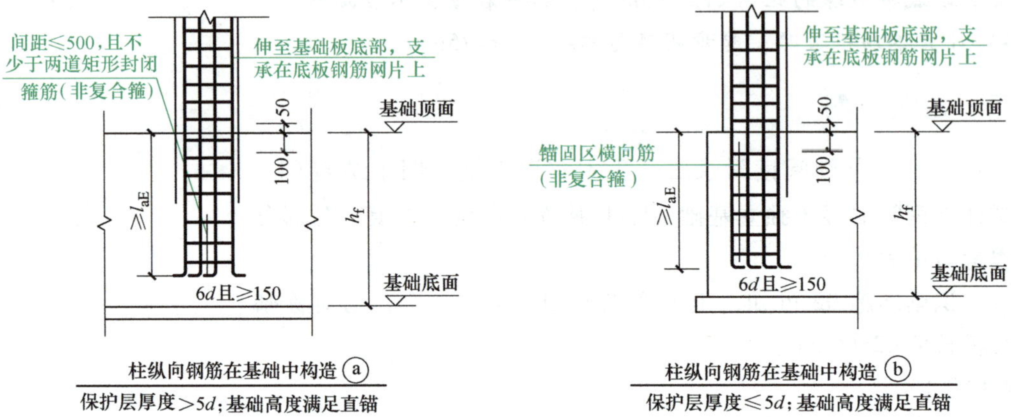

a)

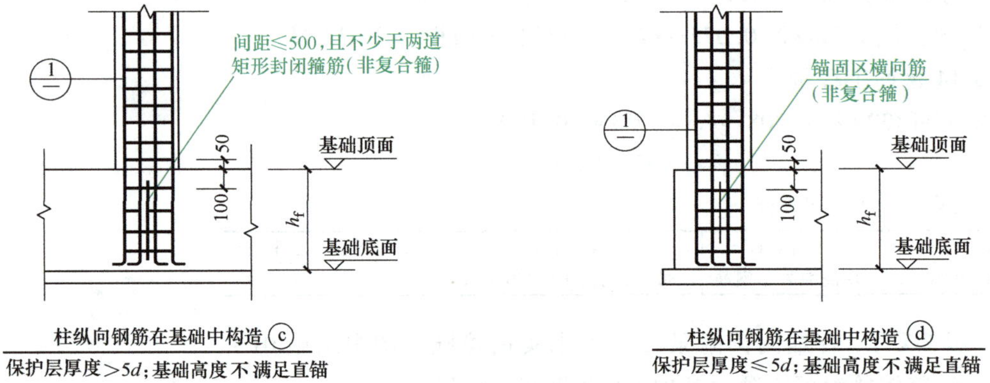

b)

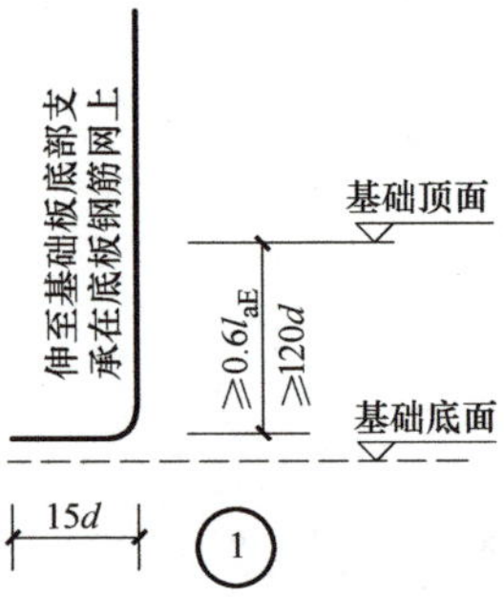

注：1. 图中h_f为基础底面至基础顶面的高度。柱下为基础梁时，h_f为梁底面至顶面的高度。当柱两侧基础梁标高不同时取较低标高。

2. 锚固去横向箍筋应满足直径 ≥d/4（d为纵筋最大直径），间距 ≤5d（d为纵筋最小直径）且≤100mm 的要求。

3. 当柱纵筋在基础中保护层厚度不一致(如纵筋部分位于梁中，部分位于板内)，保护层厚度不大于5d的部位应设置锚固区横向钢筋。

4. 图中d为柱纵筋直径。

c)

图 7-15

2）KZ 边柱和角柱柱顶纵向钢筋锚固如图 7-16 所示。

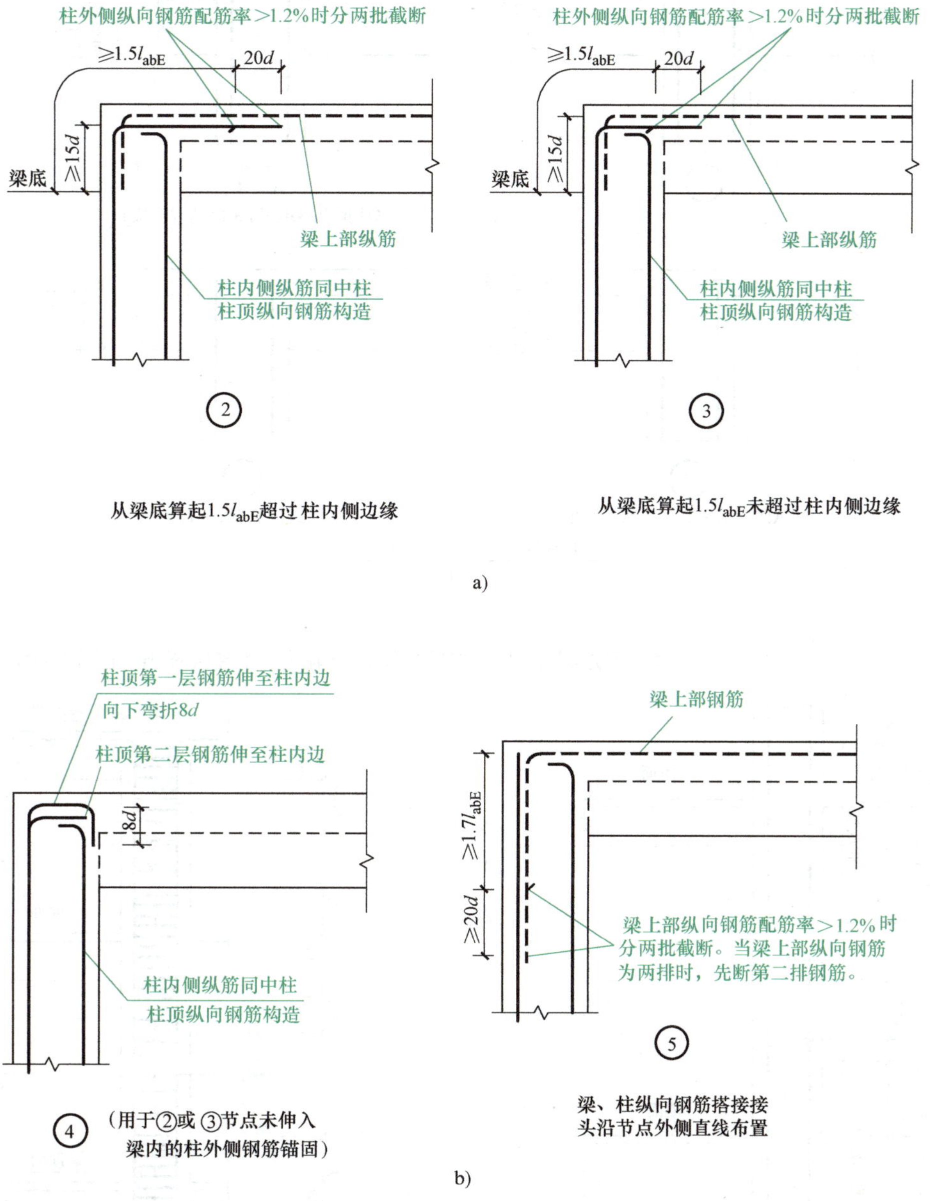

图 7-16

注：1. 当现浇板厚度不小于 100mm 时，也可按②节点方式伸入板内锚固，且伸入板内长度不宜小于 15d。

2. 节点②、③、④应配合使用，节点④不应单独使用（仅用于未伸入梁内的柱外侧纵筋锚固），伸入梁内的柱外侧纵筋不宜少于外侧全部纵筋的 65%，可选择②+④或③+④的做法。

3）中柱柱顶纵向钢筋构造如图 7-17 所示。

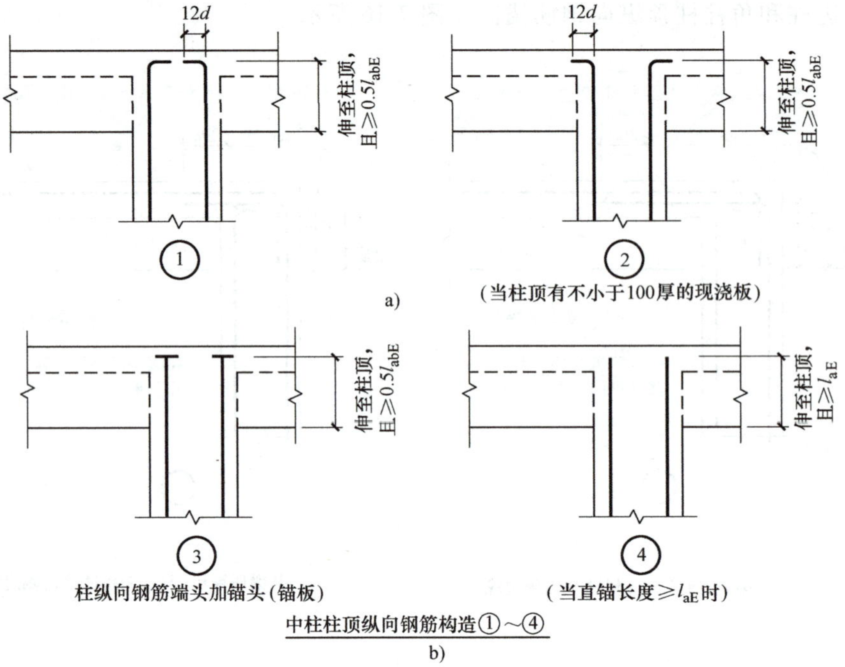

图 7-17

4）KZ纵筋焊接连接构造及箍筋加密区范围如图7-18所示。

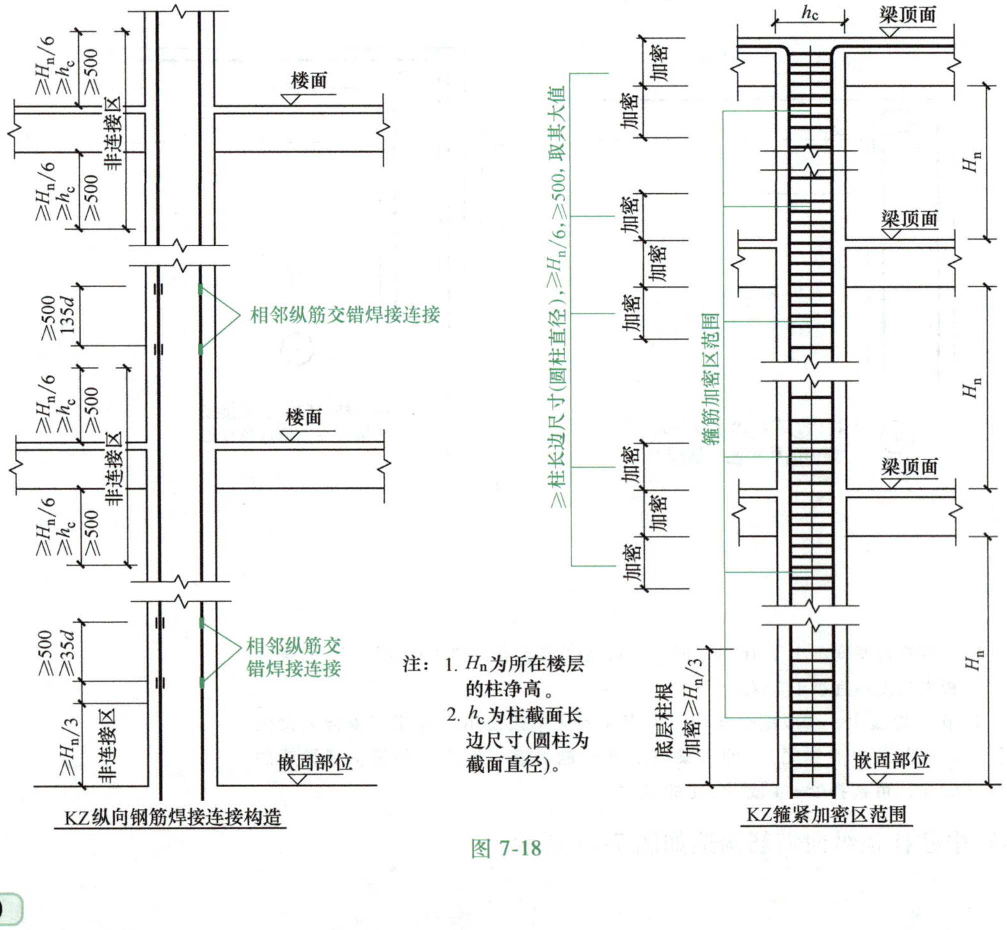

图 7-18

二、应用案例

[例 7-14]　仔细阅读附录二　土木实训楼施工图中结施 01～16。试计算Ⓑ轴与①轴相交处边柱 KZ2 的钢筋工程量，并编制钢筋工程量清单表。

分析：阅读结施 01 可知：柱顶外侧纵向钢筋顶部锚固采用图 7-16a 中的②图，柱外侧纵向纵筋顶部锚固时分一批截断；柱顶内侧纵向钢筋顶部锚固采用图 7-17a 中的②图。柱插筋在基础中锚固采用 7-15b 中的ⓓ图，在基础内设 3 道矩形封闭箍筋（非复合箍）。根据 KZ2 为 C35，抗震等级为三级，柱纵筋⌀≤25，查表 7-3 可得，$l_{abE}=34d$。

解：（1）柱外侧钢筋 3⌀25

15×0.025m+(1.6m+10.5m−0.04m−0.55m)+1.5×34×0.025m−2×2.08×0.025m=13.06m

（2）柱内侧钢筋 7⌀25

15×0.025m+(1.6m+10.5m−0.04m−0.02m)+12×0.025m−2×2.08×0.025m=12.61m

（3）柱纵筋工程量小计

⌀25:(13.06m×3+12.61m×7)×3.85kg/m=491kg=0.491t

（4）⌀8@100/150

外围箍筋单根长度：0.45m×4−8×0.02m+12.89×0.008m×2−3×2.08×0.08m=1.80m

内部箍筋单根长度：

(0.45m−0.02m×2)×2+[(0.45m−0.02m×2−0.008m×2−0.025m)÷3+0.025m+0.008m×2]×2+12.89×0.008m×2−3×2.08×0.008m=1.30m

（5）基础内配外围箍筋根数

0.70m−0.10m−0.04m=0.56m>0.50m，配 3 根箍筋

（6）一层箍筋根数

配置范围：H_n=0.9m+3.55m−0.6m=3.85m

H_n/6=3.85m÷6=0.642m>0.50m，取 0.642m。

下部箍筋加密区根数：（3.85m÷3−0.05m）÷0.1m/根+1 根=14 根

上部箍筋加密区根数：(0.6m+0.642m)÷0.1m/根+1 根=14 根

中部箍筋非加密区根数：(3.85m−0.642m−3.85m÷3)÷0.15m/根−1 根=12 根

一层箍筋根数：14 根×2+12 根=40 根

小提示

钢筋部分既是重点也是难点，是块难啃的硬骨头。只要努力啃下，定会领会“会当凌绝顶，一览众山小”的妙处。

小知识

箍筋在基础（楼层板）的顶部的起步距离为50mm。

（7）二层箍筋根数

配置范围：$H_n = 3.6m - 0.6m = 3.0m$，$H_n/6 = 3.0m \div 6 = 0.5m$，取 0.50m。

下部箍筋加密区根数：（0.5m－0.05m）÷0.1m/根＋1 根＝6 根

上部箍筋加密区根数：（0.6m＋0.5m）÷0.1m/根＋1 根＝12 根

中部箍筋非加密区根数：（3.0m－0.5m×2）÷0.15m/根－1 根＝13 根

二层箍筋根数：6 根＋12 根＋13 根＝31 根

（8）三层箍筋根数

配置范围：$H_n = 3.35m - 0.55m = 2.80m$，$H_n/6 = 2.80m \div 6 = 0.47m < 0.50m$，取 0.50m。

下部箍筋加密区根数：（0.5m－0.05m）÷0.1m/根＋1 根＝6 根

上部箍筋加密区根数：（0.5m＋0.55m）÷0.1m/根＋1 根＝12 根

中部箍筋非加密区根数：（2.80m－0.5m×2）÷0.15m/根－1 根＝11 根

三层箍筋根数：6 根＋12 根＋11 根＝29 根

（9）箍筋工程量小计

[1.80m×(3+40+31+29)+1.30m×(40+31+29)]×0.395kg/m＝125kg＝0.125t

KZ1 钢筋工程量清单表

工程名称：土木实训楼

项目编码	项目名称	项目特征	计量单位	工程量
010515001001	现浇混凝土钢筋	HRB400 钢筋，Φ 8	t	0.125
010515001002	现浇混凝土钢筋	HRB400 钢筋，Φ 25	t	0.491

任务 10　现浇梁钢筋

一、现浇梁钢筋计算规定

1）楼层框架梁 KL 纵向钢筋构造，如图 7-19 所示。

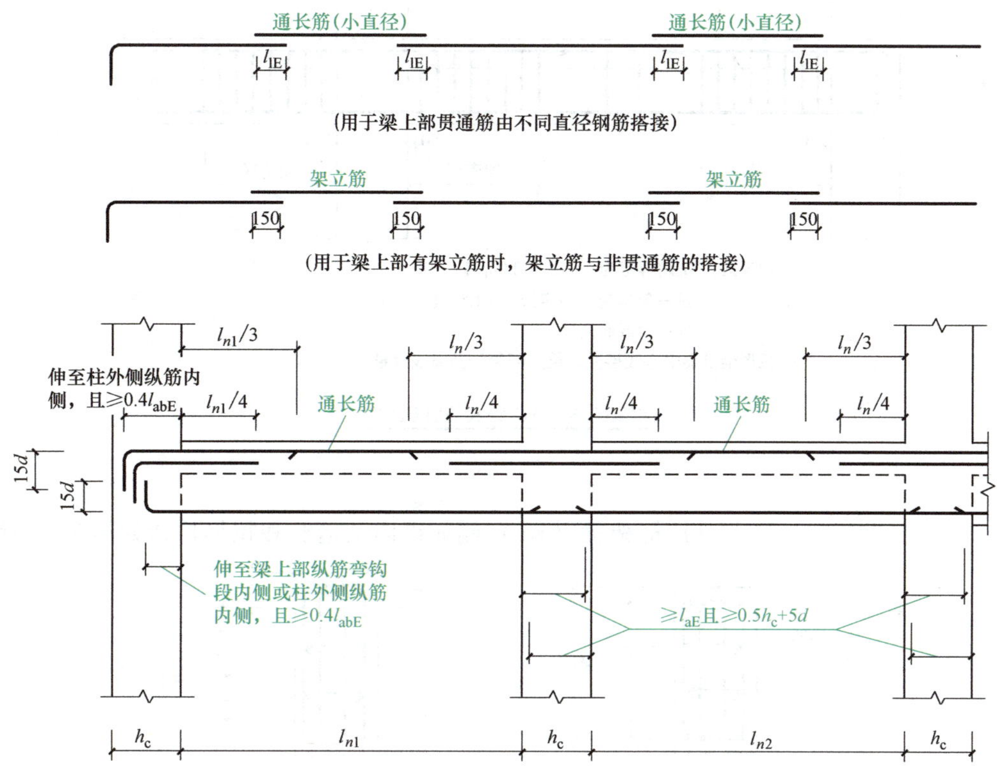

楼层框架梁KL纵向钢筋构造

a)

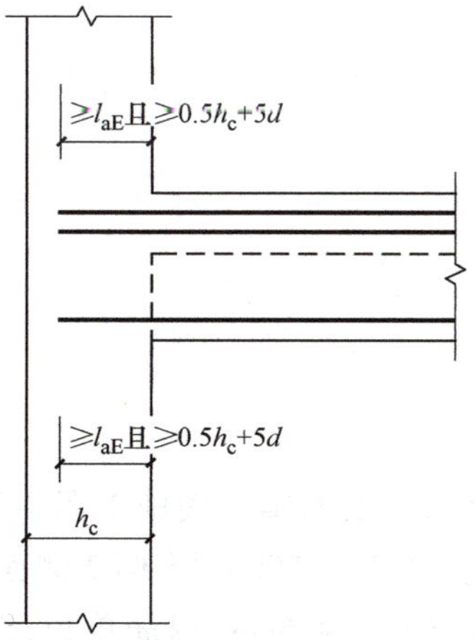

注：1. 跨度值l_n为左跨l_{ni}和右跨l_{ni+1}之较大值，其中i=1，2，3，…

2. 图中h_c为柱截面沿框架方向的高度。

3. 梁上部通长筋与非贯通筋直径相同时，连接位置宜位于跨中l_{ni}/3范围内；梁下部钢筋连接位置宜于支座l_{ni}/3范围内；且在同一连接区段内钢筋接头面积百分率不宜大于50%。

4. 梁侧面构造纵筋的搭接与锚固长度可取15d，受扭钢筋可代替构造钢筋。

5. 梁侧面受扭纵筋的搭接长度为l_l或l_l，其锚固长度为l_{aE}或l_a，锚固方式同框架梁下部纵筋。

b)

图 7-19

2）框架梁（KL、WKL）箍筋加密区范围如图 7-20 所示。

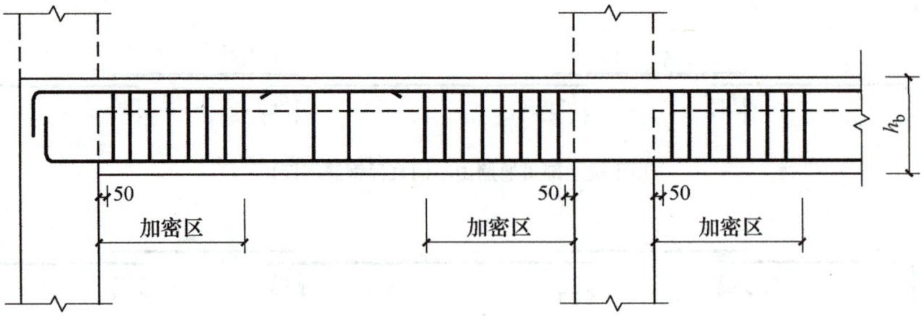

加密区：抗震等级为一级：≥2.0h_b且≥500

抗震等级为二～四级：≥1.5h_b且≥500

h_b：梁截面高度

弧形梁沿梁中心线展开，箍筋间距沿凸面线度量

框架梁（KL、WKL）箍筋加密区范围

图 7-20

3）框架梁（KL）侧面纵向构造筋和拉筋构造如图 7-21 所示。

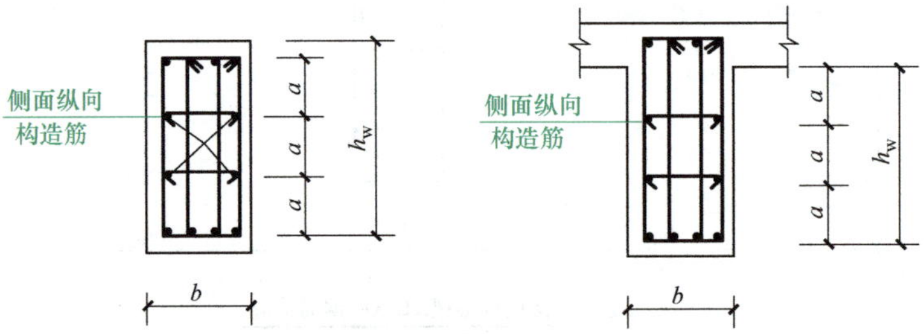

梁侧面纵向构造筋和拉筋

图 7-21

注：1. 当 h_w≥450mm 时，在梁的两个侧面应沿高度配置纵向构造钢筋；纵向构造钢筋间距 a≤200mm。

2. 当梁侧面配有不小于构造纵筋的受扭钢筋时，受扭钢筋可以代替构造纵筋。

3. 梁侧面构造纵筋的搭接与锚固长度可取 15d。梁侧面受扭纵筋的搭接长度为 l_{lE} 或 l_l，其锚固长度为 l_{aE} 或 l_a，锚固方式同框架梁下部纵筋。

4. 当梁宽≤350mm 时，拉筋直径为 6mm，梁宽>350mm 时，拉筋直径为 8mm，拉筋间距为非加密区箍筋间距的 2 倍。

5. 当设有多排拉筋时，上下两排拉筋竖向错开设置。

二、应用案例

[例 7-15] 认真阅读附录二 土木实训楼施工图中结施 01 的结构设计总说明、结施 05～08。现将 3.550m 层 KL2 侧面抗扭箍筋 N4Φ12 改为 N2Φ12，拉筋Φ 6@ 300（Φ 6mm 钢筋单位理论质量为 0.222kg/m）。试计算 KL2 钢筋工程量，编制钢筋表，填写分部分项工程量清单表。

分析：识读图纸可知，KL2 及周围的构件如图 7-22 所示，KL2 的内部配筋如图 7-23 所示。

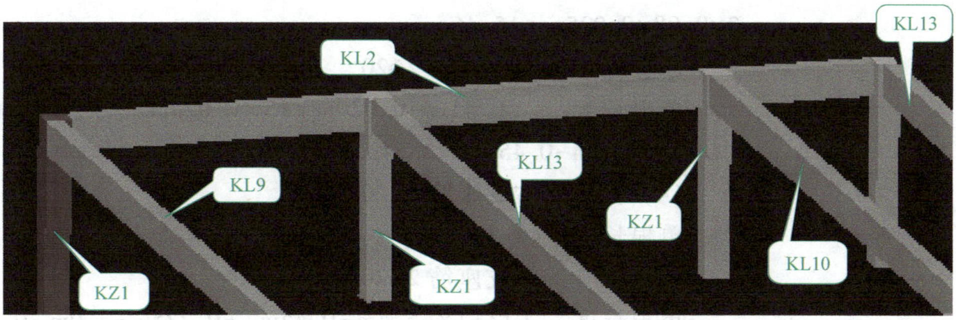

图 7-22

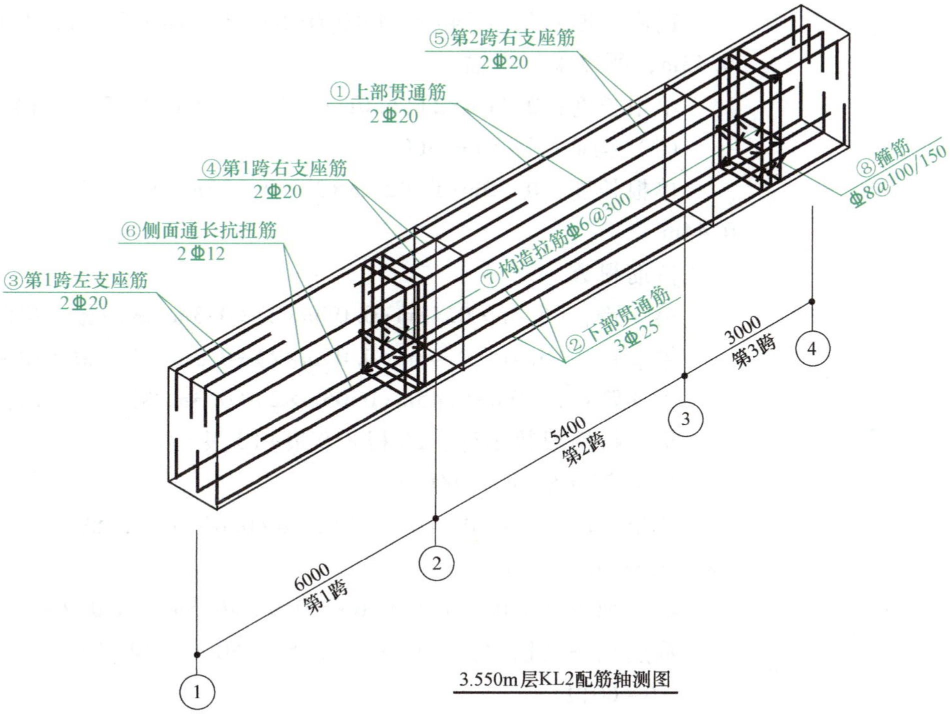

图 7-23

解：（1）上部贯通筋 2Φ20

锚固判断：由表 7-4 查得 $l_{aE}=34d$。

2Φ20：34×20mm = 680mm > 450mm − 20mm = 430mm，所以采用弯锚。

单根长度：（0. 45m − 0. 020m + 15 × 0. 020m）× 2 − 2 × 2. 08 × 0. 020m+(6. 0m+5. 4m+3. 0m−0. 225m×2) = 15. 33m

（2）下部贯通筋 3Φ25

单根长度：（0. 45m − 0. 020m + 15 × 0. 025m）× 2 − 2 × 2. 08 × 0. 025m+(6. 0m+5. 4m+3. 0m−0. 225m×2) = 15. 46m

小启示

计算钢筋工程量是座大山，难且麻烦，历经曲折，定能解决。不经历风雨，怎能见彩虹？

或：6.0m+5.4m+3.0m+0.225m×2−0.02m×2+15×0.025m×2−2×2.08×0.025m=15.46m

(3) 第 1 跨左支座筋 2Φ20

单根长度：(0.45m−0.020m+15×0.020m)−2.08×0.020m+(1/3)×(6.0m−0.45m)=2.54m

(4) 第 1 跨右支座筋 2Φ20

单根长度：(2/3)×(6.0m−0.45m)+0.45m=4.15m

(5) 第 2 跨右支座筋 2Φ20

单根长度：(1/3)×(5.4m−0.45m)+0.225m+3.0m+0.225m−0.020m+15×0.020m−2.08×0.020m=5.34m

(6) 侧面通长抗扭筋 2Φ12

锚固判断：$l_{aE}=34d=34\times0.012m=0.41m<0.45m-0.020m=0.43m$，所以采用直锚。

单根长度：0.41m×2+(6.0m+5.4m+3.0m−0.45m)=14.77m

(7) 构造拉筋Φ6@300

单根长度：0.30m−0.020m×2+(0.075m+2.89×0.006m)×2=0.44m

拉筋根数

第 1 跨：(6.0m−0.45m−0.05m×2)÷0.3m/根+1根=20根

第 2 跨：(5.4m−0.45m−0.05m×2)÷0.3m/根+1根=18根

第 3 跨：(3.0m−0.45m−0.05m×2)÷0.3m/根+1根=10根

构造拉筋根数小计：20 根+18 根+10 根=48 根

(8) 箍筋Φ8@100/150

单根长度：(0.30m+0.6m)×2−8×0.020m+12.89×0.008m×2−3×2.08×0.008m=1.80m

箍筋加密区范围：1.5×0.6m=0.9m>0.5m，取 0.9m

箍筋加密区根数：[(0.9m−0.05m)÷0.1m/根+1根]×6=[9根+1根]×6=60根

非加密区根数

第 1 跨：(6.0m−0.45m−0.9m×2)÷0.15m/根−1 根=24 根

第 2 跨：(5.4m−0.45m−0.9m×2)÷0.15m/根−1 根=20 根

第 3 跨：(3.0m−0.45m−0.9m×2)÷0.15m/根−1 根=4 根

箍筋根数：60 根+24 根+20 根+4 根=108 根

KL2 配筋明细表

编号	钢筋位置	级别	直径	钢筋图形	根数	单根长 /m	总长度 /m	总重 /kg
1	上部贯通筋	Φ	20	300 ⌐ 14810 ¬ 300	2	15.33	30.66	76

（续）

编号	钢筋位置	级别	直径	钢筋图形	根数	单根长/m	总长度/m	总重/kg
2	下部贯通筋	Φ	25	375 14810 375	3	15.46	46.38	179
3	第1跨左支座筋	Φ	20	300 2280	2	2.54	5.08	13
4	第1跨右支座筋	Φ	20	4150	2	4.15	8.30	20
5	第2跨右支座筋	Φ	20	5080 300	2	5.34	10.68	26
6	侧面通长抗扭筋	Φ	12	14770	2	14.77	29.54	26
7	构造拉筋	Φ	6	260	48	0.44	21.12	5
8	箍筋	Φ	8	260 560	108	1.80	194.40	68

（9）KL2 钢筋工程量汇总

Φ6：5kg；Φ8：68kg；Φ12：26kg；Φ20：76kg + 13kg + 20kg + 26kg = 135kg；Φ25：179kg。

KL2 钢筋工程量清单表

工程名称：土木实训楼

项目编码	项目名称	项目特征	计量单位	工程量
010515001001	现浇构件钢筋	钢筋种类 HRB400，Φ6	t	0.005
010515001002	现浇构件钢筋	钢筋种类 HRB400，Φ8	t	0.068
010515001003	现浇构件钢筋	钢筋种类 HRB400，Φ12	t	0.026
010515001004	现浇构件钢筋	钢筋种类 HRB400，Φ20	t	0.135
010515001006	现浇构件钢筋	钢筋种类 HRB400，Φ25	t	0.179

[例 7-16] 某工程为现浇混凝土框架结构，三级抗震，KL8 采用 C30 混凝土浇筑，共有 17 根，配筋如图 7-24 所示。试计算 KL8 钢筋工程量。

分析： 识读图纸可知，KL8 第 2 跨的高度为 400mm，第 1、3 跨的高度为 600mm，故第 2 跨的下部钢筋可直锚到第 1、3 跨内，第 1、3 跨钢筋端部直锚还是弯锚，则需要根据具体情况来判断确定。KL8 的形状如图 7-25 所示，内部配筋如图 7-26 所示。

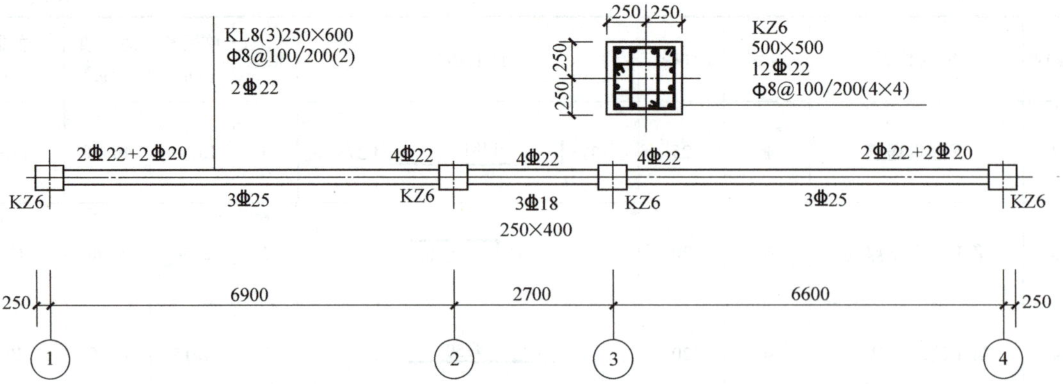

图 7-24

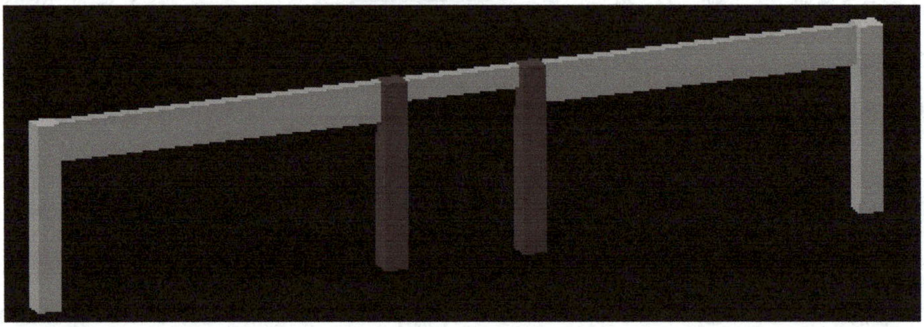

图 7-25

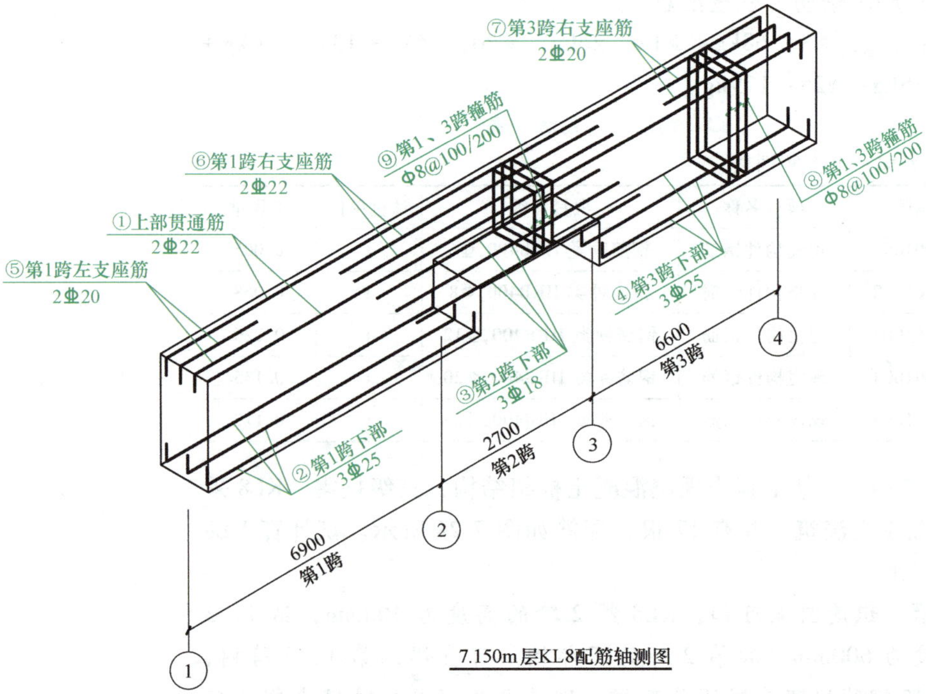

图 7-26

解： 锚固判断，以Φ20 为例判断，由表 7-4 查得 $l_{aE}=37d$

37×20mm = 740mm>450mm-20mm = 430mm，所以梁内纵筋除第 2 跨下部 3Φ18 外，其他纵筋均采用弯锚。

（1）上部贯通筋 2Φ22

单根长度：(0.50m-0.020m+15×0.22m)×2-2×2.08×0.022m+(6.9m+2.7m+6.6m-0.5m) = 17.23m

（2）第 1 跨下部 3Φ25

单根长度：(0.50m-0.020m+15×0.025m)×2-2×2.08×0.025m+(6.90m-0.5m) = 8.01m

（3）第 2 跨下部 3Φ18

单根长度：37×0.018m×2+2.70m-0.5m = 3.53m

（4）第 3 跨下部 3Φ25

单根长度：(0.50m-0.020m+15×0.025m)×2-2×2.08×0.025m+(6.60m-0.5m) = 7.71m

（5）第 1 跨左支座筋 2Φ20

单根长度：(0.5m-0.020m+15×0.020m)-2×2.08×0.020m+(1/3)×(6.9m-0.5m) = 2.87m

（6）第 1 跨右支座筋 2Φ22

单根长度：(1/3)×(6.9m-0.5m)+(2.7m+0.5m)+(1/3)×(6.6m-0.5m) = 7.37m

（7）第 3 跨右支座筋 2Φ20

单根长度：(1/3)×(6.6m-0.5m)+(0.5m-0.020m+15×0.020m)-2.08×0.020m = 2.77m

（8）第 1、3 跨箍筋Φ8@100/200

单根长度：(0.25m+0.6m)×2-8×0.020m+11.9×0.008m×2-3×1.75×0.008m = 1.69m

箍筋加密区范围：1.5×0.6m = 0.9m>0.5m，取 0.9m

箍筋加密区根数：[(0.9m-0.05m)÷0.1m/根+1 根]×4 = 40根

非加密区根数

第 1 跨：(6.9m-0.5m-0.9m×2)÷0.2m/根-1 根 = 22 根

第 3 跨：(6.6m-0.5m-0.9m×2)÷0.2m/根-1 根 = 21 根

箍筋根数：40 根+22 根+21 根 = 83 根

（9）第 2 跨箍筋Φ8@100/200

单根长度：(0.25m+0.4m)×2-8×0.020m+11.9×0.008m×2-3×1.75×0.008m = 1.29m

箍筋加密区范围：1.5×0.4m = 0.6m>0.5m，取 0.6m

箍筋加密区根数：[(0.6m-0.05m)÷0.1m/根+1根]×2 = 14根

非加密区根数：(2.7m-0.5m-0.6m×2)÷0.2m/根-1根 = 4根

箍筋根数：14 根+4 根 = 18 根

KL8 钢筋工程量汇总

Φ8：(1.69m×83+1.29m×18)×0.395kg/m×17 = 1098kg = 1.098t

Φ18：3.53m×2×1.998kg/m×17 = 240kg = 0.240t

Φ20：(2.87m+2.77m)×2×2.466kg/m×17 = 473kg = 0.473t

Φ22：(17.23m+7.37m)×2×2.984kg/m×17 = 2496kg = 2.496t

Φ25：(8.01m+7.71m)×2×3.85kg/m×17 = 2058kg = 2.058t

任务 11　现浇板钢筋

一、现浇板钢筋计算规定

1）楼板、屋面板的构造如图 7-27 所示。

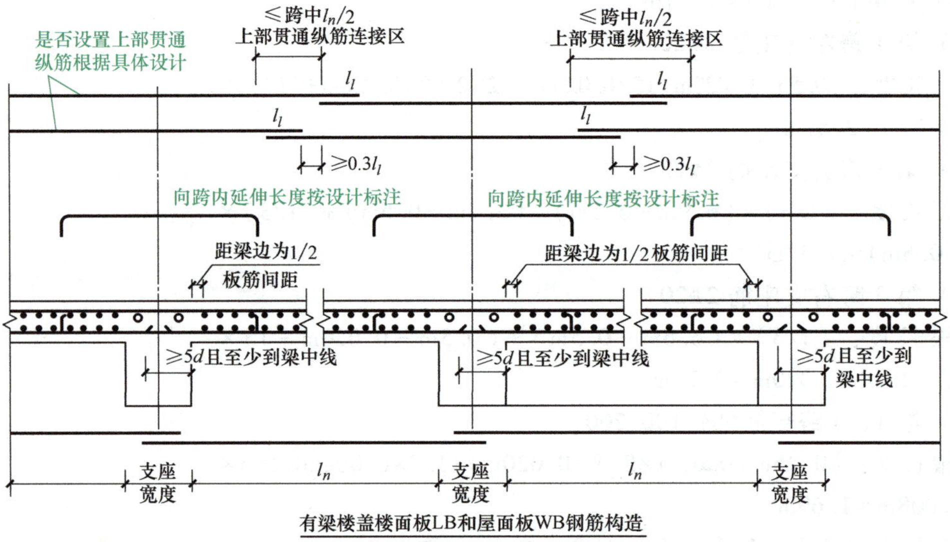

图 7-27

2）楼板、屋面板在端部支座的锚固如图 7-28 所示。

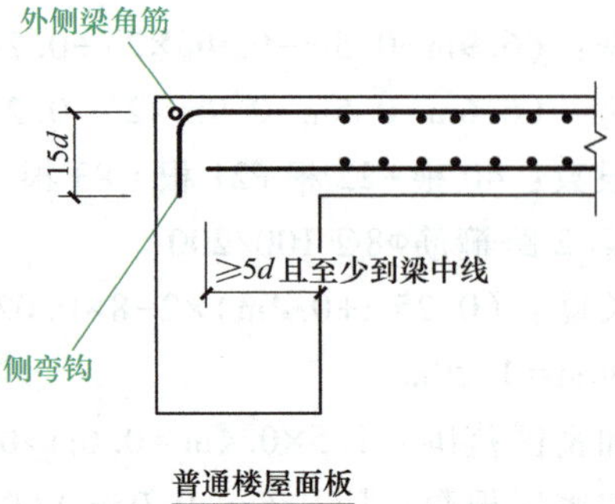

图 7-28

说明： 负筋在板内的弯折长度按板厚减两个保护层厚度计算，负筋在梁支座内的锚固长度按 15d 计算。

二、应用案例

[例 7-17] 仔细阅读附录二　土木实训楼施工图中结施 01 的结构设计说明，结施 07、结施 08、结施 14。试计算一层Ⓐ①～Ⓑ②处 LB1 钢筋（计算负筋的分布筋时只计算本例题板内部分工程量）工程量，并填写分部分项工程量清单表。

解：（1）下部 X 方向⌀8@ 120

锚固判断：$5d=5\times8\text{mm}=40\text{mm}<250\text{mm}\div2=125\text{mm}$，故锚到梁中心线。

单根长度：$6.0\text{m}+0.225\text{m}-0.30\text{m}\div2=6.08\text{m}$

根数：$[6.0\text{m}+0.45\text{m}-0.25\text{m}-0.30\text{m}-(0.12\text{m}\div2)\times2]\div0.12\text{m}/根+1根=50根$

（2）下部 Y 方向⌀10@ 200

单根长度：$6.0\text{m}+0.45\text{m}-0.30\text{m}\div2-0.25\text{m}\div2=6.18\text{m}$

根数：$(6.0\text{m}+0.225\text{m}-0.30\text{m}-0.25\text{m}\div2-0.20\text{m}\div2\times2)\div0.20\text{m}/根+1根=29根$

（3）①号负筋⌀8@ 200

单根长度：$1.70\text{m}+(0.15\text{m}-0.015\text{m}\times2)+(15\times0.008\text{m})-2\times2.08\times0.008\text{m}=1.91\text{m}$

①轴线根数：$(6.0\text{m}+0.45\text{m}-0.25\text{m}-0.30\text{m}-0.20\text{m}\div2\times2)\div0.20\text{m}/根+1根=30根$

Ⓐ轴线根数：$(6.0\text{m}+0.225\text{m}-0.30\text{m}-0.25\text{m}\div2-0.20\text{m}\div2\times2)\div0.20\text{m}/根+1根=29根$

（4）②号负筋⌀8@ 200

单根长度：$1.63\text{m}\times2+(0.15\text{m}-0.015\text{m}\times2)\times2-2\times2.08\times0.008\text{m}=3.47\text{m}$

根数：$(6.0\text{m}+0.45\text{m}-0.25\text{m}-0.30\text{m}-0.20\text{m}\div2\times2)\div0.20\text{m}/根+1根=30根$

（5）④号负筋⌀10@ 150

单根长度：$1.57\text{m}\times2+2.7\text{m}+(0.15\text{m}-0.015\text{m}\times2)\times2-2\times2.08\times0.010\text{m}=6.04\text{m}$

根数：$(6.0\text{m}+0.225\text{m}-0.30\text{m}-0.25\text{m}\div2-0.15\text{m}\div2\times2)\div0.15\text{m}/根+1根=39根$

> **小提示**
>
> 分布筋与其同方向负筋的搭接尺寸为 150mm。

（6）①、②轴线负筋分布筋⌀8@ 250

单根长度：$6.0\text{m}+0.45\text{m}-0.02\text{m}-1.7\text{m}-0.25\text{m}\div2-1.57\text{m}+0.15\text{m}\times2=3.34\text{m}$

①轴线根数：$(1.70\text{m}+0.02\text{m}-0.3\text{m}-0.25\text{m}\div2)\div0.25\text{m}/根+1$

根=7根

②轴线根数：(1.63m−0.25m÷2−0.25m÷2)÷0.25m/根+1根=7根

(7) Ⓐ、Ⓑ轴线负筋分布筋Φ8@250

单根长度：6.0m+0.225m−0.02m−1.7m−1.63m+0.15m×2=3.18m

Ⓐ轴线根数：(1.70m+0.02m−0.3m−0.25m÷2)÷0.25m/根+1根=7根

Ⓑ轴线根数：(1.57m−0.25m÷2−0.25m÷2)÷0.25m/根+1根=7根

(8) 钢筋工程量统计

Φ8：[6.08m×50+1.91m×(30+29)+3.47m×30+(3.34m+3.18m)×7×2]×0.395kg/m=242kg=0.242t

Φ10：(6.18m×29+6.04m×39)×0.617kg/m=256kg=0.256t

LB1 钢筋工程量清单表

项目编码	项目名称	项目特征	计量单位	工程量
010515001001	现浇构件钢筋	带肋钢筋，HRB400，Φ8	t	0.242
010515001002	现浇构件钢筋	带肋钢筋，HRB400，Φ10	t	0.256

[例 7-18] 仔细阅读附录二 土木实训楼施工图中结施 01 的结构设计说明，结施 09、结施 10、结施 15。已知板内马凳（ϕ6.5）单个长度为 0.50m，每平方米 1 个。试计算二层Ⓐ④~Ⓑ⑥处 LB11（除⑤、⑥负筋及其分布筋）钢筋工程量。

解：(1) 下部 X 方向Φ10@150

锚固判断：$5d=5\times10\text{mm}=50\text{mm}<250\text{mm}\div2=125\text{mm}$，故锚到梁中心线。

单根长度：3.3m+2.7m−0.30m÷2+0.25m÷2=5.98m

根数：(6.0m+0.45m−0.25m−0.30m−0.15m÷2×2)÷0.15m/根+1 根=40 根

(2) 下部 Y 方向Φ10@150

单根长度：6.0m+0.45m−0.3m÷2−0.25m÷2=6.18m

根数：(3.3m+2.7m−0.30m−0.15m÷2×2)÷0.15m/根+1 根=38 根

(3) 上部 X 方向Φ10@150

单根长度：3.3m+2.7m+0.25m−0.015m×2+15×0.010m×2−2×2.08×0.010m=6.49m

根数：(6.0m+0.45m−0.25m−0.30m−0.15m÷2×2)÷0.15m/根+1根=40根

(4) 上部 Y 方向Φ10@150

单根长度：6. 0m+0. 45m−0. 015m×2+15×0. 010m×2−2×2. 08×0. 010m=6. 68m

根数：(3. 3m+2. 7m−0. 30m−0. 15m÷2×2)÷0. 15m/根+1根=38根

(5) 马凳Φ6. 5

单根长度：0. 50m

个数：(3. 3m+2. 7m−0. 30m)×(6. 0m+0. 45m−0. 3m−0. 25m)×1个/m^2=34个

(6) 钢筋工程量统计

Φ6. 5：0. 50m×34×0. 260kg/m=4kg=0. 004t

Φ10：[(5. 98m+6. 49m)×40+(6. 18m+6. 68m)×38]×0. 395kg/m=390kg=0. 390t

任务12　现浇楼梯钢筋

一、现浇楼梯钢筋计算规定

钢筋混凝土板式楼梯构造如图7-29所示。

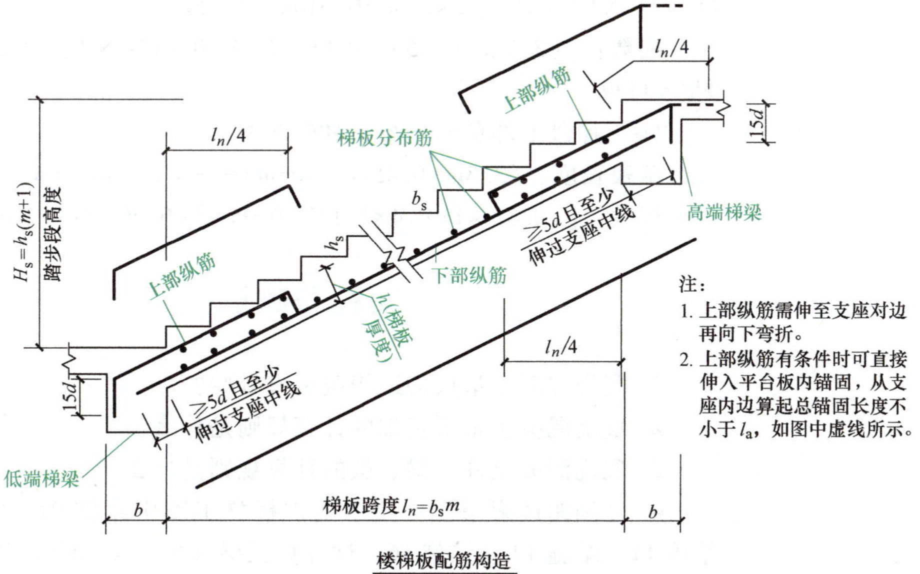

楼梯板配筋构造

图7-29

二、应用案例

[例7-19]　认真阅读附录二　土木实训楼施工图中结施01的结构设计说明，结施16、结施18。试计算一层楼梯TB1钢筋工程量。

解：(1) 板底纵筋Φ12@100

$k=\sqrt{0.3m\times0.3m+0.15m\times0.15m}\div0.3m=1.118$

锚固：5×0.012m＝0.06m<0.24m÷2，所以取0.12m。

单根长度：(3.3m+0.24m÷2+0.30m÷2)×1.118＝3.99m

根数：[(3.3m−0.45m−0.06m)÷2−0.015m×2]÷0.10m/根+1根＝15根

(2) 底部分布筋⌀8@200

单根长度：(3.3m−0.45m−0.06m)÷2−0.015m×2＝1.37m

根数：(0.3m×11×1.118−2×0.05m)÷0.20m/根+1根＝19根

(3) 梯段下部负筋⌀10@150

单根长度：[(3.3m÷4+0.30m)×1.118−0.015m]+15×0.010m+(0.1m−0.015m×2)−2×2.08×0.010m＝1.42m

根数：[(3.3m−0.45m−0.06m)÷2−0.015m×2]÷0.15m/根+1根＝11根

(4) 梯段下部负筋分布筋⌀8@200

单根长度：(3.3m−0.45m−0.06m)÷2−0.015m×2＝1.37m

根数：[(0.3m×11)÷4×1.118−0.05m]÷0.20m/根+1根＝6根

(5) 梯段上部负筋⌀10@150

单根长度：[(3.3m÷4+0.24m)×1.118−0.015m]+15×0.010m+(0.1m−0.015m×2)−2×2.08×0.010m＝1.35m

根数：[(3.3m−0.45m−0.06m)÷2−0.015m×2]÷0.15m/根+1根＝11根

(6) 梯段上部负筋分布筋⌀8@200

单根长度：(3.3m−0.45m−0.06m)÷2−0.015m×2＝1.37m

根数：[(0.3m×11)÷4×1.118−0.05m]÷0.20m/根+1根＝6根

回顾与测试

1. 现浇混凝土垫层的适用范围有哪些？
2. 现浇混凝土带形基础的计算规则是什么？
3. 现浇混凝土柱、梁、板的计算规则是什么？
4. 仔细阅读附录二　土木实训楼施工图中结施01、结施06、结施11、结施12和结施16。试计算三层（标高10.500m以下）框架梁混凝土工程量，并填写分部分项工程量清单表。

项目八 门窗工程

学习目标

➢学会木质门、金属门的清单编制。

➢学会金属窗的清单编制。

任务1 木质门

一、清单工程量计算规范相关规定

1）项目编码：010801001。

2）项目名称：木质门。

3）项目特征：①门代号及洞口尺寸；②镶嵌玻璃品种、厚度。

4）计量单位：①樘；②m^2。

5）工程量计算规则：①以"樘"计量，按设计图示数量计算；②以"m^2"计量，按设计图示尺寸以面积计算。

6）工作内容：①门安装；②玻璃安装；③五金安装。

7）木质门应区分镶板木门、企口木板门、实木装饰门、胶合板门、夹板装饰门、木纱门、全玻门（带木质扇框）、木质半玻门（带木质扇框）等项目，并分别编码列项。

8）木门五金应包括：折页、插销、门碰珠、弓背拉手、搭机、木螺钉、弹簧折页（自动门）、管子拉手（自由门、弹簧门）、地弹簧（弹簧门）、角铁、门轧头（自由门、弹簧门）等。

9）以樘计量，项目特征必须描述洞口尺寸；以"m^2"计量，项目特征可不描述洞口尺寸。

小知识

门按开启方式分为：平开门、弹簧门、推拉门、折叠门、转门、上翻门、卷帘门等。

二、应用案例

［例8-1］ 仔细阅读附录二 土木实训楼施工图中建施02～03门窗明细表和建施04一层平面图，建施09～11南、北等立面图，

试计算一层各种门清单工程量，并填写分部分项工程量清单表。

解：（1）M3229：3.2m×2.95m×1＝9.44m^2 或工程量＝1 樘

（2）M1024：1.0m×2.4m×4＝9.60m^2 或工程量＝4 樘

（3）M0924：0.9m×2.4m×2＝4.32m^2 或工程量＝2 樘

（4）M0921：0.9m×2.1m＝1.89m^2 或工程量＝1 樘

分部分项工程量清单表

工程名称：土木实训楼

项目编码	项目名称	项目特征	计量单位	工程量
010801001001	木质门	1. 门类型：半玻自由门 2. 框外围面积：3200mm×2950mm 3. 玻璃品种、厚度：平板玻璃，6mm 4. 材料：白松	m^2	9.44
			樘	1
010801001002	木质门	1. 门类型：玻璃镶板门 2. 框外围面积：1000mm×2400mm 3. 玻璃品种、厚度：平板玻璃，3mm 4. 材料：白松 5. 油漆品种遍数：刷底油一遍，橘黄色调和漆三遍	m^2	9.60
			樘	4
010801001003	木质门	1. 门类型：玻璃镶板门 2. 框外围面积：900mm×2400mm 3. 玻璃品种、厚度：平板玻璃，3mm 4. 材料：白松 5. 油漆品种遍数：刷底油一遍，橘黄色调和漆三遍	m^2	4.32
			樘	2
010801001004	木质门	1. 门类型：玻璃镶板门 2. 框外围面积：900mm×2100mm 3. 玻璃品种、厚度：平板玻璃，3mm 4. 骨架材料：红（白）松 5. 油漆品种遍数：刷底油一遍，橘黄色调和漆三遍	m^2	1.89
			樘	1

小知识

门窗作为建筑不可或缺的部分，承担着采光通风、保温隔热、降噪以及美观等多重使命。如果说眼睛是人的心灵的窗户，那么门窗就是一栋房子的眼睛。

任务2 金属（塑钢）门

一、清单工程量计算规范相关规定

1）项目编码：010802001。

2）项目名称：金属（塑钢）门。

3）项目特征：①门代号及洞口尺寸；②门框或扇外围尺寸；③门框、扇材质；④玻璃品种、厚度。

4）计量单位：①樘；②m^2。

5）工程量计算规则：①以“樘”计量，按设计图示数量计算；②以“m^2”计量，按设计图示尺寸以面积计算。

6）工作内容：①门安装；②五金安装；③玻璃安装。

7）金属门应区分金属平开门、金属推拉门、金属地弹门、全玻门（带金属扇框）、金属半玻门（带扇框）等项目，分别编码列项。

8）铝合金门五金包括：地弹簧、门锁、拉手、门插、门铰、螺钉等。

9）金属门五金包括：L 形执手插锁（双舌）、执手锁（单舌）、门轨头、地锁、防盗门机、门眼（猫眼）、门碰珠、电子锁（磁卡锁）、闭门器、装饰拉手等。

10）以“樘”计量，项目特征必须描述洞口尺寸，没有洞口尺寸必须描述门框或扇外围尺寸；以“m^2”计量，项目特征可不描述洞口尺寸及框、扇的外围尺寸。

二、应用案例

[例 8-2]　仔细阅读附录二　土木实训楼施工图中建施 03~04 门窗明细表、建施 06 一层平面图、建施 11 西立面图。其中 M1224 为铝合金双扇地弹门：普通钢化玻璃厚 6mm，铝合金型材（银白色）70 系列。试计算铝合金门清单工程量，并填写分部分项工程量清单表。

解： M1224：$1.2m \times 2.4m \times 1 = 2.88m^2$ 或工程量 = 1 樘

分部分项工程量清单表

工程名称：土木实训楼

项目编码	项目名称	项目特征	计量单位	工程量
010802001001	金属门	1. 门类型：铝合金平开门 2. 框外围面积：1200mm×2400mm 3. 玻璃品种、厚度：平板玻璃，5mm 4. 材料：铝合金型材（白色）70 系列	m^2	2.88
			樘	1

小实践

中国古诗词中有许多关于门窗的描述，如最浩大的门窗“窗含西岭千秋雪，门泊东吴万里船”；最深情的门窗“何当共剪西窗烛，却话巴山夜雨时”；最欢快的门窗“鸟向檐上飞，云从窗里出”。你还知道哪些描写门窗的古诗词吗？

任务 3　金属（塑钢）窗

一、清单工程量计算规范相关规定

1）项目编码：010807001。

2）项目名称：金属（塑钢）窗。

3）项目特征：①窗代号及洞口尺寸；②框、扇材质；③玻璃品种、厚度。

4）计量单位：①樘；②m^2。

5）工程量计算规则：①以“樘”计量，按设计图示数量计算；②以“m^2”计量，按设计图示洞口尺寸以面积计算。

6）工作内容：①窗安装；②五金、玻璃安装。

7）金属窗应区分金属组合窗、防盗窗等项目，并分别编码列项。

8）以“樘”计量，项目特征必须描述洞口尺寸，没有洞口尺寸必须描述窗框外围尺寸；以“m^2”计量，项目特征可不描述洞口尺寸及框外围尺寸。

小知识

窗按制作的材料分为：木窗、铝合金窗、钢窗、塑料窗等。

9）以“m^2”计量，无设计图示洞口尺寸，按窗框外围以面积计算。

10）金属橱窗，飘（凸）窗以樘计量，项目特征必须描述框外围展开面积。

11）金属窗五金包括：折页、螺钉、执手、卡锁、铰拉、风撑、滑轮、滑轨、拉把、拉手、角码等。

二、应用案例

[例 8-3] 仔细阅读附录二 土木实训楼施工图中建施 03~04 门窗明细表和建施 06~07、建施 11~13 的一、二层平面图及南北等立面图。铝合金推拉窗采用型材（白色）90 系列，玻璃厚度为 5mm。试计算一、二层窗户清单工程量，并填写分部分项工程量清单表。

解：（1）C3021：$3.0m \times 2.1m \times 4 = 25.20m^2$ 或工程量 = 4 樘

（2）C2421：$2.4m \times 2.1m \times 4 = 20.16m^2$ 或工程量 = 4 樘

（3）C1521：$1.5m \times 2.1m \times 4 = 12.60m^2$ 或工程量 = 4 樘

（4）C1815：$1.8m \times 1.5m \times 1 = 2.70m^2$ 或工程量 = 1 樘

（5）C1221：$1.2m \times 2.1m \times 3 = 7.56m^2$ 或工程量 = 3 樘

（6）C3922：$3.9m \times 2.25m \times 1 = 8.78m^2$ 或工程量 = 1 樘

分部分项工程量清单表

工程名称：土木实训楼

项目编码	项目名称	项目特征	计量单位	工程量
010807001001	金属推拉窗	1. 窗类型：铝合金推拉窗 2. 框外围面积：3000mm×2100mm 3. 玻璃品种、厚度：平板玻璃，5mm 4. 材料：铝合金型材（白色）90 系列	m^2	25.20
			樘	4
010807001002	金属推拉窗	1. 窗类型：铝合金推拉窗 2. 框外围面积：2400mm×2100mm 3. 玻璃品种、厚度：平板玻璃，5mm 4. 材料：铝合金型材（白色）90 系列	m^2	20.16
			樘	4
010807001003	金属推拉窗	1. 窗类型：铝合金推拉窗 2. 框外围面积：1500mm×2100mm 3. 玻璃品种、厚度：平板玻璃，5mm 4. 材料：铝合金型材（白色）90 系列	m^2	12.60
			樘	4

（续）

<table>
<tr><th>项目编码</th><th>项目名称</th><th>项目特征</th><th>计量单位</th><th>工程量</th></tr>
<tr><td rowspan="2">010807001004</td><td rowspan="2">金属推拉窗</td><td rowspan="2">1. 窗类型：铝合金推拉窗
2. 框外围面积：1800mm×1500mm
3. 玻璃品种、厚度：平板玻璃，5mm
4. 材料：铝合金型材（白色）90系列</td><td>m^2</td><td>2.70</td></tr>
<tr><td>樘</td><td>1</td></tr>
<tr><td rowspan="2">010807001005</td><td rowspan="2">金属推拉窗</td><td rowspan="2">1. 窗类型：铝合金推拉窗
2. 框外围面积：1200mm×2100mm
3. 玻璃品种、厚度：平板玻璃，5mm
4. 材料：铝合金型材（白色）90系列</td><td>m^2</td><td>7.56</td></tr>
<tr><td>樘</td><td>3</td></tr>
<tr><td rowspan="2">010807001006</td><td rowspan="2">金属推拉窗</td><td rowspan="2">1. 窗类型：铝合金推拉窗
2. 框外围面积：3900mm×2250mm
3. 玻璃品种、厚度：平板玻璃，5mm
4. 材料：铝合金型材（白色）90系列</td><td>m^2</td><td>8.78</td></tr>
<tr><td>樘</td><td>1</td></tr>
</table>

回顾与测试

1. 门按开启方式分为哪几种？
2. 窗按制作的材料分为哪几类？
3. 木门、金属门和窗的工程量清单如何编制？

项目九

屋面及防水工程

学习目标

➢学会瓦屋面清单工程量的计算。
➢学会墙面砂浆防水（防潮）的清单编制。
➢学会屋面刚性防水、卷材防水的清单编制。

任务1　瓦　屋　面

一、清单工程量计算规范相关规定

1）项目编码：010901001。

2）项目名称：瓦屋面。

3）项目特征：①瓦品种、规格；②黏结层砂浆的配合比。

4）计量单位：m^2。

5）工程量计算规则：按设计图示尺寸以斜面积计算，不扣除房上烟囱、风帽底座、风道、小气窗、斜沟等所占面积，小气窗的出檐部分不增加面积。

6）工作内容：①砂浆制作、运输、摊铺、养护；②安瓦、做瓦脊。

7）瓦屋面若是在木基层上铺瓦，项目特征不必描述黏结层砂浆的配合比。瓦屋面铺防水层，按屋面防水项目编码列项。

二、应用案例

[例 9-1]　某单平房采用坡屋面如图 9-1 所示。屋面做法为：在木屋架上搁置松木檩条，檩条上铺钉苇箔三层，再铺泥挂普通黏土红瓦。试计算瓦屋面清单工程量，并填写分部分项工程量清单表。

分析： 斜屋面按斜面积计算工程量，也就是按设计图示尺寸的水平投影面积乘以屋面的坡度系数以“m^2”计算。

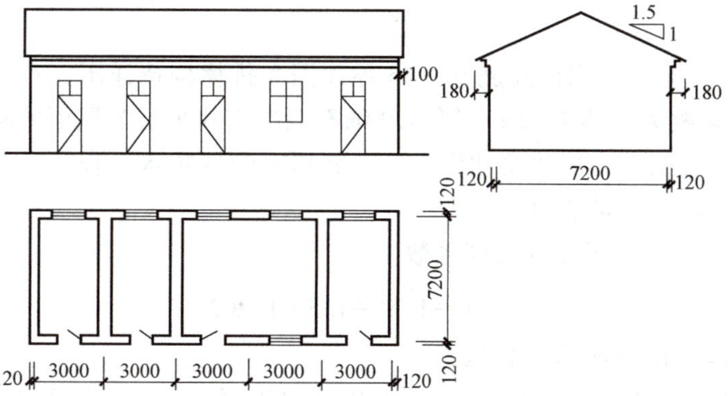

图 9-1

解：（1）屋面的坡度系数

$$\sqrt{1^2+1.5^2}\div1.5=1.202$$

（2）瓦屋面工程量

$(3.0m\times5+0.12m\times2+0.1m\times2)\times(7.2m+0.12m\times2+0.18m\times2)\times1.202=144.76m^2$

分部分项工程量清单表

工程名称：某平房

项目编码	项目名称	项目特征	计量单位	工程量
010901001001	瓦屋面	1. 瓦品种:普通黏土红瓦 2. 檩条:松木檩条 3. 砂浆:黏土砂浆	m^2	144.76

小实践

屋面工程质量直接关系到建筑物的使用寿命，会影响人们的正常生活，无论是杜甫的“八月秋高风怒号，卷我屋上三重茅”，还是辛弃疾的“屋上松风吹急雨，破纸窗间自语”，都在字里行间印证了屋面的重要性。你还知道哪些描写屋面的古诗词吗？

任务 2　屋面刚性层

一、清单工程量计算规范相关规定

1）项目编码：010902003。

2）项目名称：屋面刚性层。

3）项目特征：①刚性层厚度；②混凝土种类；③混凝土强度等级；④嵌缝材料种类；⑤钢筋规格、型号。

4）计量单位：m^2。

5）工程量计算规则：按设计图示尺寸以面积计算，不扣除房上烟囱、风帽底座、风道等所占面积。

6）工作内容：①基层处理；②混凝土制作、运输、铺筑、养护；③钢筋制安。

7）屋面刚性层无钢筋，其钢筋项目特征不必描述。

二、应用案例

［例 9-2］ 阅读建施 09~13 屋顶图和挑檐构造详图，查找建施 02 屋面做法，其中 35mm 厚 C20 细石混凝土找平层为屋面的刚性防水层，分割缝内嵌建筑油膏。试计算屋面刚性防水工程量，并填写分部分项工程量清单表。

解：（1）屋面的坡度系数

$$\sqrt{1^2+1.5^2}\div 1.5=1.202$$

（2）刚性防水工程量

$$(5.7\text{m}\times 2+4.5\text{m}\times 2+0.45\text{m})\times(1.9\text{m}\times 3+0.45\text{m})\times 1.202=154.13\text{m}^2$$

分部分项工程量清单表

工程名称：土木实训楼

项目编码	项目名称	项目特征	计量单位	工程量
010902003001	屋面刚性防水	1. 防水层厚度:35mm 2. 嵌缝材料种类:建筑油膏 3. 混凝土强度等级:C20	m^2	154.13

墙身防潮层的计算

任务 3 楼（地）面、墙面砂浆防水（防潮）

一、楼（地）面卷材防水清单工程量计算规范相关规定

1）项目编码：010904001。

2）项目名称：楼（地）面卷材防水。

3）项目特征：①卷材品种、规格、厚度；②防水层数；③防水层做法；④反边高度。

4）计量单位：m^2。

5）工程量计算规则：按设计图示尺寸以面积计算。①楼（地）面防水按主墙间净空面积计算，扣除凸出地面的构筑物、设备基础等所占面积，不扣除间壁墙及单个面积≤0.3m^2 柱、垛、烟囱和孔洞所占面积；②楼（地）面防水反边高度≤300mm 算做地面防水，反边高度>300mm 按墙面防水计算。

6）工作内容：①基层处理；②刷胶粘剂；③铺防水卷材；④接缝、嵌缝。

二、墙面砂浆防水清单工程量计算规范相关规定

1）项目编码：010903003。

2）项目名称：墙面砂浆防水（防潮）。

3）项目特征：①防水层做法；②砂浆厚度、配合比；③钢丝

网规格。

4）计量单位：m^2。

5）工程量计算规则：按设计图示尺寸以面积计算。

6）工作内容：①基层处理；②挂钢丝网片；③设置分格缝；④砂浆制作、运输、摊铺、养护。

三、应用案例

［例 9-3］ 某工程基础图如图 9-2 所示。施工图规定：砖基部分设垂直和水平防潮层，在±0.000 以下内外基础墙面均抹 1∶2 的防水砂浆，厚 20mm，在-0.060m 墙基处设水平防潮层（1∶2 的防水砂浆厚 30mm）。试计算基础墙身垂直和水平防潮层清单工程量，填写分部分项工程量清单表。

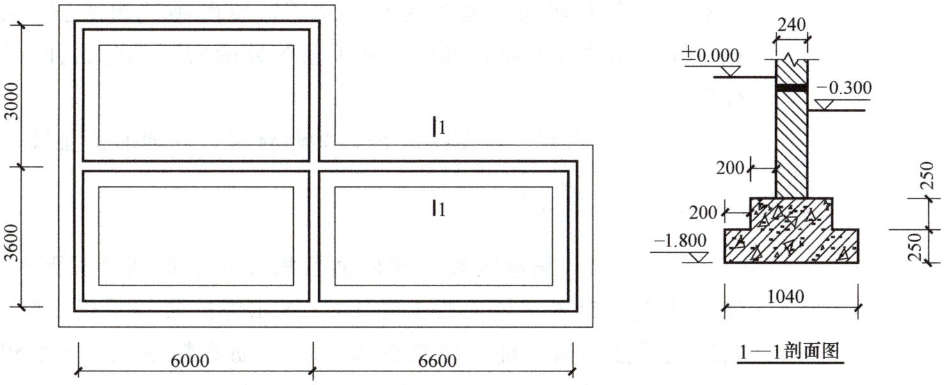

图 9-2

解：（1）基数计算

$$L_{中}=(6.0m+6.6m+3.6m+3.0m)\times2=38.4m$$

$$L_{内}=3.6m+6.0m-0.24m\times2=9.12m$$

（2）基础墙身垂直防潮工程量

$$(38.4m+9.12m)\times(1.8m-0.25m\times2)\times2=123.55m^2$$

（3）水平防潮层工程量

$$(38.4m+9.12m)\times0.24m=11.40m^2$$

分部分项工程量清单表

工程名称：某工程基础

项目编码	项目名称	项目特征	计量单位	工程量
010903003001	墙面砂浆防水（防潮）	1. 防潮部位：砖基础垂直防潮 2. 防潮层厚度：20mm 3. 砂浆配合比：1∶2 防水砂浆	m^2	123.55
010903003002	墙面砂浆防水（防潮）	1. 防潮部位：砖基础水平防潮 2. 防潮层厚度：30mm 3. 砂浆配合比：1∶2 防水砂浆	m^2	11.40

小知识

$L_{中}$ 是指建筑平面图中设计外墙中心线的总长度；$L_{内}$ 是指建筑平面图中设计内墙净长线长度。

任务4 屋面卷材防水清单定额计量计价

一、清单工程量计算规范相关规定

1）项目编码：010902001。

2）项目名称：屋面卷材防水。

3）项目特征：①卷材品种、规格、厚度；②防水层数；③防水层做法。

4）计量单位：m^2。

5）工程量计算规则：按设计图示尺寸以面积计算。①斜屋顶（不包括平屋顶找坡）按斜面积计算，平屋顶按水平投影面积计算；②不扣除房上烟囱、风帽底座、风道、屋面小气窗和斜沟所占面积；③屋面的女儿墙、伸缩缝和天窗等处的弯起部分，并入屋面工程量内。

6）工作内容：①基层处理；②刷材料；③铺油毡卷材、接缝。

二、应用案例

[例 9-4] 某地区教学楼屋面及檐口构造如图 9-3 所示，在现浇 C25 钢筋混凝土屋面板上做 1：2.5 水泥砂浆找平层，厚 20mm。刷冷底子油一遍，铺一毡二油隔汽层（沥青粘贴），干铺 500mm×500mm 珍珠岩块保温层，厚 100mm。现浇 1：8 水泥珍珠岩找坡，最薄处 40mm。在找坡层上做 1：2 水泥砂浆（加防水粉）找平层

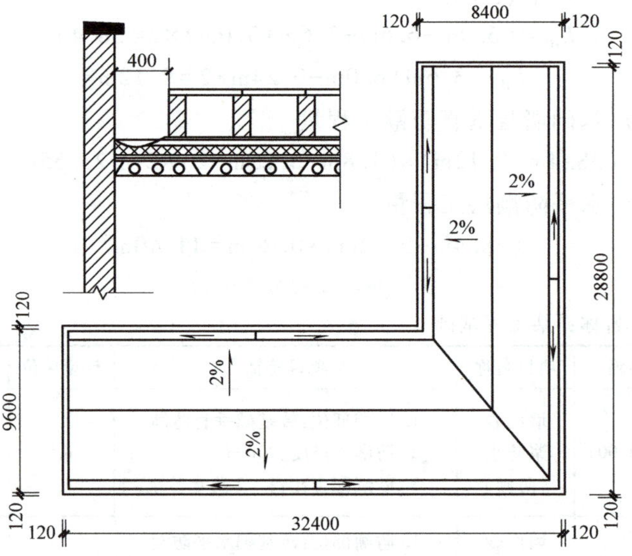

图 9-3

（往墙上翻 250mm），厚 20mm。采用热熔法满铺 SBS 改性沥青卷材一层。预制混凝土板（点式支撑）架空隔热层。管理费率为人工费的 25.6%，利润为人工费的 15.0%。试计算编制教学楼屋面卷材防水工程量清单，并根据山东省 2020 年价目表计算综合单价和合价。

分析：屋面防水卷材在女儿墙处上翻 250mm，这部分弯起部分卷材应并入屋面工程量内。

解：（1）计算卷材清单工程量并编制清单表

1）屋顶平面卷材防水工程量

$(32.4\text{m}-0.24\text{m})\times(9.6\text{m}-0.24\text{m})+(8.4\text{m}-0.24\text{m})\times(28.8\text{m}-9.6\text{m})=457.69\text{m}^2$

2）女儿墙卷材防水工程量

$[(32.4\text{m}+28.8\text{m})\times2-4\times0.24\text{m}]\times0.25\text{m}=30.36\text{m}^2$

3）屋面卷材防水工程量

$$457.69\text{m}^2+30.36\text{m}^2=488.05\text{m}^2$$

分部分项工程量清单表

工程名称：某地区教学楼

项目编码	项目名称	项目特征	计量单位	工程量
010902001001	屋面卷材防水	1. 防水材料：SBS 2. 做法：热熔法 3. 层数：1 层	m^2	488.05

（2）计算屋面卷材定额工程量

【资料链接 1】

山东省定额计算规则规定：

1）平（屋）面按坡度≤15%考虑；15%<坡度≤25%的屋面，按相应项目的人工费乘以系数 1.18；25%<坡度≤45%及人字形、锯齿形、弧形等不规则屋面或平面，人工费乘以系数 1.3；坡度>45%的，人工费乘以系数 1.43。

2）屋面防水按设计图示尺寸以面积计算（斜屋面按斜面面积计算），不扣除房上烟囱、风帽底座、风道、屋面小气窗等所占面积，上翻部分也不另计算。屋面的女儿墙、伸缩缝和天窗等处的弯起部分，按设计图示尺寸计算；设计无规定时，伸缩缝、女儿墙、天窗的弯起部分按 500mm 计算，计入立面工程量内。

分析：本工程的屋面坡度为 2%<15%，为平屋面。对比清单与定额计算规则可以得出，本工程的定额屋面卷材工程量与清单相等。

屋面卷材定额工程量 $=488.05\text{m}^2$

（3）折算

$$488.05\div488.05=1.0$$

（4）计算综合单价并分析人工、材料、机械等费用

小启示

优异的成绩是勤奋学习换来的，学习的秘诀是勤奋、认真。因为坚持，取得了进步，因为进步，所以更加坚持！

【资料链接2】

山东省建筑工程价目表摘要（增值税 一般计税）

定额编码	项目名称	单位	单价（除税）/元	人工费/元	材料费/元	机械费/元
9-2-10	SBS改性沥青卷材（满铺）一层平面	$10m^2$	442.56	30.72	411.84	0

每清单单位（m^3）所含的人工费、材料费、机械费、管理费、利润如下所示。

人工费：30.72÷10×1.0元=3.08元

材料费：411.84÷10×1.0元=41.18元

机械费：0÷10×1.0元=0元

管理费：3.08元×25.6%=0.79元

利润：3.08元×15.0%=0.46元

综合单价人工费、材料费、机械费用分析表

清单项目名称	工程内容	定额编码	单位	工程量	人工费/元	材料费/元	机械费/元	管理费/元	利润/元	小计/元
屋面卷材防水	SBS改性沥青卷材（热熔法）一层平面	9-2-10	$10m^2$	1.00	3.08	41.18	0	0.79	0.46	45.51

分部分项工程量清单计价表

工程名称：某地区教学楼

序号	项目编码	项目名称	项目特征	计量单位	工程数量	金额	
						综合单价/(元/m^2)	合价/元
1	010902001001	屋面卷材防水	1. 防水材料:SBS 2. 做法:热熔法 3. 层数:1层	m^2	488.05	45.51	22211.16

回顾与测试

1. 定额中坡屋面与平屋面是如何划分的？

2. 假设土木实训楼施工要求：一层男厕所在做50mm厚C20细石混凝土前加铺一层沥青卷材防潮层，并且沿墙面上翻550mm。试计算地面和墙身防潮层清单工程量，填写分部分项工程量清单表。

项目十

保温、隔热、防腐工程

学习目标

- ➢学会保温隔热墙面清单工程量的计算。
- ➢学会防腐混凝土、砂浆面层的清单编制。
- ➢学会保温隔热屋面清单定额计量计价。

任务1　保温隔热墙面

一、清单工程量计算规范相关规定

1）项目编码：011001003。

2）项目名称：保温隔热墙面。

3）项目特征：①保温隔热部位；②保温隔热方式；③踢脚线、勒脚线保温做法；④龙骨材料品种、规格；⑤保温隔热面层材料品种、规格、性能；⑥保温隔热材料品种、规格及厚度；⑦增强网及抗裂防水砂浆种类；⑧黏结材料种类及做法；⑨防护材料种类及做法。

4）计量单位：m^2。

5）工程量计算规则：按设计图示尺寸以面积计算，扣除门窗洞口及面积大于0.3m^2梁、孔洞所占面积；门窗洞口侧壁及与墙相连的柱并入保温墙体工程量内。

6）工作内容：①基层清理；②刷界面剂；③安装龙骨；④填贴保温材料；⑤保温板安装；⑥粘贴面层；⑦铺设增强网、抹抗裂、防水砂浆面层；⑧嵌缝；⑨铺、刷（喷）防护材料。

小知识

外墙保温材料有：沥青矿渣棉、聚苯乙烯泡沫颗粒、聚苯乙烯泡沫板、模塑聚苯板、挤塑聚苯板、酚醛树脂板、聚氨酯板等。

计算墙身保温隔热

二、应用案例

[例10-1]　某平房如图10-1所示，外墙为普通砖墙厚240mm，贴40mm厚聚苯乙烯泡沫板保温层。窗台门口侧面均做保温。门窗

框厚度按 60mm 考虑。聚苯乙烯泡沫板自设计室外地坪以上 600mm 贴至挑檐底部。试计算保温隔热墙面清单工程量，并填写分部分项工程量清单表。

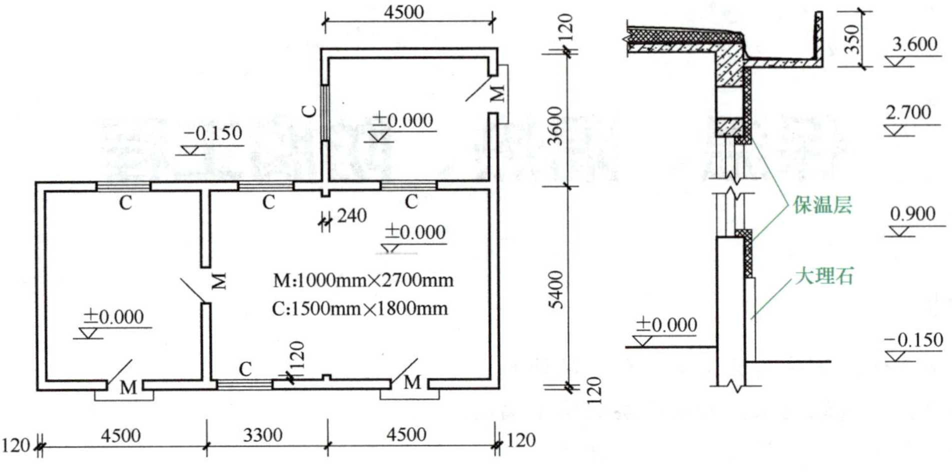

图 10-1

解：（1）外墙门窗面积

$1.0m \times 2.7m \times 3 + 1.5m \times 1.8m \times 4 = 18.90m^2$

（2）外墙门窗侧面贴保温板的面积

$[1.0m \times 3 + (2.7m + 0.15m - 0.6m) \times 2 \times 3] \times (0.24m - 0.06m) \div 2 + (1.5m + 1.8m) \times 2 \times 4 \times (0.24m - 0.06m) \div 2 = 3.86m^2$

（3）墙面保温工程量

$[(4.5m \times 2 + 3.3m + 0.24m) + (5.4m + 3.6m + 0.24m)] \times 2 \times (3.6m + 0.15m - 0.6m) - 18.90m^2 + 3.86m^2 = 122.17m^2$

分部分项工程量清单表

工程名称：某平房

项目编码	项目名称	项目特征	计量单位	工程量
011001003001	保温隔热墙面	1. 保温隔热部位：屋面 2. 材料：聚苯乙烯泡沫板 3. 厚度：40mm	m^2	122.17

任务 2 防腐混凝土、防腐砂浆、块料防腐面层

一、清单工程量计算规范相关规定

1）防腐混凝土面层、防腐砂浆面层、块料防腐面层的项目编码、项目名称等见表 10-1。

表 10-1　防腐面层

项目编码	项目名称	项目特征	计量单位	工程内容
011002001	防腐混凝土面层	1. 防腐部位 2. 面层厚度 3. 混凝土种类 4. 胶泥种类、配合比	m^2	1. 基层清理 2. 基层刷稀胶泥 3. 混凝土制作、运输、摊铺、养护
011002002	防腐砂浆面层	1. 防腐部位 2. 面层厚度 3. 砂浆、胶泥种类、配合比	m^2	1. 基层清理 2. 基层刷稀胶泥 3. 砂浆制作、运输、摊铺、养护
011002006	块料防腐面层	1. 防腐部位 2. 块料品种、规格 3. 黏结材料种类 4. 勾缝材料种类	m^2	1. 基层清理 2. 铺贴块料 3. 胶泥调制、勾缝

2）工程量计算规则：按设计图示尺寸以面积计算。①平面防腐：扣除凸出地面的构筑物、设备基础等以及面积大于 0.3m^2 孔洞、柱、垛等所占面积，门洞、空圈、暖气包槽、壁龛的开口部分不增加面积；②立面防腐：扣除门、窗、洞口及面积大于 0.3m^2 孔洞、梁所占面积，门、窗、洞口侧壁、垛突出部分按展开面积并入墙面积内。

小知识

建筑上常用的防腐材料有：耐酸沥青砂浆、耐酸沥青胶泥、环氧砂浆、铁屑砂浆等。

二、应用案例

［例 10-2］　某化学药剂配置室如图 10-2 所示，外墙为普通砖墙厚 240mm，缓冲间的墙体为 100mm 厚的彩钢板制作，施工顺序为：①地面做 50mm 厚 C25 防腐混凝土；②做彩钢板墙；③配置室地面铺 150mm×150mm×20mm 的耐酸瓷板面层；④缓冲间地面做 30mm 厚耐酸沥青砂浆。试计算该工程地面防腐工程量，并填写分部分项工程量清单表。

分析：计算地面防腐工程量时，应扣除凸出地面的构筑物、设备基础及水沟等所占面积。

解：（1）防腐混凝土工程量

$(24.0m-0.24m)\times(6.0m\times2-0.24m-0.3m)-3.0m\times2.5m=264.79m^2$

（2）耐酸瓷板工程量

$(24.0m-0.24m)\times(6.0m\times2-0.24m-0.3m)-3.0m\times2.5m-(2.4m-0.24m\div2+0.1m\div2)\times(4.2m+0.1m)+1.0m\times0.1m\div2=254.82m^2$

（3）耐酸沥青砂浆工程量

$(2.4m-0.24m\div2-0.1m\div2)\times(4.2m-0.1m)+1.2m\times0.24m\div2+1.0m\times0.1m\div2=9.34m^2$

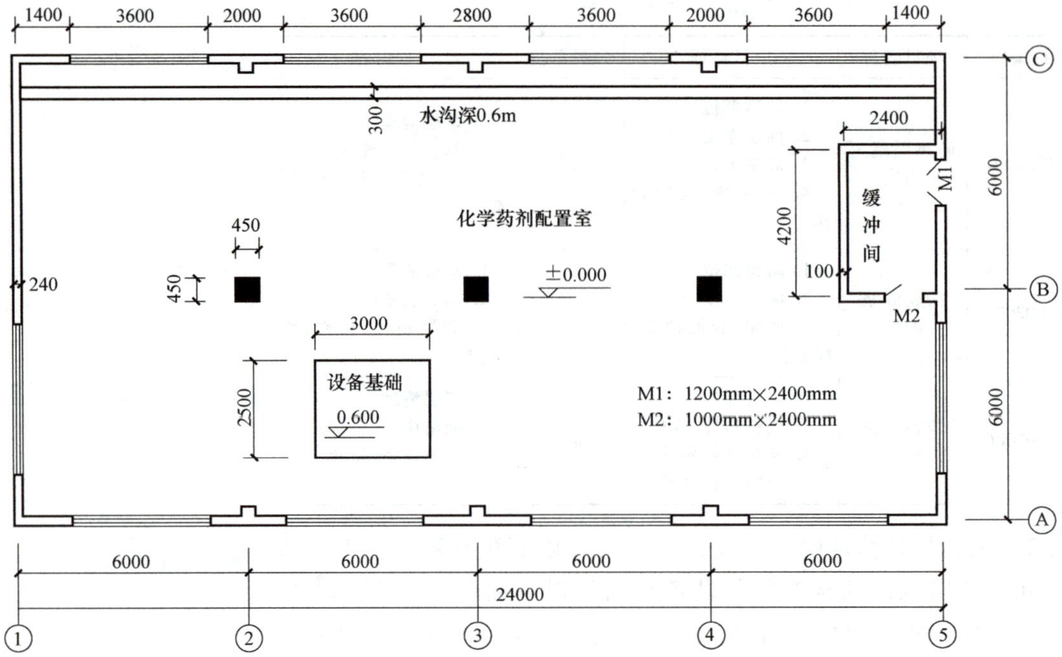

图 10-2

分部分项工程量清单表

工程名称：某化学药剂配置室

项目编码	项目名称	项目特征	计量单位	工程量
011002001001	防腐混凝土面层	1. 保温隔热部位：地面 2. 厚度：50mm 3. 种类：C25 防腐混凝土	m^2	264.79
011002002001	防腐砂浆面层	1. 防腐部位：地面 2. 厚度：50mm 3. 材料：耐酸沥青砂浆	m^2	9.34
011002006001	块料防腐面层	1. 防腐部位：地面 2. 材料：耐酸瓷板 3. 规格：150mm×150mm×20mm	m^2	254.82

任务3 保温隔热屋面清单定额计量计价

一、防腐混凝土面层清单工程量计算规范相关规定

1）项目编码：011001001。

2）项目名称：保温隔热屋面。

3）项目特征：①保温隔热材料品种、规格、厚度；②隔气层材料品种、厚度；③黏结材料种类、做法；④防护材料种类、做法。

4）计量单位：m^2。

5）工程量计算规则：按设计图示尺寸以面积计算，扣除面积大于 0.3m^2 孔洞所占面积。

6）工作内容：①基层清理；②黏结材料；③铺贴保温层；④铺、刷（喷）防护材料。

二、应用案例

[例 10-3]　认真阅读附录二　土木实训楼施工图中建施 01 屋面做法可知，实训楼屋面保温层为喷 50mm 厚聚氨酯发泡剂，建施 09 屋顶平面。假定管理费率为人工费的 25.6%，利润为人工费的 15%。试计算土木实训楼屋面保温隔热工程量，并根据山东省 2020 年价目表计算综合单价和合价。

解：（1）计算屋面保温隔热清单工程量并编制清单表

屋面的坡度系数：$\sqrt{1^2+1.5^2}\div 1.5=1.202$

工程量：$(5.7m\times2+4.5m\times2+0.45m)\times(4.9m\times3+0.45m)\times1.202=379.68m^2$

分部分项工程量清单表

工程名称：土木实训楼

项目编码	项目名称	项目特征	计量单位	工程量
011001001001	保温隔热屋面	1. 保温材料:聚氨酯发泡剂 2. 保温层厚度:50mm	m^2	379.68

（2）计算屋面保温隔热定额工程量

【资料链接 1】

山东省定额计算规则规定：屋面保温隔热层工程量按设计图示尺寸以面积计算，扣除面积>0.3m^2 孔洞及占位面积。

$(5.7m\times2+4.5m\times2+0.45m)\times(4.9m\times3+0.45m)\times1.202=379.68m^2$

（3）折算

$$379.68\div379.68=1.0$$

（4）计算综合单价并分析人工、材料、机械等费用

【资料链接 2】

山东省建筑工程价目表摘要（增值税　一般计税）

定额编码	项目名称	单位	单价（除税）/元	人工费/元	材料费（除税）/元	机械费（除税）/元
10-1-7	聚氨酯发泡　厚度 30mm	10m^2	345.85	42.24	297.69	5.92
10-1-8	聚氨酯发泡　厚度每增减 10mm	10m^2	97.90	8.96	86.98	1.96

每清单单位（m^2）所含的人工费、材料费、机械费用如下所示。

1）聚氨酯发泡厚度 300mm

人工费：42.24÷10×1.0 元=4.22 元

材料费：297.69÷10×1.0 元=29.77 元

机械费：5.92÷10×1.0 元=0.59 元

管理费：4.22 元×25.6%=1.08 元

利润：4.22 元×15.0%=0.63 元

2）聚氨酯发泡厚度增加 20mm

人工费：8.96×2÷10×1.0 元=1.79 元

材料费：86.98×2÷10×1.0 元=17.40 元

机械费：1.96×2÷10×1.0 元=0.39 元

管理费：1.79 元×25.6%=0.46 元

利润：1.79 元×15.0%=0.27 元

综合单价人工、材料、机械费用分析表

清单项目名称	工程内容	定额编码	单位	工程量	人工费/元	材料费/元	机械费/元	管理费/元	利润/元	小计/元
保温隔热屋面	聚氨酯发泡剂厚度 30mm	6-3-13	$10m^2$	1.00	4.22	29.77	0.59	1.08	0.63	36.29
	聚氨酯发泡剂厚度增加 20mm	6-3-14	$10m^2$	1.00	1.79	17.40	0.39	0.46	0.27	20.31
综合单价			元							56.60

分部分项工程量清单计价表

工程名称：土木实训楼

序号	项目编码	项目名称	项目特征	计量单位	工程数量	金额	
						综合单价/(元/m^2)	合价/元
1	011001001001	保温隔热屋面	保温材料：聚氨酯发泡剂 保温层厚度：50mm	m^2	379.68	56.60	21489.89

回顾与测试

1. 防腐混凝土面层、防腐砂浆是如何计算的？

2. 保温隔热墙面工程量如何计算？

3. 某碳酸制造车间如图 10-3 所示。地面为耐酸瓷砖（铺至门口外边线）150mm×150mm×20mm。踢脚线高度 150mm，采用耐酸沥青胶泥 1∶1∶0.05 铺贴。其中 M1：1200mm×2400mm；M2：1000mm×2400mm；

C1：2100mm×1500mm。门框厚度为70mm。试计算地面及踢脚线块料防腐工程量，并填写分部分项工程量清单表。

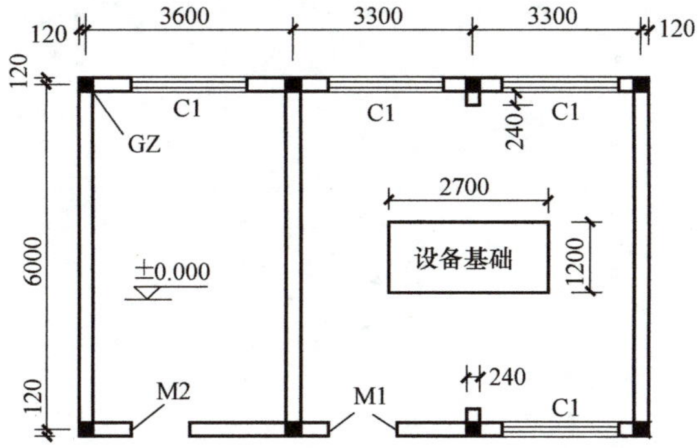

图 10-3

模块三

装饰工程清单计量与计价

- ◆ 项目十一　楼地面装饰工程
- ◆ 项目十二　墙面装饰与隔断工程
- ◆ 项目十三　顶棚工程
- ◆ 项目十四　油漆、涂料、裱糊工程
- ◆ 项目十五　措施项目

项目十一

楼地面装饰工程

学习目标

➢掌握水泥砂浆、块料楼地面清单的编制。
➢熟悉石材楼地面、台阶面清单的编制。
➢了解块料踢脚线、楼梯面层清单的编制。

任务1　水泥砂浆楼地面

一、清单工程量计算规范相关规定

1）项目编码：011101001。

2）项目名称：水泥砂浆楼地面。

3）项目特征：①找平层厚度、砂浆配合比；②素水泥浆遍数；③面层厚度、砂浆配合比；④面层做法要求。

4）计量单位：m^2。

5）工程量计算规则：按设计图示尺寸以面积计算，扣除凸出地面构筑物、设备基础、室内铁道、地沟等所占面积，不扣除间壁墙和不大于 $0.3m^2$ 柱、垛、附墙烟囱及孔洞所占面积。门洞、空圈、暖气包槽、壁龛的开口部分不增加面积。

6）工作内容：①基层清理；②抹找平层；③抹面层；④材料运输。

小知识

我国境内最早的室内装修工程在哪里？在福建省三明市万寿岩（有“南方周口店”之称），是迄今为止我国华南地区发现最早的旧石器时代洞穴类型遗址。

在万寿岩遗址船帆洞下文化层底部，考古发现了距今约4万年前的人工石铺地面，经权威专家鉴定，这是古人类为防潮而铺就的石质人工活动地面。

二、应用案例

[例11-1]　仔细阅读附录二　土木实训楼施工图中建施01~04的室内装修设计，识读建施06一层平面图。试计算一层下列房间地面清单工程量，并填写分部分项工程量清单表。

1）建筑结构实验室；2）新型材料实验室；3）一层走廊。

解：（1）建筑结构实验室

$(6.0m+0.225m-0.24m-0.18m\div 2)\times(2.1m+3.9m+0.45m-0.24m-0.18m)=35.55m^2$

（2） 新型材料实验室

$(5.4m-0.18m)\times(6.0m+0.45m-0.24m-0.18m)=31.48m^2$

（3） 一层走廊

$(20.85m-0.24m\times 2)\times(2.7m-0.45m)=45.83m^2$

（4） 水泥砂浆地面工程量合计

$35.55m^2+31.48m^2+45.83m^2=112.86m^2$

分部分项工程量清单表

工程名称：土木实训楼

项目编码	项目名称	项目特征	计量单位	工程量
011101001001	水泥砂浆楼地面	1. 50mm 厚 C20 细石混凝土垫层 2. 20mm 厚 1 ∶ 2 水泥砂浆抹面	m^2	112.86

任务 2 石材楼地面

整体与块料地面计算规则区别

一、清单工程量计算规范相关规定

1） 项目编码：011102001。

2） 项目名称：石材楼地面。

3） 项目特征：①找平层厚度、砂浆配合比；②结合层厚度、砂浆配合比；③面层材料品种、规格、品牌、颜色；④嵌缝材料种类；⑤防护层材料种类；⑥酸洗、打蜡要求。

4） 计量单位：m^2。

5） 工程量计算规则：按设计图示尺寸以面积计算，门洞、空圈、暖气包槽、壁龛的开口部分并入相应的工程量内。

6） 工作内容：①基层清理；②抹找平层；③面层铺设、磨边；④嵌缝；⑤刷防护材料；⑥酸洗、打蜡；⑦材料运输。

二、应用案例

［例 11-2］ 仔细阅读附录二 土木实训楼施工图中建施 01～04 的室内装修设计，识读建施 07 一层平面图。试计算一层大厅大理石地面清单工程量，并填写分部分项工程量清单表。

分析： 识读地面做法可知，大厅的地面做法为铺设 20mm 厚大理石板，灌稀水泥浆（或掺色）擦缝；撒素水泥面（洒适量清水）；30mm 厚 1∶2 干硬性水泥砂浆黏结层；刷素水泥浆一道（内掺建筑胶）；做 50mm 厚 C15 混凝土垫层。

解： 大理石地面工程量

$(3.3m+2.7m-0.24m)\times(6.0m+0.45m-0.24m)=35.77m^2$

分部分项工程量清单表

工程名称：土木实训楼

项目编码	项目名称	项目特征	计量单位	工程量
011102001001	石材楼地面	1. 垫层:50mm 厚 C20 细石混凝土 2. 黏结层:30mm 厚 1 : 2 干硬性水泥砂浆 3. 面层:20mm 厚大理石板	m^2	35.77

任务 3　块料楼地面

一、清单工程量计算规范相关规定

1）项目编码：011102003。

2）项目名称：块料楼地面。

3）项目特征：①找平层厚度、砂浆配合比；②结合层厚度、砂浆配合比；③面层材料品种、规格、品牌、颜色；④嵌缝材料种类；⑤防护层材料种类；⑥酸洗、打蜡要求。

4）计量单位：m^2。

5）工程量计算规则：按设计图示尺寸以面积计算，门洞、空圈、暖气包槽、壁龛的开口部分并入相应的工程量内。

6）工作内容：①基层清理；②抹找平层；③面层铺设、磨边；④嵌缝；⑤刷防护材料；⑥酸洗、打蜡；⑦材料运输。

二、应用案例

［例 11-3］　仔细阅读附录二　土木实训楼施工图中建施 01~04 的室内装修设计，识读建施 07 二层平面图。试计算二层下列房间地面清单工程量，并填写分部分项工程量清单表。

1）办公室 3；2）办公室 4；3）女厕所、洗漱间。

解：（1）办公室 3（800mm×800mm 地砖）

$(3.0m+0.225m-0.18m-0.18m\div2)\times(6.0m+0.45m-0.24m-0.18m)+0.90m\times0.18m\div2=17.90m^2$

（2）办公室 4（800mm×800mm 地砖）

$(3.0m+0.225m-0.18m-0.18m\div2)\times(2.1m+3.9m+0.45m-0.24m-0.18m)+0.90m\times0.18m\div2=17.90m^2$

（3）800mm×800mm 地砖工程量小计

$17.90m^2+17.90m^2=35.80m^2$

（4）女厕所、洗漱间（500mm×500mm 地砖）

$(2.7m+0.45m-0.24m\times2)\times(2.1m+3.9m+0.45m-0.24m\times3)+0.90m\times0.24m+1.2m\times0.24m\div2=15.66m^2$

分部分项工程量清单表

工程名称：土木实训楼

项目编码	项目名称	项目特征	计量单位	工程量
011102003001	块料楼地面	1. 面层：800mm×800mm 全瓷防滑地砖 2. 黏结层：5mm 厚素水泥砂浆 3. 结合层：35mm 厚 1∶2 干硬性水泥砂浆	m^2	35.80
011102003002	块料楼地面	1. 面层：500mm×500mm 全瓷防滑地砖 2. 黏结层：5mm 厚素水泥砂浆 3. 结合层：20mm 厚 1∶2 水泥砂浆 4. 垫层：35mm 厚 C20 细石混凝土	m^2	15.66

任务 4　块料踢脚线

一、清单工程量计算规范相关规定

1）项目编码：011105003。

2）项目名称：块料踢脚线。

3）项目特征：①踢脚线高度；②黏结层厚度、材料种类；③面层材料品种、规格、颜色；④防护材料种类。

4）计量单位：①m^2；②m。

5）工程量计算规则：①以“m^2”计量，按设计图示长度乘以高度以面积计算；②以“m”计量，按延长米计算。

6）工作内容：①基层清理；②底层抹灰；③面层铺贴、磨边；④擦缝；⑤磨光、酸洗、打蜡；⑥刷防护材料；⑦材料运输。

二、应用案例

［例 11-4］ 仔细阅读附录二 土木实训楼施工图中建施 02、建施 03 的室内装修设计，识读建施 06、建施 08 一层、三层平面图。试计算下列房间块料踢脚线清单工程量，并填写分部分项工程量清单表。

1）办公室 1；2）办公室 6。

分析：块料踢脚线以“m^2”计量，按设计图示长度乘以高度以面积计算，门口侧面的踢脚线（扣除门框部分）面积应并入踢脚线工程量内，土木实训楼门窗框宽度均为60mm。

解：（1）办公室1

$[(3.0m-0.09m+0.225m-0.24m+6.0m+0.45m-0.24m-0.18m)\times2-0.9m]\times0.10m+(0.18m-0.06m)\times0.10m=1.71m^2$

（2）办公室6

$[(3.0m-0.09m+0.225m-0.24m+2.1m+3.9m+0.45m-0.24m-0.18m)\times2-0.9m]\times0.10m+(0.18m-0.06m)\times0.10m=1.71m^2$

（3）踢脚线工程量合计

$1.71m^2+1.71m^2=3.42m^2$

分部分项工程量清单表

工程名称：土木实训楼

项目编码	项目名称	项目特征	计量单位	工程量
011105003001	块料踢脚线	1. 材料：全瓷地板板砖 2. 踢脚高度：100mm 3. 黏结层：10mm 厚 1∶1 水泥砂浆	m^2	3.42

任务5　水泥砂浆楼梯面层

一、清单工程量计算规范相关规定

1）项目编码：011106004。

2）项目名称：水泥砂浆楼梯面层。

3）项目特征：①找平层厚度、砂浆配合比；②面层厚度、砂浆配合比；③防滑条材料种类、规格。

4）计量单位：m^2。

5）工程量计算规则：按设计图示尺寸以楼梯（包括踏步、休息平台及不大于500mm的楼梯井）水平投影面积计算，楼梯与楼地面相连时，算至梯口梁内侧边沿；无梯口梁者，算至最上一层边沿加300mm。

6）工作内容：①基层清理；②抹找平层；③抹面层；④抹防滑条；⑤材料运输。

小知识

楼梯按平面形式分为：单跑直楼梯、双跑直楼梯、双跑平行楼梯、双跑折角楼梯、三跑楼梯、四跑楼梯、双分式楼梯、双合式楼梯、八角楼梯、圆形楼梯、螺旋楼梯、弧形楼梯、剪刀式楼梯和交叉楼梯等。

二、应用案例

［例11-5］　认真阅读附录二　土木实训楼施工图中建施01~04的楼梯装饰做法，建施06~09各楼层平面图，建施12楼梯详图和结施16~18楼梯结构施工图。试计算楼梯面层装修的清单工程量，并填写分部分项工程量清单表。

分析：识读图纸可知，楼梯装修应算至TL2的内侧，TL2的宽度为 240mm。

解： 楼梯面层的工程量

(3.3m−0.45m)×(3.30m+0.24m+1.80m+0.225m−0.24m)×2=30.35m^2

分部分项工程量清单表

工程名称：土木实训楼

项目编码	项目名称	项目特征	计量单位	工程量
011106004001	水泥砂浆楼梯面层	1. 部位：楼梯面层 2. 材料：1：2 水泥砂浆 3. 厚度：20mm	m^2	30.35

任务6　石材台阶面

一、清单工程量计算规范相关规定

1）项目编码：011107001。

2）项目名称：石材台阶面。

3）项目特征：①找平层厚度、砂浆配合比；②黏结材料种类；③面层材料品种、规格、颜色；④勾缝材料种类；⑤防滑条材料种类、规格；⑥防护层材料种类。

4）计量单位：m^2。

5）工程量计算规则：按设计图示尺寸以台阶（包括最上层踏步边沿加 300mm）水平投影面积计算。

6）工作内容：①清理基层；②抹找平层；③铺贴面层；④贴嵌防滑条；⑤勾缝；⑥刷防护材料；⑦运输材料。

二、应用案例

[例 11-6]　查阅附录二　土木实训楼施工图中建施 05~06、建施 11~13。试计算土木实训楼 M3239 和 M1224 处室外台阶的清单工程量，并填写分部分项工程量清单表。

分析： 台阶的范围应从台阶最下层踏步外边线至最上层踏步边沿加 300mm。

解：（1）台阶地面

(6.225m−0.3m×2)×(1.7m−0.3m)+(2.7m−0.3m×2)×(1.5m−0.3m)=10.40m^2

（2）台阶

[(6.225m+0.3m)+(1.7m+0.3m÷2)×2]×0.3m×3+[(2.7m+

$0.3m)+(1.5m+0.3m\div2)\times2]\times0.3m\times3=14.87m^2$

分部分项工程量清单表

工程名称：土木实训楼

项目编码	项目名称	项目特征	计量单位	工程量
011102001001	石材楼地面	1. 面层：碎拼黑色大理石 2. 黏结层：20mm 厚 1∶2 干硬性水泥砂浆 3. 垫层：60mm 厚 C20 混凝土	m^2	10.40
011107001001	石材台阶面	1. 面层：碎拼黑色大理石 2. 黏结层：20mm 厚 1∶2 干硬性水泥砂浆 3. 垫层：60mm 厚 C20 混凝土	m^2	14.87

回顾与测试

1. 水泥砂浆和石材楼地面计算规则有何不同？

2. 台阶的范围是如何确定的？

3. 仔细阅读附录二　土木实训楼施工图中建施 01～03 的室内装修设计，识读建施 08 三层平面图。试计算三层下列房间楼面清单工程量，并填写分部分项工程量清单表。

1）建筑模型实验室；2）活动室。

项目十二

墙面装饰与隔断工程

学习目标

➢掌握墙面一般抹灰清单的编制。

➢熟悉块料清单的编制。

任务1 墙面一般抹灰

一、清单工程量计算规范相关规定

1）项目编码：011201001。

2）项目名称：墙面一般抹灰。

3）项目特征：①墙体类型；②底层厚度、砂浆配合比；③面层厚度、砂浆配合比；④装饰面材料种类；⑤分格缝宽度、材料种类。

4）计量单位：m^2。

5）工程量计算规则：按设计图示尺寸以面积计算，扣除墙裙、门窗洞口及单个大于 $0.3m^2$ 的孔洞面积、不扣除踢脚线、挂镜线和墙与构件交接处的面积，门窗洞口和孔洞的侧壁及顶面不增加面积；附墙柱、梁、垛、烟囱侧壁并入相应的墙面面积内。

① 外墙抹灰面积按外墙垂直投影面积计算。

② 外墙裙抹灰面积按其长度乘以高度计算。

③ 内墙抹灰面积按主墙间的净长乘以高度计算：无墙裙的、高度按室内楼地面至顶棚底面计算；有墙裙的，高度按墙裙顶至顶棚底面计算；有吊顶顶棚抹灰，高度算至顶棚底。

④ 内墙裙抹灰面按内墙净长乘以高度计算。

6）工作内容：①基层清理；②砂浆制作、运输；③底层抹灰；④抹面层；⑤抹装饰面；⑥勾分格缝。

二、应用案例

[例 12-1]　仔细阅读附录二　土木实训楼施工图中建施 01～04、建施 11，识读结施 06～07、结施 13～15。试计算一层下列房间室内墙面抹灰的清单工程量，并填写分部分项工程量清单表。

1）大厅；2）新型材料实验室；3）建筑结构实验室。

解：（1）大厅

长度：(3.3m＋2.7m－0.24m)＋(6.0m＋0.45m－0.24m)×2＝18.18m

抹灰高度：3.6m－0.3m－1.5m＝1.8m

M3229 面积：3.2m×(2.95m－1.5m)＝4.64m^2

墙面抹灰工程量：18.18m×1.8m－4.64m^2＝28.08m^2

> **小提示**
> 仔细阅读附录二土木实训楼施工图中建施 05，找出大厅与走廊的分界线。

（2）新型材料实验室

抹灰高度：3.6m－0.05m－0.15m＝3.40m

门窗面积：2.4m×2.1m＋1.0m×2.4m＝7.44m^2

抹灰工程量：[(5.4m－0.18m)＋(6.0m＋0.45m－0.24m－0.18m)]×2×3.40m－7.44m^2＝69.06m^2

（3）建筑结构实验室

高度：3.6m－0.05m－0.15m＝3.40m

门窗面积：3.0m×2.1m＋1.0m×2.4m＝8.7m^2

抹灰工程量：(6.0m－0.18m÷2＋0.225m－0.24m＋2.1m＋3.9m＋0.45m－0.24m－0.18m)×2×3.40m－8.7m^2＝72.39m^2

（4）墙面抹灰工程量合计

28.08m^2＋69.06m^2＋72.39m^2＝169.53m^2

分部分项工程量清单表

工程名称：土木实训楼

项目编码	项目名称	项目特征	计量单位	工程量
011201001001	墙面一般抹灰	1. 墙体类型：多孔砖、空心砖 2. 底层：1：1：4 混合砂浆 20mm 厚 3. 面层：1：3 石膏砂浆 7mm 厚	m^2	169.53

任务 2　块料墙面

一、清单工程量计算规范相关规定

1）项目编码：011204003。

2）项目名称：块料墙面。

3）项目特征：①墙体类型；②安装方式；③面层材料品种、

计算块料墙面

规格、颜色；④缝宽、嵌缝材料种类；⑤防护材料种类；⑥磨光、酸洗、打蜡要求。

4）计量单位：m^2。

5）工程量计算规则：按设计镶贴表面积计算。

6）工作内容：①基层清理；②砂浆制作、运输；③黏结层铺贴；④面层安装；⑤嵌缝；⑥刷防护材料；⑦磨光、酸洗、打蜡。

二、应用案例

［例 12-2］ 仔细阅读附录二 土木实训楼施工图中建施 01～03 的室内装修设计，识读建施 06～08 的各层平面图。试计算下列房间墙裙清单工程量，并填写分部分项工程量清单表。

1）一层男厕所、洗漱间墙裙；2）二层走廊墙裙。

小提示

仔细阅读附录二 土木实训楼施工图中建施 01 右下角的说明，找出门窗框的宽度。

阅读附录二 土木实训楼施工图中建施 02，找出墙裙的高度，墙裙高度从房间地面开始算起。

解：（1）一层男厕所、洗漱间墙裙

墙裙门、窗洞侧壁及窗台面积：$\{[(0.24m-0.06m)\times2+0.24m]\times1.53m+(0.24m-0.06m)\div2\}\times[1.2m+(1.5m-0.85m)\times2]=1.14m^2$

门、窗门洞面积：$1.53m\times(0.9m\times2+1.2m)+1.2m\times(1.5m-0.85m)=5.37m^2$

墙裙面积：$[(2.7m+0.45m-0.24m\times2)\times4+(2.1m+3.9m+0.45m-0.24m\times3)\times2]\times1.53m+1.14m^2-5.37m^2=29.64m^2$

（2）二层走廊墙裙

长度：$(27.9m+0.45m-0.24m\times2)\times2+(2.7m-0.45m)\times2-(3.3m-0.45m)-(1.0m\times5+0.9m\times2+1.2m)=49.39m$

窗面积：$1.2m\times(1.5m-0.85m)\times2=1.56m^2$

窗台及门窗侧壁：$1.2m\times(0.24m-0.06m)+[(0.18m-0.06m)\times7+0.24m]\times1.5m+(1.5m-0.85m)\times(0.24m-0.06m)\times2=2.07m^2$

墙裙面积：$49.39m\times1.5m-1.56m^2+2.07m^2=74.60m^2$

分部分项工程量清单表

工程名称：土木实训楼

项目编码	项目名称	项目特征计	计量单位	工程量
011204003001	块料墙面	1. 墙体类型：多孔砖、空心砖 2. 底层：20mm 厚 1∶1∶4 混合砂浆 3. 黏结层：5mm 厚建筑胶水泥砂浆 4. 面层：200mm×150mm 墙面瓷砖	m^2	74.60

任务3　其他隔断

一、清单工程量计算规范相关规定

1）项目编码：011210006。

2）项目名称：其他隔断。

3）项目特征：①骨架、边框材料种类、规格；②隔板材料品种、规格、颜色；③嵌缝、塞口材料品种。

4）计量单位：m^2。

5）工程量计算规则：按设计图示框外围尺寸以面积计算。不扣除单个不大于 $0.3m^2$ 的孔洞所占面积。

6）工作内容：①骨架及边框制作、运输、安装；②隔板安装；③嵌缝、塞口。

二、应用案例

[例 12-3]　仔细阅读附录二　土木实训楼施工图中建施 08 三层平面图及墙体材料说明，阅读结施 12 中 10.500m 层垂直梁平面图。试计算书库与学生阅览室隔墙的清单工程量，并填写分部分项工程量清单表。

解： 硅镁多孔墙板隔墙

（1）墙体长度：$6.00m-0.45m=5.55m$

（2）墙体高度：$3.35m-0.55m=2.8m$

（3）门面积：$1.0m\times2.1m=2.1m^2$

（4）工程量：$5.55m\times2.8m-2.1m^2=13.44m^2$

分部分项工程量清单表

工程名称：土木实训楼

项目编码	项目名称	项目特征	计量单位	工程量
011210006001	其他隔断	1. 材料：硅镁多孔板 2. 厚度：100mm	m^2	13.44

小知识

玄关指进门处到大厅（居室）的一段区域，是室外到室内的过渡空间，也叫门厅、过厅。在这个空间里，人们可以更换鞋子和衣服，避免将室外的灰尘带入室内。玄关处通常设置屏风、博古架等，将大厅与玄关隔开。

回顾与测试

1. 墙面一般抹灰和墙面贴块料时计算规则有何不同？

2. 仔细阅读附录二　土木实训楼施工图中建施 01～04 的室内装修设计，建施 08～12 和结施 11～16。试计算三层下列房间室内装修的清单工程量，并填写分部分项工程量清单表。

1）走廊、洗漱间、厕所墙面抹灰；2）走廊、洗漱间、厕所墙裙。

项目十三

顶棚工程

学习目标

➢掌握顶棚抹灰清单的编制。
➢熟悉吊顶顶棚清单的编制。
➢了解顶棚工程清单定额计量与计价的步骤。

任务1 顶棚抹灰

一、清单工程量计算规范相关规定

抹灰顶棚的计算

1）项目编码：011301001。

2）项目名称：顶棚抹灰。

3）项目特征：①基层类型；②抹灰厚度、材料种类；③砂浆配合比。

4）计量单位：m^2。

5）工程量计算规则：按设计图示尺寸以水平投影面积计算，不扣除间壁墙、垛、柱、附墙烟囱、检查口和管道所占的面积；带梁顶棚、梁两侧抹灰面积并入顶棚面积内；板式楼梯底面抹灰按斜面积计算，锯齿形楼梯底板抹灰按展开面积计算。

6）工作内容：①基层清理；②底层抹灰；③抹面层。

二、应用案例

[例 13-1] 仔细阅读附录二 土木实训楼施工图中建施 01～06，识读结施 05。试计算一层下列房间顶棚抹灰的清单工程量，并填写分部分项工程量清单表。

1）热工测试实验室；2）建筑构造实验室；3）办公室 1。

解：（1）热工测试实验室

$(6.0m+0.225m-0.24m-0.18m\div2)\times(6.0m+0.45m-0.24m\times2)=35.19m^2$

（2）建筑构造实验室

$(5.4m-0.18m)\times(2.1m+3.9m+0.45m-0.24m-0.18m)=31.48m^2$

（3）办公室 1

$(3.0m+0.225m-0.18m-0.18m\div2)\times(6.0m+0.45m-0.24m-0.18m)=17.82m^2$

（4）顶棚抹灰统计

$35.19m^2+31.48m^2+17.82m^2=84.49m^2$

分部分项工程量清单表

工程名称：土木实训楼

项目编码	项目名称	项目特征	计量单位	工程量
011301001001	顶棚抹灰	1. 基层类型：钢筋混凝土楼板 2. 底层：7mm 厚 1∶2.5 水泥砂浆 3. 面层：7mm 厚 1∶3 水泥砂浆	m^2	84.49

[例 13-2]　仔细阅读附录二　土木实训楼施工图中建施 01~08，识读结施 09~16。试计算二层建筑环境综合模拟实验室和三层建筑模型实验室的顶棚抹灰的清单工程量。

分析： 二层建筑环境综合模拟实验室顶棚中间的 KL11 和三层建筑模型实验室顶棚中间的 WKL11 侧面抹灰工程量并入顶棚工程量内，如图 13-1 所示。抹灰高度按梁高 H 减去板厚 h 计算，如图 13-2 所示。

小启示

创新是一个民族进步的灵魂，是一个国家兴旺发达的不竭源泉，也是中华民族最鲜明的民族禀赋。对于我们学生自身而言，把不会的学会了，不懂的弄懂了，并能进行举一反三也是创新。

图 13-1

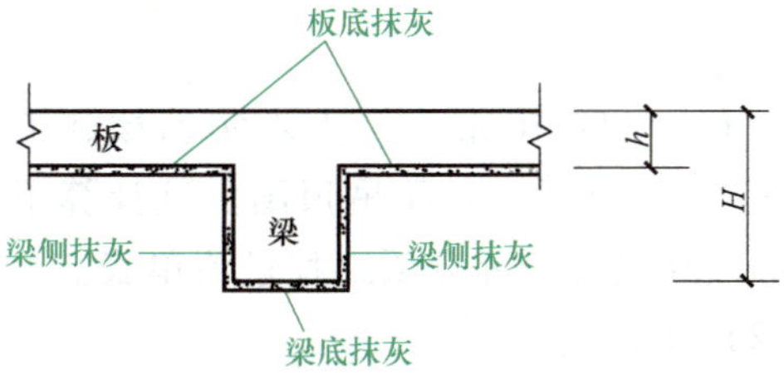

图 13-2

解：（1）二层建筑环境综合模拟实验室

板（梁）底面积：$(6.0\text{m}+5.4\text{m}+0.225\text{m}-0.24\text{m}-0.09\text{m})\times(6.0\text{m}+0.45\text{m}-0.24\text{m}-0.18\text{m})=68.11\text{m}^2$

KL11 侧面积：$(6.0\text{m}-0.45\text{m})\times(0.6\text{m}-0.15\text{m})\times2=5.0\text{m}^2$

小计：$68.11\text{m}^2+5.0\text{m}^2=73.11\text{m}^2$

（2）三层建筑模型实验室

板（梁）底面积：$(6.0\text{m}+5.4\text{m}+0.225\text{m}-0.24\text{m}-0.09\text{m})\times(2.1\text{m}+3.9\text{m}+0.45\text{m}-0.24\text{m}-0.18\text{m})=68.11\text{m}^2$

WKL11 侧面积：$(2.1\text{m}+3.9\text{m}-0.45\text{m})\times(0.55\text{m}-0.15\text{m})\times2=4.44\text{m}^2$

小计 $68.11\text{m}^2+4.44\text{m}^2=72.55\text{m}^2$

（3）顶棚抹灰工程量合计

$73.11\text{m}^2+72.55\text{m}^2=145.66\text{m}^2$

任务 2 吊顶顶棚

一、清单工程量计算规范相关规定

1）项目编码：011302001。

2）项目名称：吊顶顶棚。

3）项目特征：①吊顶形式、吊杆规格、高度；②龙骨材料种类、规格、中距；③基层材料种类、规格；④面层材料品种、规格；⑤压条材料种类、规格；⑥嵌缝材料种类；⑦防护材料种类。

4）计量单位：m^2。

5）工程量计算规则：按设计图示尺寸以水平投影面积计算，顶棚面中的灯槽及跌级、锯齿形、吊挂式、藻井式顶棚面积不展开计算；不扣除间壁墙、检查口、附墙烟囱、柱垛和管道所占面积；扣除单个大于 0.3m^2 的孔洞、独立柱及与顶棚相连的窗帘盒所占的面积。

6）工作内容：①基层清理、吊杆安装；②龙骨安装；③基层板铺贴；④面层铺贴；⑤嵌缝；⑥刷防护材料。

二、应用案例

[例 13-3] 仔细阅读附录二 土木实训楼施工图中建施 01~05，建施 11 接待室吊顶图、大厅吊顶图。试计算下列房间顶棚吊顶的清单工程量，并填写分部分项工程量清单表。

1）大厅；2）接待室。

解：（1）大厅

$(3.3\text{m}+2.7\text{m}-0.30\text{m})\times(6.0\text{m}+0.45\text{m}-0.3\text{m}-0.25\text{m})=33.63\text{m}^2$

（2）接待室

$(3.3\text{m}+2.7\text{m}-0.30\text{m})\times(6.0\text{m}+0.45\text{m}-0.3\text{m}-0.25\text{m})=33.63\text{m}^2$

分部分项工程量清单表

工程名称：土木实训楼

项目编码	项目名称	项目特征	计量单位	工程量
011302001001	顶棚吊顶	1. 部位:大厅 2. 形式:一级吊顶 3. 龙骨:T 形(不上人)铝合金,间距 600mm×600mm 4. 面层:钙塑板	m^2	33.63
011302001002	顶棚吊顶	1. 部位:接待室 2. 形式:三级吊顶 3. 龙骨:方木龙骨 4. 基层:细木工板 5. 面层:纸面石膏板	m^2	33.63

任务 3　顶棚工程清单定额计量计价

[例 13-4]　仔细阅读附录二　土木实训楼施工图中建施 01~07，识读结施 07~10。试计算下列房间顶棚抹灰的清单工程量，并填写分部分项工程量清单表。

假定管理费率为人工费的 25.6%，利润为人工费的 15.0%。试计算下列房间顶棚抹灰的清单工程量，并根据山东省 2020 年价目表计算综合单价和合价。

1）建筑结构实验室；2）建筑视觉艺术实验室。

解：（1）计算顶棚抹灰清单工程量并编制清单表

1）建筑结构实验室

$(6.0\text{m}+0.225\text{m}-0.24\text{m}-0.09\text{m})\times(2.1\text{m}+3.9\text{m}+0.225\text{m}-0.24\text{m}-0.18\text{m})=34.22\text{m}^2$

2）建筑视觉艺术实验室

板（梁）底面积：$(6.0\text{m}+5.4\text{m}+0.225\text{m}-0.24\text{m}-0.09\text{m})\times(2.1\text{m}+3.9\text{m}+0.45\text{m}-0.24\text{m}-0.18\text{m})=68.11\text{m}^2$

KL11 侧面积：$(6.0\text{m}-0.45\text{m})\times(0.6\text{m}-0.15\text{m})\times2=5.0\text{m}^2$

小计：$68.11\text{m}^2+5.0\text{m}^2=73.11\text{m}^2$

3）顶棚抹灰合计

$34.22\text{m}^2+73.11\text{m}^2=107.33\text{m}^2$

分部分项工程量清单表

工程名称：土木实训楼

项目编码	项目名称	项目特征	计量单位	工程量
011301001001	顶棚抹灰	1. 基层类型:现浇混凝土楼板 2. 底层:7mm 厚 1:2.5 水泥砂浆 3. 面层:7mm 厚 1:3 水泥砂浆	m^2	107.33

（2）计算顶棚抹灰定额工程量

【资料链接1】

山东省定额计算规则规定：顶棚抹灰面积，按设计图示尺寸以面积计算，不扣除柱、垛、间壁墙、附墙烟囱、检查口和管道所占的面积。带梁顶棚的梁两侧抹灰面积并入顶棚抹灰工程量内计算。

顶棚抹灰定额工程量 = 107.33m^2

（3）折算

$$107.33 \div 107.33 = 1.0$$

（4）计算综合单价并分析人工、材料、机械等费用

【资料链接2】

山东省建筑工程价目表摘要（增值税　一般计税）

定额编码	项目名称	单位	单价（除税）/元	人工费/元	材料费（除税）/元	机械费（除税）/元
13-1-2	现浇混凝土面顶棚　水泥砂浆	10m^2	242.94	180.78	59.33	3.44

每清单单位（m^2）所含的人工、材料、机械费用如下所示。

人工费：180.78÷10×1.0 元 = 18.08 元

材料费：59.33÷10×1.0 元 = 5.93 元

机械费：3.44÷10×1.0 元 = 0.34 元

管理费：18.08 元×25.6% = 4.63 元

利润：18.08 元×15.0% = 2.71 元

综合单价人工、材料、机械费用分析表

清单项目名称	工程内容	定额编码	单位	工程量	人工费/元	材料费/元	机械费/元	管理费/元	利润/元	小计/元
顶棚抹灰	现浇混凝土面顶棚　水泥砂浆	13-1-2	10m^2	1.00	18.08	5.93	0.34	4.63	2.71	31.69

分部分项工程量清单计价表

工程名称：土木实训楼

序号	项目编码	项目名称	项目特征	计量单位	工程数量	金额	
						综合单价/(元/m^2)	合价/元
1	011301001001	顶棚抹灰	基层类型：现浇混凝土楼板 底层：7mm 厚 1∶2.5 水泥砂浆 面层：7mm 厚 1∶3 水泥砂浆	m^2	107.33	31.69	3401.29

回顾与测试

1. 顶棚抹灰的清单工程量是如何计算的？

2. 对比一下吊顶顶棚与顶棚抹灰计算规则有何不同？

3. 仔细阅读附录二　土木实训楼施工图，试计算下列房间顶棚抹灰的清单工程量，并填写分部分项工程量清单表。

1）活动室；2）三层走廊。

项目十四

油漆、涂料、裱糊工程

学习目标

➢掌握木门油漆清单的编制。
➢熟悉墙面喷刷涂料清单的编制。
➢了解墙纸裱糊清单的编制。

任务1　木门油漆

一、清单工程量计算规范相关规定

1）项目编码：011401001。

2）项目名称：木门油漆。

3）项目特征：①门类型；②门代号及洞口尺寸；③腻子种类；④刮腻子遍数；⑤防护材料种类；⑥油漆品种、刷漆遍数。

4）计量单位：①樘；②m^2。

5）工程量计算规则：①以“樘”计算，按设计图示数量计量；②以“m^2”计量，按设计图示洞口尺寸以面积计算。

6）工作内容：①清理基层；②刮腻子；③刷防护材料、油漆。

二、应用案例

[例 14-1]　查阅附录二　土木实训楼施工图中建施 03～04 的门窗明细表，识读建施 06～08 建筑平面图。若所有内门采用木板门，满刮腻子（石膏粉）两遍，刷底油（熟桐油）一遍，橘黄色调和漆三遍。试计算土木实训楼内墙木门油漆清单工程量，并填写分部分项工程量清单表。

解：（1）M1024：$1.0m\times2.4m\times13=31.20m^2$

（2）M0924：$0.9m\times2.4m\times6=12.96m^2$

（3）M0921：$0.9m\times2.1m\times3=5.67m^2$

（4）M1021：$1.0m \times 2.1m \times 1 = 2.10m^2$

（5）木门油漆工程量合计

$31.20m^2 + 12.96m^2 + 5.67m^2 + 2.10m^2 = 51.93m^2$

分部分项工程量清单表

工程名称：土木实训楼

项目编码	项目名称	项目特征	计量单位	工程量
011401001001	木门油漆	1. 门类型：玻璃镶木板门 2. 腻子种类：石膏粉 3. 油漆品种：底油（熟桐油）一遍，调和漆三遍	m^2	51.93

任务2　墙面喷刷涂料

一、清单工程量计算规范相关规定

1）项目编码：011407001。

2）项目名称：墙面喷刷喷料。

3）项目特征：①基层类型；②喷刷涂料部位；③腻子种类；④刮腻子要求；⑤涂料品种、喷刷遍数。

4）计量单位：m^2。

5）工程量计算规则：按设计图示尺寸以面积计算。

6）工作内容：①清理基层；②刮腻子；③刷、喷涂料。

> **小知识**
>
> 油漆发展史（1）：人类生产和使用油漆的历史可以上溯到石器时代。在距今7000年前，人类就已使用野兽的油脂、草类和树木的汁液与天然颜料等配制原始的涂饰物质，用羽毛、树枝等进行绘画，以达到装饰的目的，这是油漆的雏形，也是油漆发展的原始阶段。

二、应用案例

［例14-2］　仔细阅读附录二　土木实训楼施工图中建施01~07和结施06~15。试计算二层下列房间墙面刷乳胶漆的清单工程量，并填写分部分项工程量清单表。

1）建筑环境综合模拟测试室；2）办公室4；3）二层走廊。

分析： 规范规定，抹灰面油漆按设计图示尺寸以面积计算，所以计算时应扣除墙裙、踢脚线面积，门、窗洞口侧面及顶面、柱垛侧面并入相应抹灰面积。

解：（1）建筑环境综合模拟测试室

高度：$3.6m - 0.05m - 0.15m - 0.1m = 3.30m$

长度：$(6.0m + 5.4m + 0.225m - 0.24m - 0.09m + 6.0m + 0.45m - 0.24m - 0.18m) \times 2 + (0.45m - 0.18m) \times 2 + (0.45m - 0.24m) \times 2 = 35.61m$

门窗面积：$1.0m \times 2.4m \times 2 + 3.0m \times 2.1m + 2.4m \times 2.1m = 16.14m^2$

门窗的侧面、顶面及窗台面积：$(0.18m - 0.06m) \times [(2.4m - 0.1m) \times 2 + 1.0m] + (0.24m - 0.06m) \times [(3.0m + 2.4m) + 2.1m \times$

2] = 2.40m^2

刷漆面积：3.30m×35.61m−16.14m^2+2.40m^2 = 103.77m^2

（2）办公室 4

长度：（3.0m − 0.09m + 0.225m − 0.24m + 2.1m + 3.9m + 0.45m − 0.24m − 0.18m）×2 = 17.85m

门窗的侧面、顶面及窗台面积：[（0.18m − 0.06m）÷2]×[（2.4m − 0.1m）×2 + 0.9m] +（0.24m − 0.06m）×（1.5m + 2.1m）= 0.98m^2

刷乳胶漆面积：17.85m×（3.6m−0.05m−0.12m−0.1m）−0.9m×2.4m−1.5m×2.1m+0.98m^2 = 55.11m^2

（3）二层走廊

高度：3.6m−0.05m−0.12m−1.5m = 1.93m

长度：（20.85m − 0.24m×2）×2 −（3.3m − 0.45m）+（2.7m − 0.45m）×2 = 42.39m

门窗面积：（1.0m×5+0.9m×2+1.2m）×（2.4m−1.5m）+1.2m×（2.1m+0.85m−1.5m）×2 = 10.68m^2

门、窗的侧面、顶面及窗台面积和门洞的侧面、顶面面积：

（0.18m−0.06m）×[（2.4m − 1.5m）×7 + 1.0m×2.5 + 0.9m] +（0.24m−0.06m）×[（0.85m+2.1m−1.5m）×2+1.2m×2]+0.24m×（2.4m−1.5m+1.2m）= 2.62m^2

刷乳胶漆面积：1.93m×42.39m−10.68m^2+2.62m^2 = 73.75m^2

（4）墙面刷乳胶漆工程量合计

103.77m^2+55.11m^2+73.75m^2 = 232.63m^2

分部分项工程量清单表

工程名称：土木实训楼

项目编码	项目名称	项目特征	计量单位	工程量
011407001001	墙面喷刷涂料	1. 基层:混合砂浆抹灰面 2. 刮腻子:满刮腻子两遍 3. 涂料:刷乳胶漆两遍	m^2	232.63

任务 3　墙纸裱糊

一、清单工程量计算规范相关规定

编制墙纸裱糊清单表

1）项目编码：011408001。

2）项目名称：墙纸裱糊。

3）项目特征：①基层类型；②裱糊构件部位；③腻子种类；④刮腻子遍数；⑤黏结材料种类；⑥防护材料种类；⑦面层材料品种、规格、颜色。

4）计量单位：m^2。

5）工程量计算规则：按设计图示尺寸以面积计算。

6）工作内容：①基层清理；②刮腻子；③面层铺贴；④刷防护材料。

二、应用案例

［例 14-3］ 仔细阅读附录二 土木实训楼施工图中建施 01～07、建施 13 和结施 09～10。试计算二层接待室内墙面裱糊的清单工程量，并填写分部分项工程量清单表。

解：（1）裱糊高度

$3.6m-0.45m-0.08m=3.07m$

（2）内墙周边长度

$(3.3m+2.7m-0.24m+6.9m+0.45m-0.24m-0.18m)\times2=25.38m$

（3）门窗面积

$1.0m\times(2.4m-0.08m)+0.9m\times(2.95m-0.08m)+0.9m\times2.1m+1.2m\times2.1m=9.31m^2$

（4）门窗四壁侧面

$[(0.18m-0.06m)\div2]\times[1.0m+(2.4m-0.08m)\times2]+(0.24m-0.06m)\times[1.2m+2.1m+(2.95m-0.08m)+0.9m\div2+1.8m\div2]=1.69m^2$

（5）KL1、KL9 梁底面积

$(3.3m+2.7m-0.5m+6.0m-0.275m\times2)\times(0.3m\times2-0.24m\times2)=1.31m^2$

（6）小计

$3.07m\times25.38m-9.31m^2+1.69m^2+1.31m^2=71.61m^2$

说明： KL1、KL9 梁底贴墙纸时的裱糊面积也应并入墙体裱糊面积，因为清单规范只有一个墙纸裱糊项目，而无顶棚裱糊项目。

小知识

油漆发展史（2）：随着人类社会的进步，在进入铜器时代以后，当时的文明古国，开始利用天然物质配制油漆，并取得了一定的进展。我国是发展油漆最早的国家之一，这也体现了我国人民的聪明智慧。

分部分项工程量清单表

工程名称：土木实训楼

项目编码	项目名称	项目特征	计量单位	工程量
011408001001	墙纸裱糊	1. 基层:混合砂浆抹灰面 2. 刮腻子:满刮腻子两遍 3. 面层:贴对花墙纸	m^2	71.61

回顾与测试

1. 木门油漆工程量是如何计算的？

2. 对比一下，墙面喷刷涂料与墙纸裱糊计算规则有何不同？

3. 仔细阅读附录二 土木实训楼施工图。试计算一层下列房间墙面刷乳胶漆的清单工程量，并填写分部分项工程量清单表。

1）热工测试实验室；2）建筑构造实验室；3）洗漱间。

项目十五

措施项目

学习目标

➢掌握脚手架工程的清单编制。
➢熟悉基础、柱、梁、板清单的编制。
➢了解施水、降水清单的编制。

任务1　脚手架工程

一、清单工程量计算规范相关规定

1）脚手架工程的项目编码、项目名称等见表15-1。

表15-1　脚手架工程

项目编码	项目名称	项目特征	计量单位	工程内容
011702002	外脚手架	1. 搭设方式 2. 搭设高度 3. 脚手架材质	m^2	1. 场内、场外材料搬运 2. 搭、拆脚手架、斜道、上料平台 3. 安全网的铺设 4. 拆除脚手架后材料堆放
011702003	里脚手架			

2）工程量计算规则：按所服务对象的垂直投影面积计算。

二、应用案例

［例15-1］　仔细阅读附录二　土木实训楼施工图，脚手架采用ϕ48钢管，双排搭设，自室外地坪起搭设。试计算土木实训楼外墙脚手架工程量，并填写分部分项工程量清单表。

解：（1）①轴、⑥轴、Ⓓ轴外墙脚手架

高度：0.40m+10.85m+(15.85m−10.85m)÷2=13.75m

工程量：(15.15m×2+20.85m)×[0.40m+10.85m+(15.85m−

10.85m)÷2]=703.31m²

(2) Ⓐ①至Ⓐ④外墙脚手架

高度：0.40m+10.85m+(15.85m−10.85m)÷2=13.75m

工程量：(20.85m−6.25m)×13.75m=200.75m²

(3) 阳台下部外墙脚手架

高度：0.40m+3.55m−0.15m=3.80m

工程量：6.25m×3.80m=23.75m²

(4) 阳台外墙脚手架

高度：0.40m+7.7m=8.10m

工程量：(1.8m×2+6.25m)×8.10m=79.79m²

(5) 露台上部Ⓐ轴外墙脚手架

高度：10.5m−7.15m+(15.85m−10.85m)÷2=6.20m

工程量：6.25m×6.20m=38.75m²

(6) 脚手架工程量小计

脚手架高度6mm以内：23.75m²

脚手架高度15mm以内：79.79m²

脚手架高度24mm以内：703.31m²+200.75m²+38.75m²=942.81m²

小知识

坡屋面的山尖部分，其工程量按山尖部分的平均高度计算，但应按山尖顶坪执行定额。

分部分项工程量清单表

工程名称：土木实训楼

项目编码	项目名称	项目特征	计量单位	工程量
011702002001	外脚手架	1. 搭设方式：双排落地 2. 搭设高度：6m以内 3. 脚手架材质：钢管 ϕ48mm×3.5mm	m²	23.75
011702002002	外脚手架	1. 搭设方式：双排落地 2. 搭设高度：15m以内 3. 脚手架材质：钢管 ϕ48mm×3.5mm	m²	79.79
011702002003	外脚手架	1. 搭设方式：双排落地 2. 搭设高度：15m以内 3. 脚手架材质：钢管 ϕ48mm×3.5mm	m²	942.81

[例15-2] 仔细阅读附录二　土木实训楼施工图，脚手架采用 ϕ48mm钢管，双排搭设。试计算土木实训楼二层内墙里脚手架工程量，并填写分部分项工程量清单表。

解：(1) 内纵墙里脚手架

[(20.85m−0.45m×3−0.5m×2)+(20.85m−3.3m−0.45m×6)+(3.3m+2.7m−0.5m)]×(3.6m−0.6m)+(2.7m+0.45m−0.24m×2)×(3.6m−0.4m)=125.09m²

(2) 内横墙里脚手架

[(6.0m×2−0.45m−0.275m×2)+(2.1m+3.9m−0.45m)×3]×(3.6m−0.6m)= 82.95m^2

小计：125.09m^2+82.95m^2=208.04m^2

分部分项工程量清单表

工程名称：土木实训楼

项目编码	项目名称	项目特征	计量单位	工程量
011702003001	里脚手架	1. 搭设方式：双排落地 2. 搭设高度：3.6m 以内 3. 脚手架材质：钢管 ϕ48mm×3.5mm	m^2	208.04

任务2 模板工程

一、清单工程量计算规范相关规定

独立基础模板的计算

1）混凝土模板及支架工程的项目编码、项目名称等见表 15-2。

表 15-2 混凝土模板及支架工程

项目编码	项目名称	项目特征	计量单位	工程内容
011702001	基础	基础类型	m^2	1. 模板制作 2. 模板安装、拆除、整理堆放及场内外运输 3. 清理模板黏结及模内杂物、刷隔离剂等
011702002	矩形柱			
011702003	构造柱			
011702006	矩形梁	支撑高度		
011702008	圈梁			
011702009	过梁			
011702014	有梁板	支撑高度		
011702015	无梁板			
011702016	平板			

2）工程量计算规则：按模板与现浇混凝土构件的接触面积计算。

①现浇混凝土墙、板单孔面积≤0.3m^2 的孔洞不予扣除，洞侧壁模板亦不增加；单孔面积>0.3m^2 时应予扣除，洞侧壁模板面积并入墙、板工程量计算。②现浇框架分别按梁、板、柱有关规定计算；附墙柱、暗梁、暗柱并入墙内工程量计算。③柱、梁、墙、板相互连接的重叠部分，均不计算模板面积。④构造柱按图示外露部分计算模板面积。

二、应用案例

[例 15-3] 仔细阅读附录二 土木实训楼施工图中结施 01～

05。模板采用胶合板制作。试计算以下基础垫层和基础的模板工程量，并填写分部分项工程量清单表。

1）DJ_P-1 垫层模板；2）DJ_p-1 基础模板；3）DJ_J-2 垫层模板；4）DJ_J-2 基础模板。

分析：模板的工程量按模板与现浇混凝土构件的接触面积计算，本案例要求计算的土木实训楼基础全部为独立基础，独立基础的模板形式及位置如图 15-1 所示。

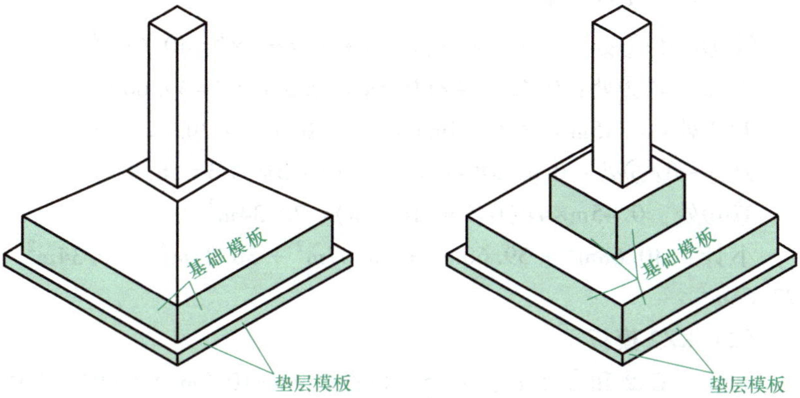

图 15-1

解：（1）DJ_P-1 垫层模板

$(1.2m+0.1m)\times8\times0.1m\times4=4.16m^2$

（2）DJ_P-1 基础模板

$1.20m\times8\times0.5m\times4=19.20m^2$

（3）DJ_J-2 垫层模板

$(1.35m+0.1m)\times8\times0.1m=1.16m^2$

（4）DJ_J-2 基础模板

$1.35m\times8\times0.5m+(1.35m-0.65m)\times8\times0.6m=8.76m^2$

（5）模板工程量合计

基础垫层模板：$4.16m^2+1.16m^2=5.32m^2$

基础模板：$19.20m^2+8.76m^2=27.96m^2$

分部分项工程量清单表

工程名称：土木实训楼

项目编码	项目名称	项目特征	计量单位	工程量
011702001001	基础	1. 基础类型：独立基础 2. 材料：胶合板模板 3. 支撑：钢支撑	m^2	27.96
011702001002	基础垫层	1. 类型：独立基础垫层 2. 材料：胶合板模板 3. 支撑：钢支撑	m^2	5.32

［例 15-4］ 仔细阅读附录二 土木实训楼施工图，模板采用胶

小知识

措施项目是为完成工程项目施工，发生于该工程施工准备和施工过程中的技术、安全、环境保护等方面的项目。

例如，施工现浇混凝土构件时，必须制作、安装模板及支架；砌筑墙体达到一定高度，必须搭设脚手架，这些都属于措施项目。

合板制作，钢支撑，试计算下列框架柱的模板工程量，并填写分部分项工程量清单表。

1）KZ1 模板；2）KZ2 模板；3）KZ3 模板。

分析：现浇混凝土柱模板，按柱四周展开宽度乘以柱高，以"m^2"计算。柱高从柱基扩大面算至柱顶。

1）柱、梁相交时，不扣除梁头所占柱模板面积。

2）柱、板相交时，不扣除板厚所占柱模板面积。

解：（1）KZ1 模板

Ⓐ①、Ⓓ①处：$0.45m\times4\times(0.5m+10.8m)\times2=40.68m^2$

Ⓐ②、Ⓓ②处：$0.45m\times4\times(0.5m+10.5m)\times2=39.60m^2$

Ⓓ③处：$0.45m\times4\times(0.05m+0.6m+10.5m)=20.07m^2$

Ⓓ③~Ⓓ⑤处：$0.45m\times4\times(0.05m+10.5m)\times3=56.97m^2$

Ⓓ⑥处：$0.45m\times4\times(0.5m+10.8m)=20.34m^2$

小计：$40.68m^2+39.60m^2+20.07m^2+56.97m^2+20.34m^2=177.66m^2$

（2）KZ2 模板

Ⓑ②、Ⓒ②和Ⓒ④处：$0.45m\times4\times(0.9m+10.8m)\times3=63.18m^2$

Ⓑ①、Ⓑ③、Ⓒ①、Ⓒ③、Ⓒ⑤和Ⓒ⑥处：$0.45m\times4\times(0.9m+10.5m)\times6=123.12m^2$

小计：$63.18m^2+123.12m^2=186.30m^2$

（3）KZ3 模板

Ⓐ④处：$0.5m\times4\times(0.05m+0.6m+10.5m)=22.30m^2$

Ⓐ⑥处：$0.5m\times4\times(0.5m+10.8m)=22.60m^2$

Ⓑ④处：$0.5m\times4\times(0.9m+10.8m)=23.40m^2$

Ⓑ⑥处：$0.5m\times4\times(0.9m+10.5m)=22.80m^2$

小计：$22.30m^2+22.60m^2+23.40m^2+22.80m^2=91.10m^2$

（4）框架柱模板工程量合计

$177.66m^2+186.30m^2+91.10m^2=455.06m^2$

分部分项工程量清单表

工程名称：土木实训楼

项目编码	项目名称	项目特征	计量单位	工程量
011702002001	矩形柱	1. 材料：胶合板模板 2. 支撑：钢支撑	m^2	455.06

［例 15-5］ 仔细阅读附录二 土木实训楼施工图中的结构施工图。模板采用胶合板制作。试计算以下 3.550m 层水平梁的模板工程量，并填写分部分项工程量清单表。

1）KL1 模板；2）KL2 模板；3）KL7 模板。

分析：现浇混凝土梁（包括基础梁）模板，按梁三面展开宽度乘以梁长，以"m^2"计算。

1）单梁，支座处的模板不扣除，端头处的模板不增加。

2）梁与梁相交时，不扣除次梁梁头所占主梁模板面积。

3）梁与板连接时，梁侧壁模板算至板下坪。

解：（1）KL1 模板

Ⓐ①～Ⓐ③和Ⓐ④～Ⓐ⑥：[(0.60m－0.15m)×2＋0.3m]×(6.0m+5.4m+3.3m+2.7m−0.225m×5−0.275m)＝19.20m^2

Ⓐ③～Ⓐ④：[(0.60m－0.12m)×2＋0.3m]×(3.0m－0.225m－0.275m)＝3.15m^2

（2）KL2 模板

Ⓓ①～Ⓓ③：[(0.60m－0.15m)×2＋0.3m]×(6.0m＋5.4m－0.225m×4)＝12.60m^2

Ⓓ③～Ⓓ④：[(0.60m－0.12m)×2＋0.3m]×(3.0m－0.225m×2)＝3.21m^2

（3）KL7 模板

Ⓑ①～Ⓑ③：[(0.60m×2－0.15m－0.12m)＋0.25m]×(6.0m＋5.4m－0.225m×4)＝12.39m^2

Ⓑ③～Ⓑ④：[(0.60m－0.12m)＋0.25m]×(3.0m－0.225m×2)＝1.86m^2

Ⓑ④～Ⓑ⑥：[(0.75m－0.15m)×2＋0.25m]×(3.3m＋2.7m－0.225m－0.275)＝7.98m^2

（4）矩形梁模板工程量合计

19.20m^2＋3.15m^2＋12.60m^2＋3.21m^2＋12.39m^2＋1.86m^2＋7.98m^2＝60.39m^2

分部分项工程量清单表

工程名称：土木实训楼

项目编码	项目名称	项目特征	计量单位	工程量
011702006001	矩形梁	1. 材料：胶合板模板 2. 支撑：钢支撑	m^2	60.39

回顾与测试

1. 脚手架工程都有哪些工作内容？

2. 常见的独立基础、条形基础、柱、梁等，现浇混凝土时哪些部位需要支模板？

3. 仔细阅读附录二　土木实训楼施工图中的结构施工图。模板采用胶合板制作，试计算以下 7.150m 层水平梁的模板工程量，并填写分部分项工程量清单表。

1）WKL1 模板；2）WKL11 模板；3）WKL12 模板。

模块四

工程量清单编制综合实例

项目十六

识读工程图纸

本工程施工图包括建施图 2 张、结施图 2 张，如图 16-1～图 16-4 所示。

一、施工说明

1）墙体（QL1 以上）采用 M5.0 混合砂浆砌筑黏土多孔砖（240mm×115mm×90mm）。墙体厚度为 240mm。

2）基础（QL1 以下）采用 M5.0 水泥砂浆，普通机制红砖砌筑。

3）垫层采用 3∶7 灰土，圈梁及现浇屋面板采用 C20 混凝土。

4）外墙抹灰作法：1∶3 水泥砂浆打底，厚 14mm；1∶2 水泥砂浆抹光，厚 6mm。

外墙涂料作法：满刮腻子二遍，刷丙烯酸外墙涂料（一底二涂）；外墙装饰分格条（价格每米 0.5 元）二道。

5）内墙作法：1∶1∶4 混浆打底厚 14mm，1∶1∶6 混浆抹面厚 6mm，满刮腻子二遍，刮仿瓷涂料二遍。

6）顶棚作法：采用 1∶3 水泥砂浆抹面厚 20mm；满刮腻子二遍，刮瓷二遍，墙角贴白色石膏线宽 100mm。

7）室内地面：3∶7 灰土，220mm 厚；C20 混凝土，40mm 厚；30mm 厚 1∶2.5 水泥砂浆粘贴 600mm×600mm 普通地面砖（假定价格每块 3.5 元）。

8）散水：素土夯实；C20 混凝土，60mm 厚，边打边抹光。

9）混凝土坡道：1∶1 水泥砂浆抹光；C20、厚 60mm 的混凝土垫层；素土夯实。

10）圈梁遇门窗洞口另加⑥1Φ14 钢筋；内外墙均设圈梁，梁的保护层为 20mm；现浇板的保护层为 15mm；过梁长度按门窗洞口长度两端各加 250mm 计算。

11）屋面板上负筋下部的分布筋为⑩号Φ6.5@250；外边的 3 根分布筋沿檐板方向通长设置，内部的分布筋按规范规定设置。

12）内墙踢脚线为彩釉砖，1∶2.5 水泥砂浆粘贴，高度为 150mm。

小启示

工程图样是工程界的语言，是设计单位、建设单位、施工单位、监理单位工程师们交流的纽带。作为建筑人必须准确识读图样，就像一位虔诚的禅师，打坐是他的基本功一样。

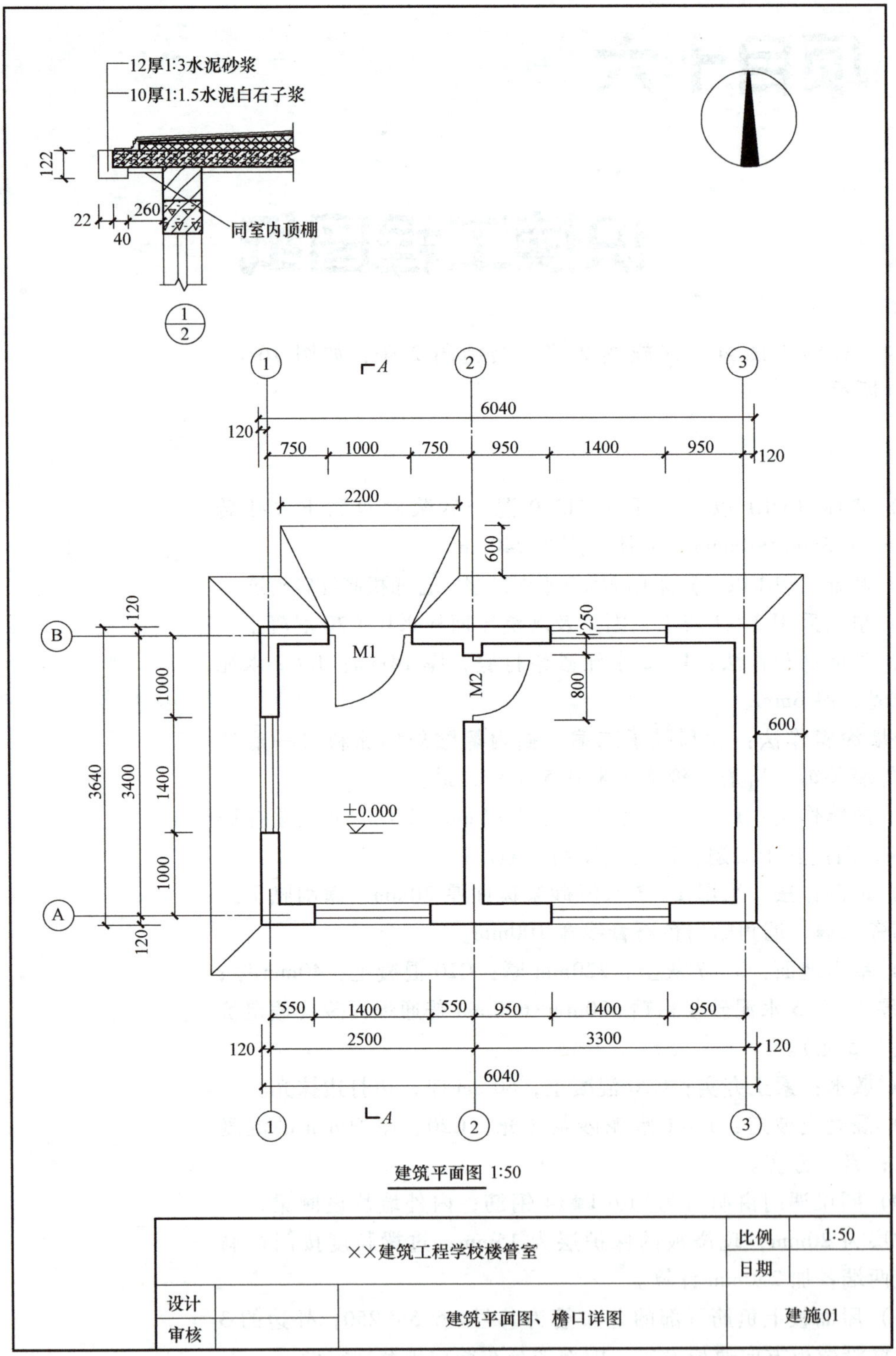

12厚1:3水泥砂浆
10厚1:1.5水泥白石子浆
122
260
22
40
同室内顶棚
1/2
1
2
3
A
6040
120
750
1000
750
950
1400
950
120
2200
600
B
120
250
M1
M2
800
600
1000
3640
3400
1400
±0.000
1000
A
120
550
1400
550
950
1400
950
120
2500
3300
120
6040
1
2
3
A
建筑平面图 1:50
××建筑工程学校楼管室
比例
1:50
日期
设计
审核
建筑平面图、檐口详图
建施01

图 16-1 1号建施图

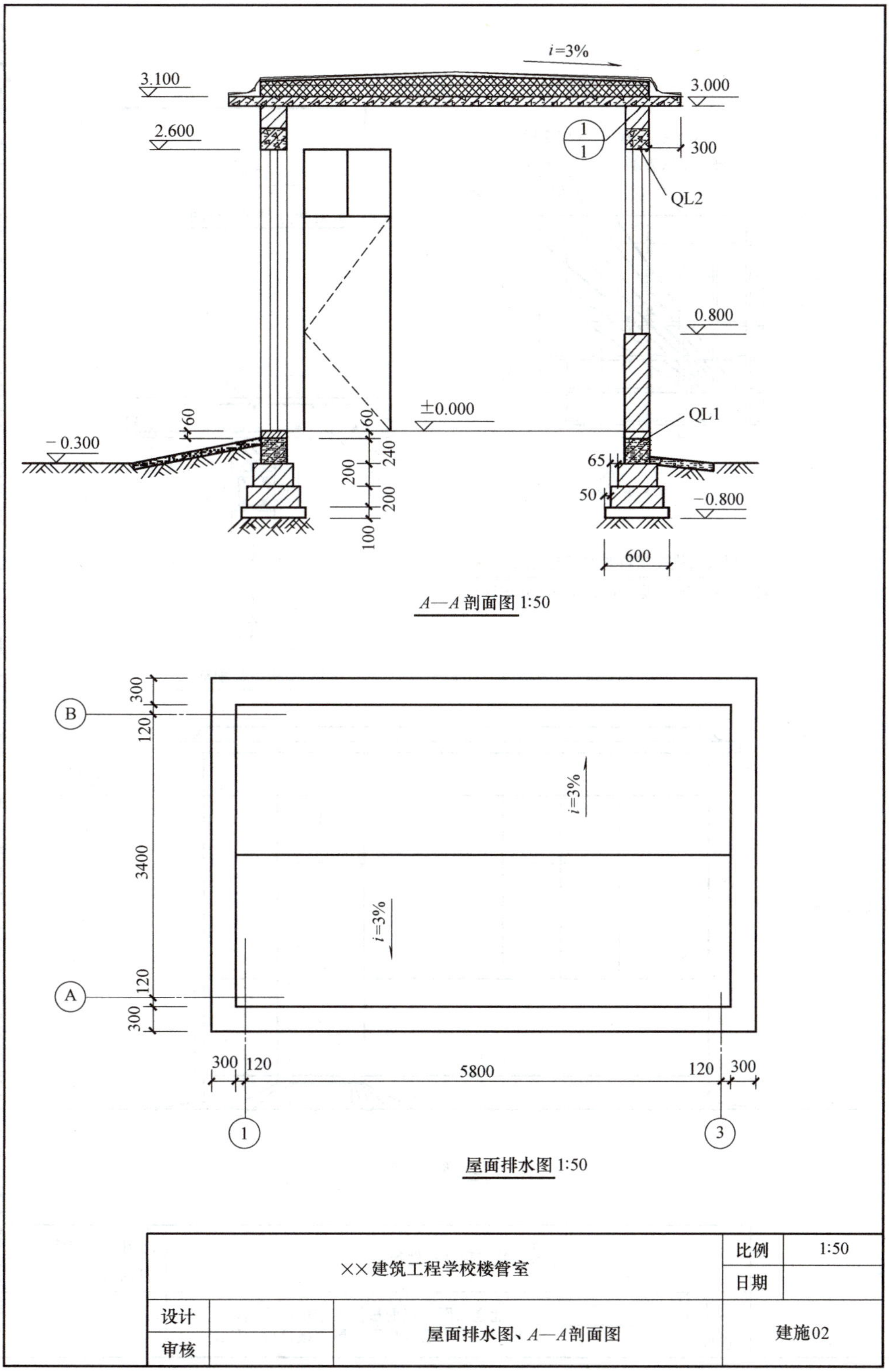
i=3%
3.100
3.000
2.600
300
QL2
0.800
±0.000
60
60
−0.300
QL1
240
200
200
100
65
50
−0.800
600
A—A 剖面图 1:50
300
120
3400
120
300
B
A
i=3%
i=3%
300
120
5800
120
300
1
3
屋面排水图 1:50
××建筑工程学校楼管室
比例
1:50
日期
设计
审核
屋面排水图、A—A剖面图
建施02

图 16-2　2 号建施图

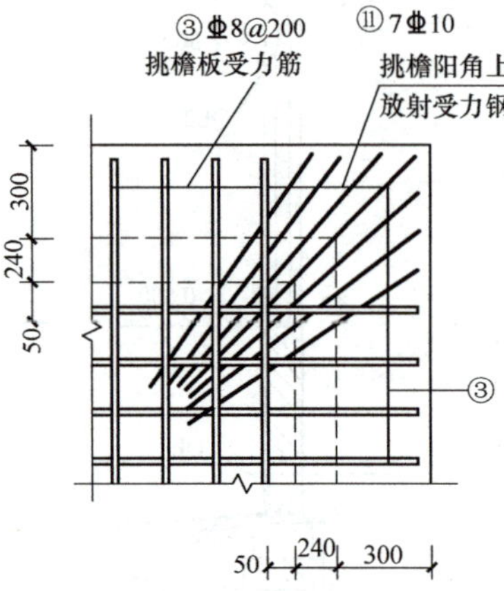

屋面板挑檐阳角放射筋构造图

(本图未表示屋面板下部受力筋及分布筋)

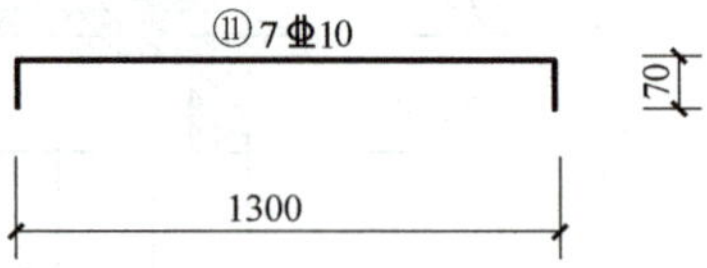

放射受力钢筋大样图

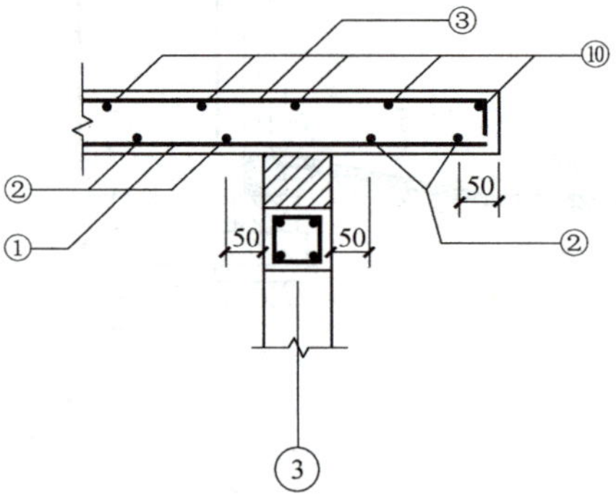

屋面板檐口配筋图

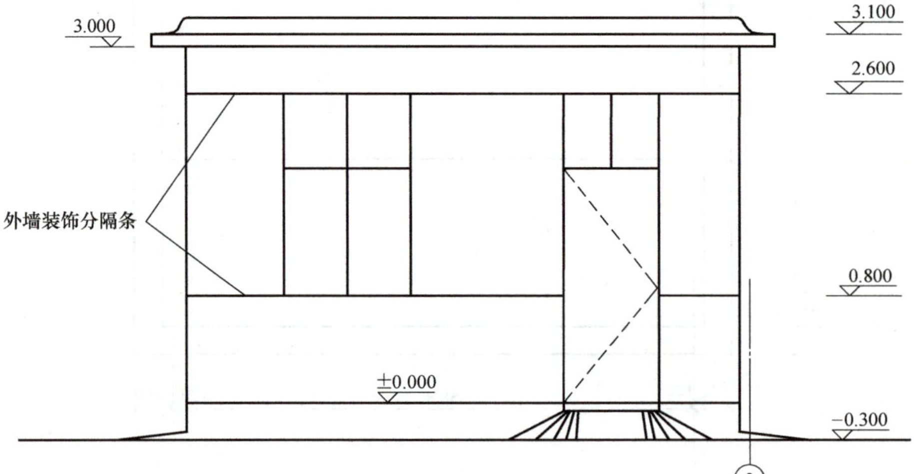

北立面图 1:50

××建筑工程学校楼管室			比例	1:50
			日期	
设计		北立面图、屋面板挑檐阳角构造图、放射受力钢筋大样图、屋面板檐口配筋图	结施01	
审核				

图 16-3 1号结施图

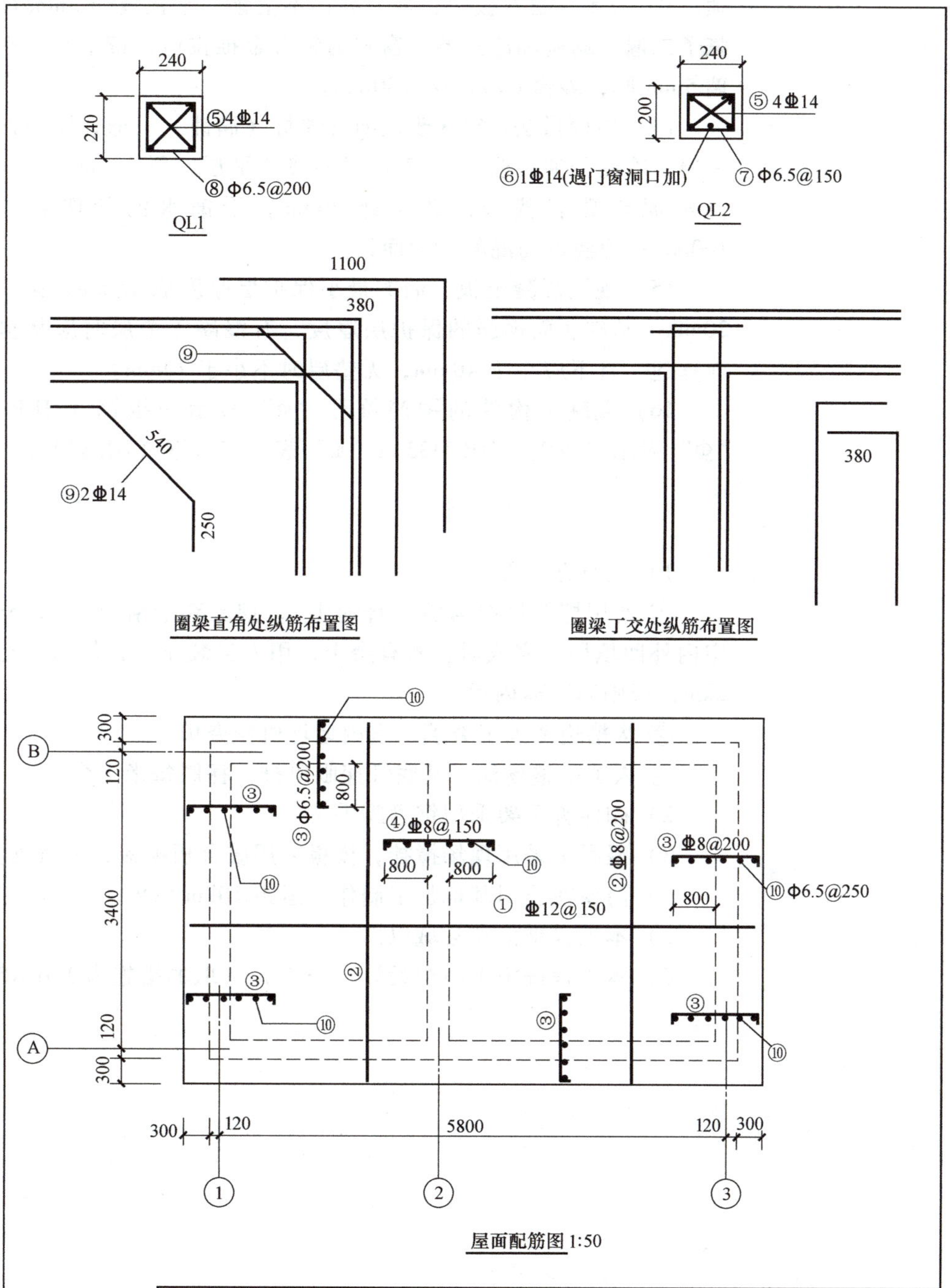

××建筑工程学校楼管室			比例	1:50
			日期	
设计		屋面配筋图、圈梁直角处纵筋布置图、圈梁丁交处纵筋布置图、圈梁配筋详图	结施02	
审核				

图 16-4 2 号结施图

13）M1 为铝合金平开门，带上亮，平板玻璃 5mm 厚，带普通锁。M2 为无纱镶木板门，带上亮，不上锁，平板玻璃 3mm 厚；刮腻子二遍，刷调和漆三遍。窗户为铝合金推拉窗，带上亮，平板玻璃 5mm 厚，纱窗 690mm×1180mm。

14）屋面做法：SBS 改性沥青卷材（满铺）一遍；刷石油沥青一遍，冷底子油二遍；1∶3 水泥砂浆找平层，厚 20mm；1∶10 现浇水泥珍珠岩找坡，最薄处 20mm；干铺水泥珍珠岩块，厚 100mm；现浇钢筋混凝土屋面板。

15）现浇混凝土板、墙的最小保护层厚度取 15mm；梁、柱取 20mm。基础底面钢筋的保护层厚度，有混凝土垫层时应从垫层顶面算起，且不应小于 40mm，无垫层时不小于 70mm。

16）混凝土构件的钢筋符号“Φ”表示一级钢（HPB300）；“Φ”表示二级钢（HRB335）；“Φ”表示三级钢（HRB400）。

二、施工组织设计

1）土石方工程：

① 使用挖掘机挖沟槽（普通土），挖土弃于槽边 1m 以外。待室内外回填用土完成后，若有余土，用人工装车，自卸汽车运外运 2km，否则同距离内运。

② 沟槽边要人工夯填，室内地坪机械夯填。

③ 人工平整场地，基底钎探眼单排，探眼每米 1 个。

2）砌体脚手架采用钢管脚手架。

3）混凝土采用现场搅拌，模板采用胶合板模板，钢管支撑。

4）门窗在公司基地加工制作，运距 10km 以内。

5）本工程坐落在县城以内。

6）本工程按施工组织设计（方案）计取的措施为 126.45 元。

项目十七 计算基数

$L_{中}$——建筑平面图中设计外墙中心线的总长度。

$L_{外}$——建筑平面图中设计外墙外边线的总长度。

$L_{内}$——建筑平面图中设计内墙净长线长度。

$L_{净}$——建筑基础平面图中内墙混凝土基础或垫层净长度。

$S_{底}$——建筑物底层建筑面积。

$S_{房}$——建筑平面图中的房心净面积。

楼管室的基数 $L_{中}$、$L_{外}$、$L_{内}$、$S_{底}$、$S_{房}$ 如图 17-1 所示。

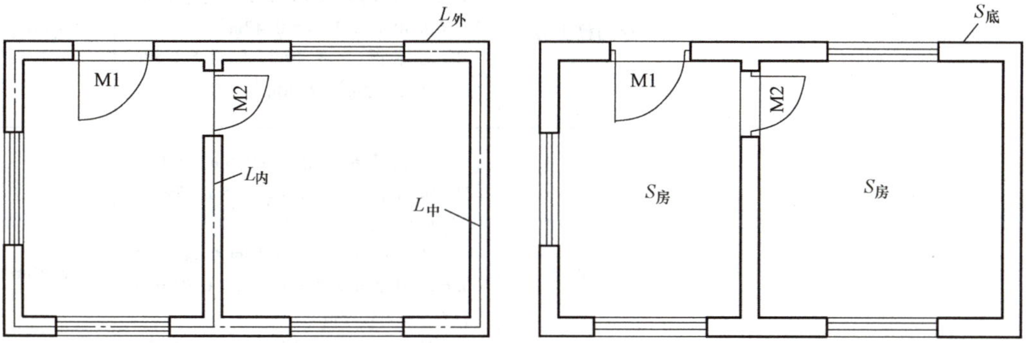

图 17-1

1）$L_{中}=(2.5m+3.3m+3.4m)\times2=18.40m$

2）$L_{外}=(6.04m+3.64m)\times2=19.36m$ 或 $L_{外}=18.4m+4\times0.24m=19.36m$

3）$L_{内}=3.4m-0.24m=3.16m$

4）$L_{净}=3.4m-0.6m=2.8m$

5）$S_{建(底)}=6.04m\times3.64m=21.99m^2$

6）$S_{房}=(2.5m-0.24m+3.3m-0.24m)\times(3.4m-0.24m)=16.81m^2$ 或 $S_{房}=S_{建(底)}-(L_{中}+L_{内})\times0.24m=21.99m^2-(18.4m+3.16m)\times0.24m=16.81m^2$

项目十八

计算工程量

清单工程量计算见表 18-1。

表 18-1 清单工程量计算表

工程名称：××建筑工程学校楼管室

序号	项目名称	计 算 式	工程量
1	平整场地	6.04m×3.64m=21.99m^2	21.99m^2
2	挖沟槽土方	挖土深度：0.8m−0.3m=0.5m	
3	挖沟槽土方	土方开挖的断面：0.60m×0.1m+[0.60m−0.05m×2+0.20m（工作面）×2]×（0.50m−0.1m）=0.42m^2 挖土体积：[18.40m（$L_{中}$）+2.80m（$L_{净}$）]×0.42m^2=8.90m^3	8.90m^3
4	回填方	3∶7 灰土垫层体积：0.6m×0.1m×[18.4m（$L_{中}$）+2.8m（$L_{净}$）]=1.27m^3 室外地坪以下砖基体积： [18.4m（$L_{中}$）+3.16m（$L_{内}$）]×（0.6m−0.05m×2+0.24m+0.065m×2）×0.2m=3.75m^3 回填土体积：8.90m^3−（1.27m^3+3.75m^3）=3.88m^3	3.88m^3
5	回填方	室外坡道夯填（折合成三棱柱计算，并扣除散水部分）： （1.2m−0.06m）×（0.3m−0.06m×2）÷2×（2.2m−0.6m）=0.16m^3	0.16m^3
6	砖基础	[18.4m（$L_{中}$）+3.16m（$L_{内}$）]×[（0.6m−0.05m×2+0.24m+0.065m×2）×0.2m]=3.75m^3	3.75m^3
7	多孔砖墙	门窗面积：1.0m×2.6m×1+0.8m×2.6m×1+1.4m×1.8m×4=14.76m^2 砖墙体积： [（18.4m（$L_{中}$）+3.16m（$L_{内}$）]×（3.0m−0.2m+0.065m）×0.24m−14.76m^2×0.24m=11.28m^3	11.28m^3

（续）

序号	项目名称	计 算 式	工程量
8	圈梁	QL1 工程量：0.24m×0.24m×[18.4m（$L_中$）+3.16m（$L_内$）]=1.24m³ QL2 工程量：0.24m×0.2m×[18.4m（$L_中$）+3.16m（$L_内$）−（1.0m+0.25m×2）×1−（0.8m+0.25m×2）×1−（1.4m+0.25m×2m）×4]=0.54m³ 小计：1.24m³+0.54m³=1.78m³	1.78m³
9	过梁	[（1.0m+0.25m×2）×1+（0.8m+0.25m×2）×1+（1.4m+0.25m×2）×4]×0.24m×0.2m=0.50m³	0.50m³
10	平板	6.04m×3.64m×0.10m=2.20m³	2.20m³
11	挑檐板	[19.36m（$L_外$）+0.3m×4]×0.3m×0.1m=0.62m³	0.62m³
12	散水	[19.36m（$L_外$）+0.6m×4]×0.6m−（2.2m−0.6m）×0.6m=12.10m²	12.10m²
13	坡道	2.2m×1.2m−0.6m×0.6m=2.28m²	2.28m²
14	现浇构件钢筋	屋面板钢筋①Φ12@150 单根长度：6.04m+0.3m×2−0.015m×2=6.61m 根数：[（0.3m−0.050m×2）÷0.15m/根+1根]×2+[（3.4m−0.24m−0.050m×2）÷0.15m/根+1根]=[2根+1根]×2+[21根+1根]=28根 工程量=6.61m×28×0.888kg/m=164kg=0.164t	0.164t
15	现浇构件钢筋	（1）屋面板钢筋②Φ8@200 单根长度：3.64m+0.3m×2−0.015m×2=4.21m 根数：[（0.3m−0.05m×2）÷0.20m/根+1根]×2+[（2.5m−0.24m−0.05m×2）÷0.20m/根+1根]+[（3.3m−0.24m−0.05m×2）÷0.20m/根+1根]=[1根+1根]×2+[11根+1根]+[15根+1根]=32根 工程量 4.21m×32×0.395kg/m=53kg （2）屋面板钢筋③Φ8@200 单根长度：0.8m+0.24m+0.3m−0.015m+（0.1m−0.015m×2）×2=1.47m 根数：[（3.4m−0.24m−0.05m×2）÷0.2m/根+1根]×2+[（5.8m−0.24m−0.05m×2）÷0.2m/根+1根]×2=[16根+1根]×2+[28根+1根]×2=92根 工程量 1.47m×92×0.395kg/m=53kg （3）④Φ8@150 单根长度：0.8m×2+0.24m+（0.1m−0.015m×2）×2=1.98m 根数：（3.4m−0.24m−0.05m×2）÷0.15m/根+1根=22根 工程量 1.98m×22×0.395kg/m=17kg （4）Φ8 钢筋工程量合计 （53+53+17）kg=123kg=0.123t	0.123t

小启示

错题是昔日的金子，拾起满地的金子，你会变得很富有。

（续）

序号	项目名称	计 算 式	工程量
16	现浇构件钢筋	(1)②轴线④号筋下部⑩Φ6.5@250 单根长度:3.4m−0.24m−0.8m×2+0.15m×2=1.86m 根数:(0.8m×2+0.24m)÷0.25m/根+1根=9根 工程量1.86m×9×0.26kg/m=4kg (2)①、③轴线③号筋下部⑩Φ6.5@250 根数:(0.8m+0.24m+0.30m−0.015m)÷0.25m/根+1根=7根 由施工说明知:外边3根分布筋伸至挑檐端部 其单根长度为:3.64m+0.3m×2−0.015m×2=4.21m 由施工说明知:内边4根分布筋伸至Ⓐ、Ⓑ轴③号负筋处 其单根长度为:3.4m−0.24m−0.8m×2+0.15m×2=1.86m 工程量:(4.21m×3+1.86m×4)×0.26kg/m×2=10kg (3)Ⓐ、Ⓑ轴线③号筋下部⑩Φ6.5@250 根数:(0.8m+0.24m+0.30m−0.015m)÷0.25m/根+1根=7根 外边3根单根长度为6.04m+0.3m×2−0.015m×2=6.61m 内边4根单根长度为5.8m−0.24−0.8m×2+0.15m×2=4.26m 工程量(6.61m×3+4.26m×4)×0.26kg/m×2=19kg (4)Φ6.5钢筋工程量合计 (4+10+19)kg=33kg=0.033t	0.033t
17	现浇构件钢筋	过梁、圈梁钢筋:⑤4Φ14 ①、③轴线单根长度 L=3.4m+0.12m×2−0.02m×2+0.38m+1.1m=5.08m ②轴线单根长度 L=3.4m+0.12m×2−0.02m×2+0.38m×2=4.36m Ⓐ、Ⓑ轴线单根长度 L=5.8m+0.12m×2−0.02m×2+0.38m+1.1m=7.48m ⑥1Φ14 总长度 L=(1.4m+0.5m−0.02m×2)×4+(1.0m+0.5m−0.02m×2)×1+(0.8m+0.5m−0.02m×2)×1=10.16m ⑨Φ14附加筋 单根长度 L=0.54m+0.25m×2=1.04m ⑤、⑥、⑨Φ14钢筋工程量合计 (5.08m×4×4+4.36m×4×2+7.48m×4×4+10.16m+1.04m×2×4×2)×1.208kg/m=317kg=0.317t	0.317t

（续）

序号	项目名称	计　算　式	工程量
18	现浇构件钢筋	过梁、QL2 箍筋Φ 6.5@150 根数：[(6.04m+3.64m−0.02m×4)×2]÷0.15m/根+(3.4m−0.24m−0.05m×2)÷0.15m/根+1 根＝(128+21+1)根＝150 根 单根长度：2×(0.24m+0.20m)−8×0.02m+(1.9×0.0065m+0.075m)×2＝0.89m ⑧Φ 6.5@200 根数：[(6.04m+3.64m−0.02m×4)×2]÷0.20m/根+(3.4m−0.24m−0.05m×2)÷0.20m/根+1 根＝(96+16+1)根＝113 根 单根长度：0.24m×4−8×0.02m+(1.9×0.006)×(5m+0.075m)×2＝0.97m 箍筋工程量：(0.89m×150+0.97m×113)×0.26kg/m＝63kg＝0.063t	0.063t
19	现浇构件钢筋	⑪7Φ10 (1.3m+0.07m×2)×7×4×0.617kg/m＝25kg＝0.025t	0.025t
20	屋面卷材防水	(6.04m+0.3m×2)×(3.64m+0.3m×2)＝28.15m^2	28.15m^2
21	保温隔热屋面	3.64m×6.04m＝21.99m^2	21.99m^2
22	块料楼地面	16.81m^2($S_{房}$)+0.24m×0.8m+1.0m×0.12m＝17.12m^2	17.12m^2
23	块料踢脚线	[(3.40m−0.24m)×4−0.8m×2+(6.04m−0.24m×3)×2−1.0m+(0.24m−0.06m)÷2×6]×0.15m＝3.18m^2	3.18m^2
24	墙面一般抹灰	19.36m($L_{外}$)×(3.0m+0.3m)−1.0m×2.6m−1.4m×1.8m×4＝51.21m^2	51.21m^2
25	墙面一般抹灰	[(3.4m−0.24)×4+(6.04m−0.24m×3)×2]×3.0m−(1.0m×2.6m+0.8m×2.6m×2+1.4m×1.8m×4)＝53.00m^2	53.00m^2
26	零星项目 装饰抹灰	[19.36($L_{外}$)+0.3m×8]×0.122m+[19.36m($L_{外}$)+8×(0.3m−0.04m÷2)]×0.04m＝3.52m^2	3.52m^2
27	顶棚抹灰	16.81m^2($L_{房}$)+[19.36m($L_{外}$)+4×0.26m]×0.26m＝22.11m^2	22.11m^2
28	木质门	0.8m×2.6m×1＝2.08m^2 或工程量＝1 樘	2.08m^2 1 樘
29	金属门	1.0m×2.6m×1＝2.6m^2 或工程量＝1 樘	2.6m^2 1 樘

小启示

世界再嘈杂，匠人的内心，一定是安静、平稳的。

（续）

序号	项目名称	计 算 式	工程量
30	金属窗	$1.4m\times1.8\times4=10.08m^2$ 或工程量 = 4 樘	$10.08m^2$ 4 樘
31	木门油漆	$0.8m\times2.6m\times1=2.08m^2$	$2.08m^2$
32	墙面喷刷涂料	$19.36m(L_{外})\times(3.0m+0.24m)-1.0m\times2.6m-1.4m\times1.8m\times4=50.05m^2$	$50.05m^2$
33	墙面喷刷涂料	$[(3.4m-0.24)\times4+(6.04m-0.24m\times3)\times2]\times3.0m-(1.0m\times2.6m+0.8m\times2.6m\times2+1.4m\times1.8m\times4)=53.00m^2$	$53.00m^2$
34	顶棚喷刷涂料	$16.81m^2(L_{房})+[19.36m(L_{外})+4\times0.26m]\times0.26m=22.11m^2$	$22.11m^2$
35	石膏装饰线	$(3.4m-0.24m)\times4+(6.04m-0.24m\times3)\times2=23.28m$	23.28m

项目十九

编写工程量清单表

分部分项工程量清单表

工程名称：××建筑工程学校楼管室

序号	项目编码	项目名称	项目特征	单位	工程量
1	010101001001	平整场地	1. 土壤类别:普通土 2. 形式:机械平整 3. 取(弃)土运距:2km	m^2	21.99
2	010101003001	挖沟槽土方	1. 土壤类别:普通土 2. 挖土深度:0.5m 3. 取(弃)土运距:2km	m^3	8.90
3	010103001001	回填方	1. 部位:沟槽 2. 土质要求:普通土 3. 运距:2km	m^3	3.88
4	010103001002	回填方	1. 部位:坡道 2. 土质要求:普通土 3. 运距:2km	m^3	0.16
5	010401001001	砖基础	1. 砖品种规格:75号机制红砖 2. 基础类型:条形基础 3. 砂浆强度等级:M5(水泥砂浆)	m^3	3.75
6	010401004001	多孔砖墙	1. 砖品种:黏土多孔砖 2. 规格:240mm×115mm×90mm 3. 墙体类型:承重砖墙 4. 砂浆强度等级:M5.0(混合砂浆)	m^3	11.28
7	010503004001	圈梁	1. 混凝土种类:现场搅拌 2. 强度等级:C20	m^3	1.78
8	010503005001	过梁	1. 混凝土种类:现场搅拌 2. 强度等级:C20	m^3	0.50
9	010505003001	平板	1. 混凝土种类:现场搅拌 2. 强度等级:C20	m^3	2.20
10	010505007001	挑檐板	1. 混凝土种类:现场搅拌 2. 强度等级:C20	m^3	0.62
11	010507001001	散水	1. 基层:素土夯实 2. 面层厚度:60mm 3. 混凝土种类:现场搅拌 4. 强度等级:C20	m^2	12.10

（续）

序号	项目编码	项目名称	项目特征	单位	工程量
12	010507001002	坡道	1. 基层：素土夯实 2. 面层厚度：60mm 3. 混凝土种类：现场搅拌 4. 强度等级：C20	m^2	2. 28
13	010515001001	现浇构件钢筋	1. 钢筋种类：HRB400 2. 规格：⏀12	t	0. 164
14	010515001002	现浇构件钢筋	1. 钢筋种类：HRB400 2. 规格：⏀8	t	0. 123
15	010515001003	现浇构件钢筋	1. 钢筋种类：HPB300 2. 规格：Φ 6. 5	t	0. 033
16	010515001004	现浇构件钢筋	1. 钢筋种类：HRB400 2. 规格：⏀14	t	0. 317
17	010515001005	现浇构件钢筋	1. 钢筋种类：HPB300 2. 规格：Φ 6. 5	t	0. 063
18	010515001006	现浇构件钢筋	1. 钢筋种类：HRB400 2. 规格：⏀10	t	0. 025
19	010902001001	屋面卷材防水	卷材品种、规格：SBS 改性沥青卷材	m^2	28. 15
20	011001001001	保温隔热屋面	1. 保温隔热部位：屋面 2. 保温隔热材料：水泥珍珠岩 3. 厚度：100mm	m^2	21. 99
21	011102003001	块料楼地面	1. 垫层种类：C20 混凝土 2. 厚度：60mm 3. 结合层厚度砂浆配合比：30mm 厚，1：2. 5 水泥砂浆 4. 面层材料规格：600mm×600mm 普通地板砖	m^2	17. 12
22	011105003001	块料踢脚线	1. 踢脚线高度：150mm 2. 黏结层材料：1：2. 5 水泥砂浆	m^2	3. 18
23	011201001001	墙面一般抹灰	1. 部位：外墙 2. 墙体类型：黏土多孔砖 3. 底层厚度、砂浆配合比：1：3 水泥砂浆打底厚 14mm 4. 面层厚度、砂浆配合比：1：2 水泥砂浆抹光厚 6mm	m^2	51. 21
24	011201001002	墙面一般抹灰	1. 部位：外墙 2. 墙体类型：黏土多孔砖 3. 底层厚度、砂浆配合比：1：1：4 混浆打底厚，14mm 4. 面层厚度、砂浆配合比：1：1：6 混浆抹面厚 6mm	m^2	53. 00
25	011203002001	零星项目装饰抹灰	1. 部位：挑檐板端部 2. 底层厚度、砂浆配合比：12mm 厚 1：3 水泥砂浆 3. 面层厚度、砂浆配合比：10mm 厚 1：1. 5 水泥白石子浆	m^2	3. 52

（续）

序号	项目编码	项目名称	项目特征	单位	工程量
26	011301001001	顶棚抹灰	1. 基层类型:现浇混凝土板 2. 抹灰厚度、材料、砂浆配合比:20mm 厚 1:3 水泥砂浆	m^2	22.11
27	010801001001	木质门	1. 门类型：平开门 2. 玻璃品种:平板玻璃 3. 厚度：3mm	m^2	2.08
				樘	1
28	010802001001	金属门	1. 门类型:铝合金平开门 2. 玻璃品种:平板玻璃 3. 厚度:5mm	m^2	2.6
				樘	1
29	01080701001	金属窗	1. 窗类型:铝合金推拉窗 2. 玻璃品种:平板玻璃 3. 厚度:5mm	m^2	10.08
				樘	4
30	011401001001	木门油漆	1. 门类型:平开木门 2. 刮腻子要求:二遍 3. 油漆品种、刷漆遍数:调和漆三遍	m^2	2.08
31	011407001001	墙面喷刷涂料	1. 部位:外墙 2. 基层类型:水泥砂浆 3. 刮腻子要求:满刮腻子二遍 4. 涂料品种、喷刷遍数:刷丙烯酸外墙涂料(一底二涂)	m^2	50.05
32	011407001002	墙面喷刷涂料	1. 部位:内墙 2. 基层类型:混合砂浆 3. 刮腻子要求:满刮腻子二遍 4. 涂料品种、喷刷遍数:刮仿瓷涂料二遍	m^2	53.00
33	011407002001	顶棚喷刷涂料	1. 部位:顶棚 2. 基层类型:水泥砂浆 3. 刮腻子要求:满刮腻子二遍 4. 涂料品种、喷刷遍数:刮仿瓷涂料二遍	m^2	22.11
34	011502004001	石膏装饰线	1. 基层类型:砂浆 2. 线条品种、规格、颜色:白色石膏线宽 100mm 3. 涂料品种、喷刷遍数:刮仿瓷涂料二遍	m	23.28

附录一

参考答案

项目三　建筑面积和基数的计算

3. 试计算如图 3-33 所示的单层建筑物的建筑面积。

分析：建筑面积计算规定，门廊应按其顶板的水平投影面积的 1/2 计算建筑面积。

解：$S_{底}=12.37\text{m}\times7.37\text{m}-(3.0\text{m}\times2-0.24\text{m})\times1.5\text{m}\times1/2=86.85\text{m}^2$

4. 某建筑物共三层，如图 3-34 所示，其中雨篷的长度为 2.30m，试计算其建筑面积。

分析：因为雨篷外挑宽度为 2.2m>2.1m，所以应计算建筑面积，按雨篷结构板的水平投影面积的 1/2 计算。

解：$S_{建}=(4.2\text{m}+3.9\text{m}+3.6\text{m}+0.24\text{m})\times(6.0\text{m}+2.4\text{m}+5.4\text{m}+0.24\text{m})\times3+2.2\text{mm}\times2.3\text{m}\times1/2=505.44\text{m}^2$

项目四　土方工程

3. 某平房首层平面图如图 4-14 所示。土壤为二类砂土，人工平整场地。试计算平整场地清单工程量，并填写分部分项工程量清单表。

解：$(6.0\text{m}+0.24\text{m})\times3.6\text{m}+(6.0\text{m}+0.24\text{m})\times(6.0\text{m}+1.2\text{m}+0.24\text{m})+3.0\text{m}\times(5.4\text{m}+0.24\text{m})=85.81\text{m}^2$

分部分项工程量清单表

工程名称：某平房

项目编码	项目名称	项 目 特 征	计量单	工程量
010101001001	平整场地	1. 土壤类别：二类砂土 2. 形式:人工平整场地	m^2	85.81

项目六　砌筑工程

3. 仔细阅读附录二　土木实训楼施工图中建施 01～04 和建施 08，结施 11、结施 12、结施 16。试计算三层 240 煤矸石多孔砖内墙砌筑工程量，并填写分部分项工程量清单表。

分析：仔细阅读建施02的墙体工程和建施06的右下角小注可知，楼梯间、厕所、洗漱间墙体厚度240mm，采用煤矸石多孔砖，M5.0混合砂浆砌筑，其他内墙体厚度180mm，采用M5.0混合砂浆煤矸石空心砖砌筑。

解：（1）④、⑤轴线240内墙

长度：$2.1m+3.9m-0.225m\times2=5.55m$

高度：$10.50m-7.15m-0.55m=2.80m$

GZ2体积：$0.24m\times(0.24m+0.06m)\times2.80m=0.20m^3$

工程量：$(5.55m\times2.80m\times0.24m)\times2-0.20m^3=7.26m^3$

（2）Ⓒ⑤~Ⓒ⑥轴线240内墙

长度：$2.7m-0.225m\times2=2.25m$

高度：$10.50m-7.15m-0.55m=2.80m$

QD1224面积：$1.2m\times2.4m=2.88m^2$

GL2体积：$0.24m\times0.2m\times(1.2m+0.25m)=0.07m^3$

工程量：$(2.25m\times2.80m-2.88m^2)\times0.24m-0.07m^3=0.75m^3$

（3）厕所和洗漱间之间的240内墙

长度：$2.7m+0.225m\times2-0.24m\times2=2.67m$

高度：$10.50m-7.15m-0.05m-0.35m=2.95m$

M0921面积：$0.9m\times2.1m=1.89m^2$

GL1体积：$0.24m\times0.18m\times(0.9m+0.25m\times2)=0.06m^3$

GZ2马牙槎体积：$0.24m\times0.06m\times2.95m=0.04m^3$

工程量：$(2.67m\times2.95m-1.89m^2)\times0.24m-0.06m^3-0.04m^3=1.34m^3$

（4）240煤矸石多孔砖内墙工程量合计

$7.26m^3+0.75m^3+1.34m^3=9.35m^3$

分部分项工程量清单

工程名称：土木实训楼

项目编码	项目名称	项目特征	计量单位	工程量
010401004001	多孔砖墙	1. 砖品种：煤矸石多孔砖 2. 厚度：240mm 3. 砌筑砂浆：M5.0混合砂浆	m^3	9.35

4. 仔细阅读附录二　土木实训楼施工图，若设计变更一层原180mm厚内墙全部改为采用240mm厚加气混凝土砌块（585mm×240mm×240mm），M5.0混合砂浆砌筑。试计算一层内墙砌筑工程量，并填写分部分项工程量清单表。

解：高度：$3.55m+0.05m-0.60m=3.0m$

（1）Ⓑ、Ⓒ轴线240内墙

长度：$(6.0m+5.4m+3.0m+0.45m)\times2-0.45m\times7-0.50m=$

11.05m

门面积：1.0m×2.4m×4+0.9m×2.4m×2=13.92m^2

GL 体积：0.24m×0.18m×(1.0m×4+0.9m×2+0.25m×12)=0.31m^3

工程量：(11.05m×3.0m−13.92m^2)×0.24m−0.31m^3=4.31m^3

（2）其他内墙

Ⓐ④~Ⓑ④内墙长度：6.0m−0.275m×2=5.45m

Ⓐ②~Ⓑ②（Ⓐ③~Ⓑ③）内墙长度：6.0m−0.225m×2=5.55m

Ⓒ②~Ⓓ②（Ⓒ③~Ⓓ③）内墙长度：2.1m+3.9m−0.225m×2=5.55m

工程量：(5.45m+5.55m×4)×3.0m×0.24m=19.91m^3

分部分项工程量清单

工程名称：土木实训楼

项目编码	项目名称	项目特征	计量单位	工程量
010402001001	砌块墙	1. 品种：加气混凝土砌块 2. 厚度：240mm 3. 砂浆：M5.0 混合砂浆	m^3	19.91

项目七　混凝土及钢筋混凝土工程

4. 仔细阅读附录二　土木实训楼施工图中结施 01、结施 06、结施 11、结施 12 和结施 16。试计算三层（标高 10.500m 以下）框架梁混凝土工程量，并填写分部分项工程量清单表。

解：（1）矩形梁工程量

WKL1：(20.85m−0.45m×3−0.50m×2)×(0.55m−0.15m)×0.3m=2.22m^3

WKL2：(6.0m+5.4m+3.0m−0.225m×6)×(0.55m−0.15m)×0.3m=1.57m^3

WKL4：(3.3m+2.7m−0.225m×4)×(0.55m−0.15m)×0.3m=0.61m^3

WKL5：(20.85m−0.45m×6)×(0.55m−0.15m)×0.25m=1.82m^3

WKL6：(20.85m−0.45m×3−0.5m×2)×(0.55m−0.15m)×0.25m=1.85m^3

WKL9：(15.15m×2−0.45m×6−0.50m×2)×(0.55m−0.15m)×0.30m=3.19m^3

WKL10：(15.15m−0.45m×4)×(0.55m−0.15m)×0.25m=1.17m^3

WKL11：(15.15m×2−0.45m×6−0.50m×2)×(0.55m−0.15m)×

$0.25m = 2.66m^3$

（2）矩形梁工程量合计

$2.22m^3 + 1.57m^3 + 0.61m^3 + 1.82m^3 + 1.85m^3 + 3.19m^3 + 1.17m^3 + 2.66m^3 = 15.09m^3$

分部分项工程量清单表

工程名称：土木实训楼

项目编码	项目名称	项目特征	计量单位	工程量
010503002001	矩形梁	混凝土 C30,(预拌)商品混凝土	m^3	15.09

项目九　屋面及防水工程

2. 假设土木实训楼施工要求：一层男厕所在做 50mm 厚 C20 细石混凝土前加铺一层沥青卷材防潮层，并且沿墙面上翻 550mm。试计算地面和墙身防潮层清单工程量，填写分部分项工程量清单表。

分析：据山东省定额规定，卷材防水平面与立面交接处，上卷高度在 500mm 以内时，按展开面积并入平面工程量内计算，超过 500mm 时，按立面防水层计算。

解：（1）地面防潮层工程量

$(2.7m+0.45m-0.24m\times2)\times(3.9m+0.225m-0.24m-0.12m)=10.12m^2$

（2）墙面防潮层工程量

$[(2.7m+0.45m-0.24m\times2)+(3.9m-0.12m+0.225m-0.24m)]\times2\times0.55m-0.9m\times0.55m=6.58m^2$

分部分项工程量清单表

工程名称：土木实训楼

项目编码	项目名称	项目特征	计量单位	工程量
010904001001	地面卷材防水	1. 卷材品种：沥青卷材 2. 层数：一层 3. 铺贴方法：冷贴	m^2	10.12
010903001001	墙面卷材防水	1. 卷材品种：沥青卷材 2. 层数：一层 3. 铺贴方法：冷贴	m^2	6.58

项目十　保温、隔热、防腐工程

3. 某碳酸制造车间如图 10-3 所示。地面为耐酸瓷砖（铺至门口外边线）150mm×150mm×20mm。踢脚线高度 150mm，采用耐酸沥青胶泥 1∶1∶0.05 铺贴，其中 M1：1200mm×2400mm；M2：1000mm×2400mm；C1：2100mm×1500mm，门框厚度为 70mm。试计算地面及踢脚线块料防腐工程量，并填写分部分项工程量清单表。

说明：清单计算规范规定，防腐踢脚线，按楼地面装饰工程踢脚线项目编码列项。

解：（1）地面工程量

$(3.6m+3.3m\times2-0.24m\times2)\times(6.0m-0.24m)-2.7m\times1.2m-0.24m\times0.24m\times2+(1.2m+1.0m)\times0.24m=53.16m^2$

（2）踢脚线工程量

$[(3.6m+3.3m\times2-0.24m\times2)\times2+(6.0m-0.24m)\times4-(1.0m+1.2m)+0.24m\times4+(0.24m-0.07)\times2]\times0.15m=6.24m^2$

分部分项工程量清单表

工程名称：某碳酸制造车间

项目编码	项目名称	项目特征	计量单位	工程量
011002006001	块料防腐面层	1. 防腐部位：地面 2. 块料材料规格：耐酸瓷砖，150mm×150mm×20mm 3. 黏结材料：耐酸沥青胶泥1∶1∶0.05	m^2	53.16
011105003001	块料踢脚线	1. 防腐部位：踢脚线 2. 块料材料规格：耐酸瓷砖，150mm×150mm×20mm 3. 黏结材料：耐酸沥青胶泥1∶1∶0.05	m^2	6.24

项目十一　楼地面装饰工程

3. 仔细阅读附录二　土木实训楼施工图中建施01～03的室内装修设计，识读建施08三层平面图。试计算三层下列房间楼面清单工程量，并填写分部分项工程量清单表。

1）建筑模型实验室；2）活动室。

解：（1）建筑模型实验室

$(6.0m+5.4m+0.225m-0.24m-0.18m\div2)\times(2.1m+3.9m+0.45m-0.24m-0.18m)=68.11m^2$

（2）活动室

$(3.3m+2.7m-0.24m)\times(6.0m+0.45m-0.24m-0.18m)=34.73m^2$

（3）水泥砂浆地面工程量合计

$68.11m^2+34.73m^2=102.84m^2$

分部分项工程量清单表

工程名称：土木实训楼

项目编码	项目名称	项目特征	计量单位	工程量
020101001001	水泥砂浆地面	1. 30mm厚C20细石混凝土垫层 2. 20mm厚1∶2水泥砂浆抹面	m^2	102.84

项目十二 墙面装饰与隔断工程

2. 仔细阅读附录二土木实训楼施工图中建施01~03的室内装修设计，建施06~11和结施10~15。试计算三层下列房间室内装修的清单工程量，并填写分部分项工程量清单表。

1）走廊、洗漱间、厕所墙面抹灰；2）走廊、洗漱间、厕所墙裙面积。

解：（1）走廊、洗漱间、厕所墙面抹灰

抹灰高度：10.50m−7.2m−0.15m−1.5m=1.65m

抹灰长度：(20.85m−0.24m×2+2.7m−0.45m)×2−(3.3m−0.45m)=42.39m

门窗、墙洞面积：(1.0m×5+0.9m×2+1.2m)×(2.4m−1.5m)+(0.95m+1.8m−1.5m)×1.2m×2=10.20m^2

走廊墙面抹灰：1.65m×42.39m−10.20m^2=59.74m^2

洗漱间墙面抹灰

抹灰高度：10.50m−7.17m−0.15m−1.53m=1.65m

抹灰长度：(2.7m+0.45m−0.24m×2+2.10m+0.225m−0.24m−0.12m)×2=9.27m

洗漱间墙面抹灰：1.65m×9.27m−(2.1m−1.53m)×0.9m−(2.4m−1.53m)×1.2m=13.74m^2

厕所墙面抹灰

抹灰高度：10.50m−7.17m−0.15m−1.53m=1.65m

抹灰长度：(2.7m+0.45m−0.24m×2+3.9m−0.12m+0.225m−0.24m)×2=12.87m

厕所墙面抹灰：1.65m×12.87m−(2.1m−1.53m)×0.9m−(1.8m+0.95m−1.5m)×1.2m=19.22m^2

走廊、洗漱间、厕所墙面抹灰工程量小计：

59.74m^2+13.74m^2+19.22m^2=92.70m^2

（2）走廊、洗漱间、厕所墙裙面积

墙裙长度：(20.85m−0.24m×2+2.7m−0.45m)×2−(3.3m−0.45m)−1.0m×5−0.9m×2=35.59m

门、墙洞侧面及窗台及侧面面积：(0.18m−0.06m)×1.5m×7+0.24m×1.5m+[(1.5m−0.95m)×2+1.2m]×(0.24m−0.06m)=2.03m^2

走廊墙裙面积：35.59m×1.5m+2.03m^2−1.2m×(1.5m−0.95m)×2=54.10m^2

洗漱间墙裙面积：[(2.7m+0.45m−0.24m×2+2.1m+0.225m−0.24m−0.12m)×2−1.2m−0.9m]×1.53m+1.53m×0.24m+(0.24m−0.06m)×1.53m=11.61m^2

厕所墙裙面积

墙裙长度：(2.7m+0.45m−0.24m×2+3.9m+0.225m−0.24m−0.12m)×2−0.9m=11.97m

厕所墙裙面积：11.97m×1.53m−(1.5m−0.95m)×1.2m+(0.24m−0.06m)×1.53m+(1.5m−0.95m)×(0.24m−0.06m)+1.2m×(0.24m−0.06m)÷2=18.14m^2

走廊、洗漱间、厕所墙裙工程量小计：

54.10m^2+11.61m^2+18.14m^2=83.85m^2

分部分项工程量清单表

工程名称：土木实训楼

项目编码	项目名称	项目特征	计量单位	工程量
011201001001	墙面一般抹灰	1. 墙体类型:多孔砖、空心砖 2. 底层:1∶1∶4混合砂浆20mm厚 3. 面层:1∶3石膏砂浆7mm厚	m^2	92.70
011204003001	块料墙面	1. 墙体类型:多孔砖、空心砖 2. 底层:20mm厚1∶1∶4混合砂浆 3. 黏结层:5mm厚建筑胶水泥砂浆 4. 面层:200mm×150mm墙面瓷砖	m^2	83.85

项目十三 顶棚工程

3. 仔细阅读附录二 土木实训楼施工图。试计算下列房间顶棚抹灰的清单工程量，并填写分部分项工程量清单表。

1）活动室；2）三层走廊。

分析：由结施11知，三层走廊顶部有WKL10、WKL11，梁两侧抹灰面积，并入顶棚抹灰工程量内计算。

解：(1) 活动室

(3.3m+2.7m−0.24m)×(6.0m+0.45m−0.24m−0.18m)=34.73m^2

(2) 三层走廊

板（梁）底面积：(20.85m−0.24m×2)×(2.7m−0.45m)=45.83m^2

WKL10、WKL11侧面积：(2.7m−0.45m)×(0.55m−0.15m)×6=5.40m^2

小计：45.83m^2+5.40m^2=51.23m^2

(3) 顶棚抹灰工程量合计

34.73m^2+51.23m^2=85.96m^2

分部分项工程量清单表

工程名称：土木实训楼

项目编码	项目名称	项目特征	计量单位	工程量
011301001001	顶棚抹灰	1. 基层类型：现浇混凝土楼板 2. 底层：7mm 厚 1∶2.5 水泥砂浆 3. 面层：7mm 厚 1∶3 水泥砂浆	m^2	85.96

项目十四 油漆、涂料、裱糊工程

3. 仔细阅读附录二 土木实训楼施工图。试计算一层下列房间墙面刷乳胶漆的清单工程量，并填写分部分项工程量清单表。

1）热工测试实验室；2）建筑构造实验室；3）洗漱间。

解：（1）热工测试实验室

高度：3.55m−0.15m−0.10m＝3.30m

长度：（6.0m+0.225m−0.24m−0.09m+6.0m+0.45m−0.18m−0.24m）×2＝23.85m

门窗面积：1.0m×2.4m+3.0m×2.1m＝8.70m^2

门窗的侧面、顶面及窗台面积：[（0.18m−0.06m）÷2]×[（2.4m−0.1m）×2+1.0m]+（0.24m−0.06m）×（3.0m+2.1m）＝1.25m^2

乳胶漆面积：3.30m×23.85m−8.70m^2+1.25m^2＝71.26m^2

（2）建筑构造实验室

高度：3.55m−0.15m−0.1m＝3.30m

长度：（5.4m−0.18m+2.1m+3.9m+0.45m−0.24m−0.18m）×2＝22.50m

门窗面积：1.0m×2.4m+2.4m×2.1m＝7.44m^2

门窗的侧面、顶面及窗台面积：[（0.18m−0.06m）÷2]×[（2.4m−0.1m）×2+1.0m]+（0.24m−0.06m）×（2.4m+2.1m）＝1.15m^2

乳胶漆面积：3.30m×22.50m−7.44m^2+1.15m^2＝67.96m^2

（3）洗漱间

高度：3.55m+0.05m−0.12m+0.03m−1.53m＝1.98m

长度：（2.7m+0.45m−0.24m×2+2.1m+0.225m−0.24m−0.12m）×2＝9.27m

门、门洞面积：1.0m×2.4m+2.4m×2.1m＝7.44m^2

门、门洞的侧面、顶面面积：[（0.24m−0.06m）÷2]×[（2.1m−1.53m）×2+0.9m]+（0.24m÷2）×（2.4m×2+1.2m）＝0.90m^2

乳胶漆面积 1.98m×9.27m−7.44m^2+0.90m^2＝11.81m^2

（4）墙面刷乳胶漆工程量合计

$71.26m^2+67.96m^2+11.81m^2=151.03m^2$

分部分项工程量清单表

工程名称：土木实训楼

项 目 编 码	项目名称	项目特征	计量单位	工程量
011407001001	墙面刷喷涂料	1. 基层:混合砂浆抹灰面 2. 刮腻子:满刮腻子两遍 3. 涂料:刷乳胶漆两遍	m^2	151.03

小知识

由附录二 土木实训楼施工图中建施04、结施13可知，一层洗漱间的板顶比普通板低0.05m，板厚0.12m，地面为0.03m，墙裙3高1.53m。

项目十五 措施项目

3. 仔细阅读附录二土木实训楼施工图中结构施工图。模板采用胶合板制作。试计算以下10.500m层水平梁的模板工程量，并填写分部分项工程量清单表。

1）WKL1模板；2）WKL11模板；3）WKL12模板。

解：（1）WKL1模板

$[(0.55m-0.15m)\times2+0.3m]\times(20.85m-0.45m\times3-0.50m\times2)=20.35m^2$

（2）WKL11模板

$[(0.55m-0.15m)\times2+0.25m]\times(15.15m\times2-0.45m\times6-0.50m\times2)=27.93m^2$

（3）WKL12模板

$[(0.55m-0.15m)\times2+0.25m]\times(2.1m+3.9m-0.45m)=5.83m^2$

（4）矩形梁模板工程量合计

$20.35m^2+27.93m^2+5.83m^2=54.11m^2$

分部分项工程量清单表

工程名称：土木实训楼

项 目 编 码	项目名称	项目特征	计量单位	工程量
011702006001	矩形梁	1. 材料:胶合板模板 2. 支撑:钢支撑	m^2	54.11

附录二

土木实训楼施工图

建筑设计说明（一）

图纸目录

序号	图号	图纸名称
1	建施 01	图纸目录　建筑设计说明(一)
2	建施 02	建筑设计说明(二)
3	建施 03	建筑设计说明(三)
4	建施 04	建筑设计说明(四)
5	建施 05	露台扶手、栏板详图,室外台阶做法
6	建施 06	一层平面图
7	建施 07	二层平面图
8	建施 08	三层平面图
9	建施 09	闷顶平面图、C1618 详图、挑檐详图
10	建施 10	屋顶平面图
11	建施 11	南立面图
12	建施 12	北立面图
13	建施 13	西立面图、室外散水做法、接待室吊顶图、大厅吊顶图
14	建施 14	楼梯详图

一、工程概况

工程名称	土木实训楼	设计单位	××设计有限公司
工程地址	××市城区	建设单位	×市建筑工程学校
建筑总层数	3 层	勘察单位	××勘察设计院
总建筑面积/m^2	953.26	设计使用年限	50 年
耐火等级	三级	抗震等级	三级
檐口高度/m	10.90	基础形式	钢筋混凝土独基、筏基
建筑总高度/m	16.25	结构形式	框架结构
抗震设防烈度	七度	抗震类别	丙类

室外地坪-0.40m；一层室内标高±0.000，相当于绝对高程 21.80m；室内外高差 0.40m

二、墙体工程

1）外墙厚 240mm，采用煤矸石多孔砖，M5.0 混合砂浆砌筑。

2）楼梯间、厕所、洗漱间墙体厚度 240mm，采用煤矸石多孔砖，M5.0 混合砂浆砌筑；其他内墙厚 180mm 煤矸石空心砖，M5.0 混合砂浆砌筑。

3）三层建筑节能实验室与数字建筑实验室之间为 100mm 厚硅镁多孔墙板。

4）阳台墙为 180mm 煤矸石空心砖，M5.0 混合砂浆砌筑。

5）闷顶内墙厚度 180mm，采用加气混凝土砌块，M5.0 混合砂浆砌筑。

三、室外装修说明

1. 屋面做法

1）黏土红色平瓦（387×218）和脊瓦（455×195）。

2）20mm 厚 1：3 水泥抹灰砂浆。

3）2mm 厚聚合物复合改性沥青防水涂料。

4）35mm 厚 C20 细石混凝土找平层（内配Φ4@ 150mm×150mm 钢筋网与屋面板预埋Φ10 钢筋头绑牢）。

5）喷 50mm 厚聚氨酯发泡剂保温层。

6）钢筋混凝土屋面板，预埋Φ10 钢筋头，间距双向 900mm，伸出保温隔热层 30mm。

2. 外墙做法

1）外墙面喷刷橘黄色（勒脚喷深灰色）丙烯酸涂料，满刮腻子两遍。

2）1：3 水泥抹灰砂浆打底厚 9mm。

3）1：2 水泥抹灰砂浆面层厚 6mm。

3. 其他

屋面排水管为 ϕ100 白色 PVC 管，下端离室外地坪 200mm。

工程名称	土木实训楼
图名	建筑设计说明（一）
图号	建施 01

建筑设计说明（二）

四、室内装修设计

1. 室内装修组合

层号	房间名称	楼地面	踢脚	墙裙	墙面	天棚
一层	大厅	地面 1		墙裙 1	墙面 1	天棚 2(吊顶)
	办公室	地面 2	踢脚 1		墙面 1	天棚 1
	实验室	地面 3	踢脚 2		墙面 1	天棚 1
	走廊、楼梯间	地面 3		墙裙 1	墙面 1	天棚 4
	厕所、洗漱间	地面 4		墙裙 3	墙面 1	天棚 4
	楼梯段、中间平台	楼面 1		墙裙 1	墙面 1	天棚 4
二层 三层	接待室	楼面 2	踢脚 3		墙面 2	天棚 3(吊顶)
	办公室	楼面 3	踢脚 1		墙面 1	天棚 1
	实验室、测试室	楼面 4	踢脚 2		墙面 1	天棚 1
	活动室	楼面 4		墙裙 1	墙面 1	天棚 1
	走廊、楼梯间	楼面 4		墙裙 1	墙面 1	天棚 4
	楼梯段、中间平台	楼面 1		墙裙 1	墙面 1	天棚 4
	阳台	楼面 3	踢脚 1		墙面 1	天棚 4
	露台	楼面 4		墙裙 2	墙面 3	
	厕所、洗漱间	楼面 5		墙裙 3	墙面 1	天棚 4

注：1. 所有的外墙外窗台做法同外墙面做法。
2. 走廊、楼梯间、厕所、洗漱间的内窗台做法同墙裙 1，门窗框宽度为 60mm。

2. 室内做法明细

编号	装修名称	分层做法说明
地面 1	大理石地面	20mm 厚大理石板，灌稀水泥浆（或掺色）擦缝 撒素水泥面（撒适量清水） 30mm 厚 1：3 干硬性水泥砂浆黏结层 素水泥浆一道（内掺建筑胶） 50mm 厚 C15 混凝土垫层 素土夯实，压实系数大于等于 0.90

（续）

编号	装修名称	分层做法说明
地面 2	地板砖地面	铺 10mm 厚 800mm×800mm 全瓷防滑地砖，稀水泥浆擦缝 5mm 厚素水泥砂浆黏结层 30mm 厚 1：3 干硬性水泥砂浆黏结层 50mm 厚 C15 混凝土垫层 素土夯实，压实系数大于等于 0.90
地面 3	水泥砂浆地面	20mm 厚 1：2 水泥砂浆抹面 50mm 厚 C15 混凝土垫层 素土夯实，压实系数大于等于 0.90
地面 4	地板砖地面	铺 10mm 厚 500mm×500mm 全瓷防滑地砖，稀水泥浆擦缝 5mm 厚建筑胶水泥砂浆黏结层 30mm 厚 1：2.5 水泥砂浆找平 50mm 厚 C15 混凝土垫层 素土夯实，压实系数大于等于 0.90
楼面 1	水泥砂浆面层	20mm 厚 1：2 水泥浆抹面（含侧面）
楼面 2	木地板楼面	铺 10mm 厚木地板 40mm 厚 C20 细石混凝土
楼面 3	地板砖楼面	铺 10mm 厚 800mm×800mm 全瓷地砖，稀水泥浆擦缝 5mm 厚素水泥砂浆黏结层 35mm 厚 1：3 干硬性水泥砂浆
楼面 4	水泥砂浆楼面	20mm 厚 1：2 水泥砂浆抹面 30mm 厚 C20 细石混凝土
楼面 5	地板砖楼面	铺 10mm 厚 500mm×500mm 全瓷防滑地砖，稀水泥浆擦缝 5mm 厚素水泥砂浆黏结层 20mm 厚 1：2.5 水泥砂浆找平 35mm 厚 C20 细石混凝土
踢脚 1	地板砖踢脚	地板砖踢脚（和室内地砖同规格）高 100mm 5mm 厚素水泥砂浆黏结层 10mm 厚 1：2.5 水泥砂浆黏结层

工程名称	土木实训楼
图名	建筑设计说明（二）
图号	建施 02

建筑设计说明（三）

（续）

编号	装修名称	分层做法说明
踢脚 2	水泥砂浆踢脚	踢脚高度 100mm 6mm 厚 1：2 水泥砂浆压实抹光 6mm 厚 1：3 水泥砂浆打底
踢脚 3	木地板踢脚	木地板踢脚高 80mm
墙裙 1	面砖墙裙	贴 200mm×300mm 墙面瓷砖高 1500mm，稀水泥浆擦缝 5mm 厚建筑胶水泥砂浆黏结层 15mm 厚 1：3 水泥抹灰砂浆
墙裙 2	水泥砂浆墙裙	1：2 水泥抹灰砂浆面层厚 6mm，抹面高 550mm 1：3 水泥抹灰砂浆打底厚 9mm
墙裙 3	面砖墙裙	贴 200mm×300mm 墙面瓷砖高 1530mm，稀水泥浆擦缝 5mm 厚建筑胶水泥砂浆黏结层 15mm 厚 1：3 水泥抹灰砂浆
墙面 1	乳胶漆墙面	刷乳胶漆二遍，满刮成品腻子两遍 9mm 厚 1：1：6 水泥石灰抹灰砂浆 6mm 厚 1：0.5：3 水泥石灰抹灰砂浆
墙面 2	壁纸墙面	用乳胶贴对花墙纸，满刮成品腻子两遍 2：1：8 水泥石灰膏砂浆厚 7mm 1：1：6 水泥石灰膏砂浆厚 7mm 麻刀石灰浆厚 3mm
墙面 3	水泥砂浆墙面	喷橘黄色丙烯酸外墙涂料，满刮腻子两遍 1：3 水泥抹灰砂浆打底厚 9mm 1：2 水泥抹灰砂浆面层厚 6mm
棚 1	水泥砂浆顶棚	刷乳胶漆二遍，顶棚四角（梁板交界）处贴 100mm×100mm 石膏线 满刮成品腻子两遍 7mm 厚 1：3 水泥砂浆面层 7mm 厚 1：2.5 水泥砂浆打底
天棚 2（吊顶）	钙塑板顶棚（一级天棚）	钙塑板（安在 T 型铝合金上）面层 T 型（不上人）铝合金龙骨，间距 600mm×600mm
天棚 3（吊顶）	石膏板顶棚（三级天棚）	刷乳胶漆二遍，满刮成品腻子两遍 细木工板基层，纸面石膏板面层 方木龙骨三级单层顶棚（成品）

（续）

编号	装修名称	分层做法说明
天棚 4	水泥砂浆顶棚	刷乳胶漆二遍，满刮成品腻子两遍 7mm 厚 1：3 水泥砂浆找平 7mm 厚 1：2.5 水泥砂浆打底

注：阳台底面及雨棚底面顶棚装饰采用天棚 4 做法。

五、门窗明细表

类别	名称	数量	宽度	高度	过梁	材料做法
门	M3229	1	3200	2950	无	半玻自由门：白松制作，门总尺寸为 3100mm×2200mm，钢化玻璃厚 6mm。带上亮，普通玻璃厚 3mm。刷底油一遍，红色调和漆三遍
门	M1224	2	1200	2400	GL2	铝合金双扇地弹门：钢化玻璃 6mm，铝合金型材（银白色）70 系列
门	M1024	13	1000	2400	GL1	无纱带亮玻璃镶木板门：青松门框、白松门，安普通门锁，玻璃厚 3mm，刷底油一遍，橘黄色调和漆三遍。门框厚度为 50mm，门高度为 2100mm
门	M0924	6	900	2400	GL1	
门	M0921	3	900	2100	GL1	无纱无亮玻璃镶木板门：青松门框、白松门，无门锁，玻璃厚 3mm，刷底油一遍，橘黄色调和漆三遍
门	M1021	1	1000	2100	无	
门洞	QD1224	3	1200	2400	GL2	洗漱间门洞
门洞	QD1215	7	1200	1500	GL2	闷顶门洞
门洞	QD1227	2	1200	2700	GL2	闷顶门洞

工程名称	土木实训楼
图名	建筑设计说明（三）
图号	建施 03

建筑设计说明(四)

(续)

类别	名称	数量	宽度	高度	过梁	材料做法
窗	C3021	4	3000	2100	无	铝合金推拉窗:90 系列型材(银白色)制作,平板玻璃厚为 5mm。窗洞宽度 3900mm 时为 4 扇窗;窗洞宽度 3000mm(2400mm)为 3 扇窗;其余的为 2 扇窗（见下方纱窗明细表）
窗	C2421	4	2400	2100	无	
窗	C1521	4	1500	2100	无	
窗	C1221	6	1200	2100	无	
窗	C3922	1	3900	2250	无	
窗	C1815	2	1800	1500	GL2	
窗	C3018	2	3000	1800	无	
窗	C2418	2	2400	1800	无	
窗	C1518	2	1500	1800	无	
窗	C1218	4	1200	1800	无	
异形窗	YCR500	2	$R=500$		GL3	闷顶圆形百叶窗无纱扇,采用塑钢制作,平板玻璃厚度为 5mm
异形窗	C1618	1	1600	1800	GL4	闷顶弧形推拉窗无纱扇,采用塑钢制作,平板玻璃厚度为 5mm
门联窗	MC1829	1	1800	2950	无	门 900mm × 2950mm,窗 900mm×2100mm,平开门(窗),制作同 M1024
门联窗	MC1827	1	1800	2750	无	铝合金单扇平开门:门 900mm×2750mm,双扇推拉窗 900mm×1800mm,材料同前面的铝合金门窗,纱门 860mm×2100mm,纱窗 430mm×1450mm

纱窗明细表

名称	尺寸(宽×高)
C3021	730mm×1650mm
C2421	780mm×1650mm
C1521	730mm×1650mm
C1221	580mm×1650mm
C3922	950mm×1650mm
C1815	880mm×1450mm
C3018	730mm×1740mm
C2418	780mm×1740mm
C1518	730mm×1740mm
C1218	580mm×1740mm

施工组织设计

1. 土石方工程

1) 反铲挖掘机挖基础土方（坚土），挖土弃于槽边 1m 以外，待基础、房心等回填用土完成后，若有余土，用人工装车，自卸汽车外运 2km，否则同距离取土内运。

2) 沟槽、坑边要人工夯填，室内地坪机械夯填。

3) 人工平整场地，基底钎探眼布置，基础垫层面积每平方米 1 个。

2. 砌筑墙体脚手架全部采用双排钢管脚手架

3. 混凝土全部为商混，模板采用胶合板模板，钢管支撑

4. 门窗在公司基地加工制作，运距 10km 以内

工程名称	土木实训楼
图名	建筑设计说明（四）
图号	建施 04

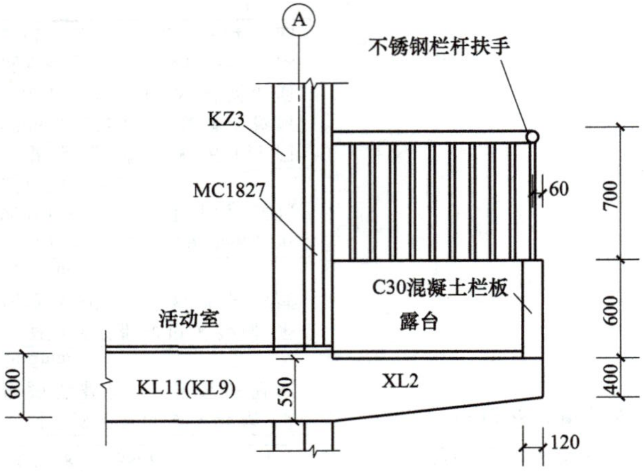

1/9 露台扶手、栏板详图 1:50

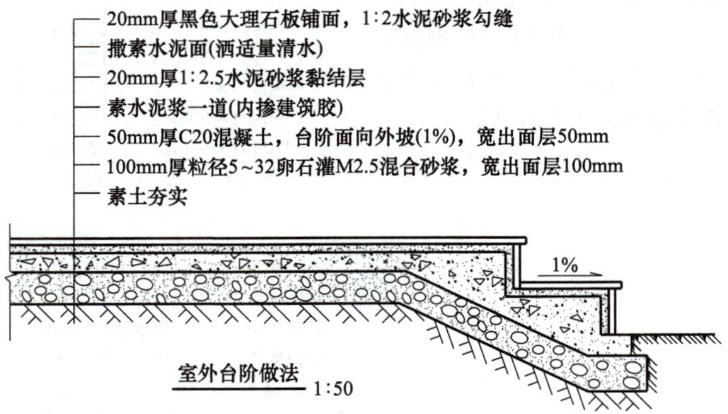

室外台阶做法 1:50

注：摘自国家标准设计图集 J909、G120 工程做法图集（2008 年建筑结构合订本）第 23 页台阶 10A

工程名称	土木实训楼
图名	露台扶手、栏板详图，室外台阶做法
图号	建施 05

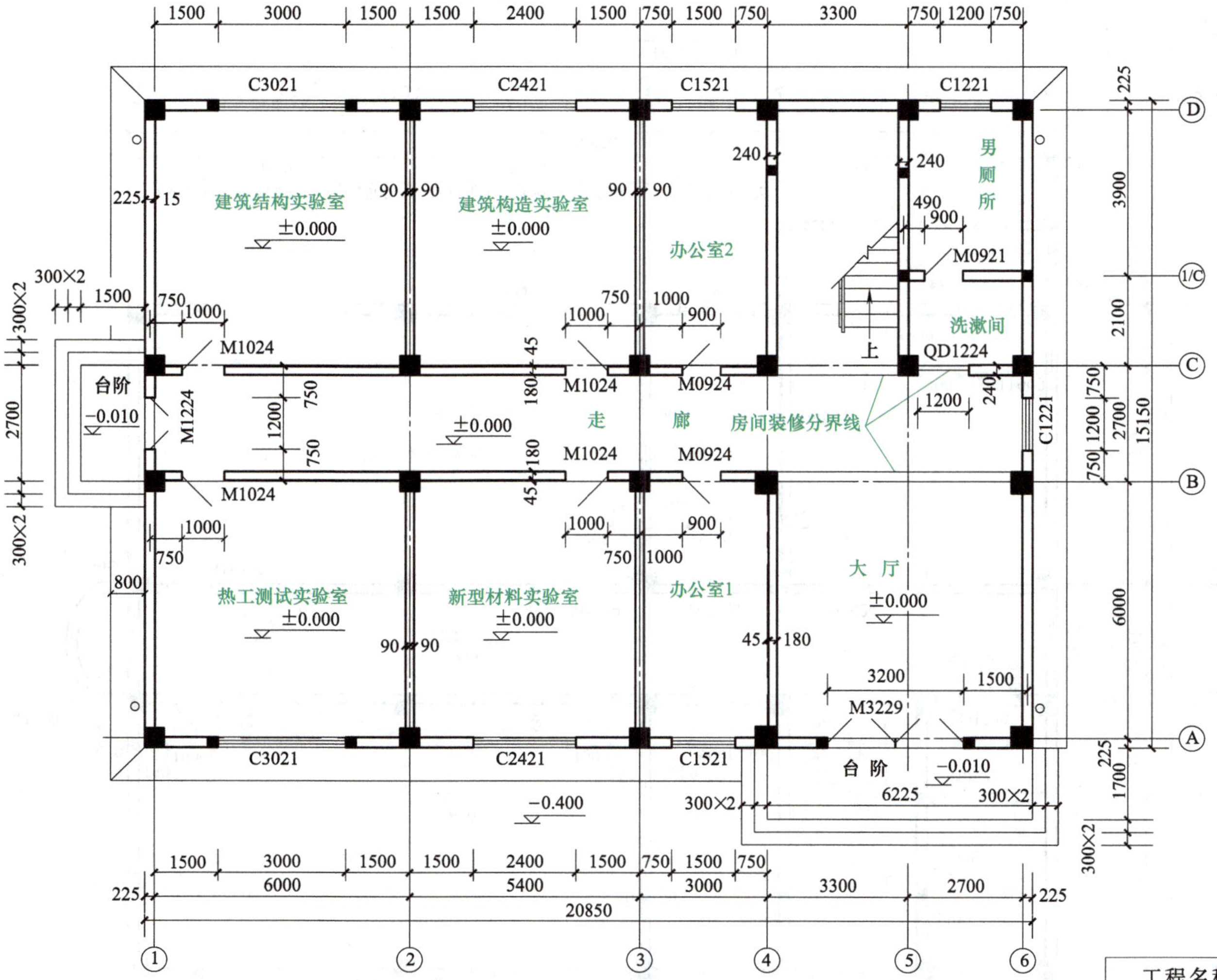

一层平面图　1∶100

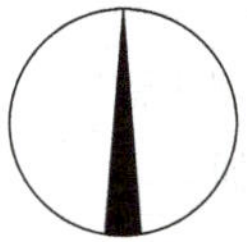

注：

1. 外墙厚 240mm，采用煤矸石多孔砖，M5.0 混合砂浆砌筑。
2. 楼梯间、厕所、洗漱间墙体厚度 240mm，采用煤矸石多孔砖，M5.0 混合砂浆砌筑；其他内墙厚 180mm，煤矸石空心砖，M5.0 混合砂浆砌筑。
3. 卫生间等用水房间地面均比其他房间低 30mm。
4. 室外台阶平台地面均比其他房间低 10mm。

工程名称	土木实训楼
图名	一层平面图
图号	建施 06

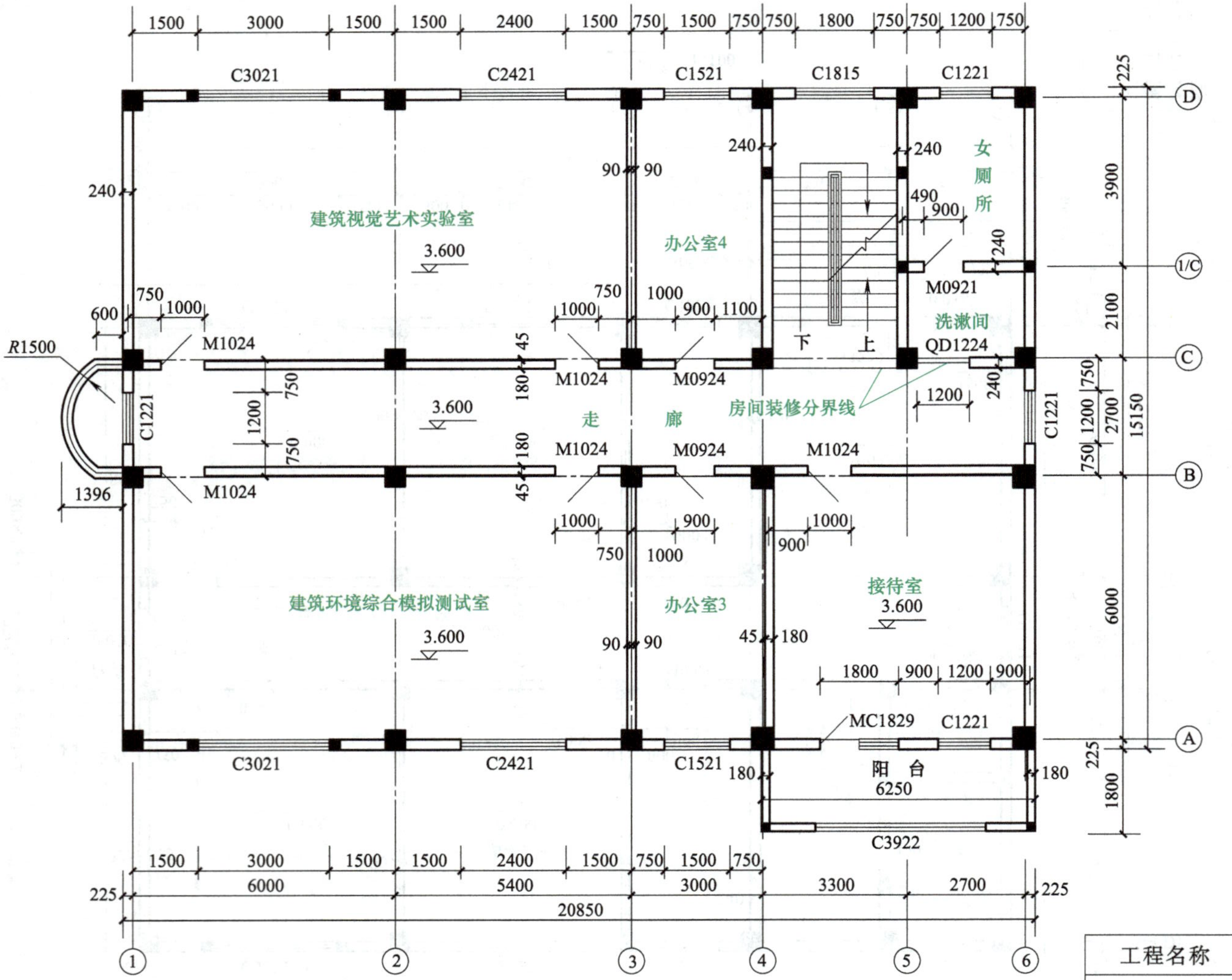

二层平面图　1:100

注：
1. 外墙厚 240mm，采用煤矸石多孔砖，M5.0 混浆砌筑。
2. 楼梯间、厕所、洗漱间墙体厚度 240mm，采用煤矸石多孔砖，M5.0 混合砂浆砌筑；其他内墙厚 180mm 煤矸石空心砖，M5.0 混合砂浆砌筑。
3. 卫生间等用水房间地面均比其他房间低 30mm。
4. 阳台外墙为 180mm 煤矸石空心砖，M5.0 混合砂浆砌筑；内墙厚度 240mm，采用煤矸石多孔砖，M5.0 混合砂浆砌筑。

工程名称	土木实训楼
图名	二层平面图
图号	建施 07

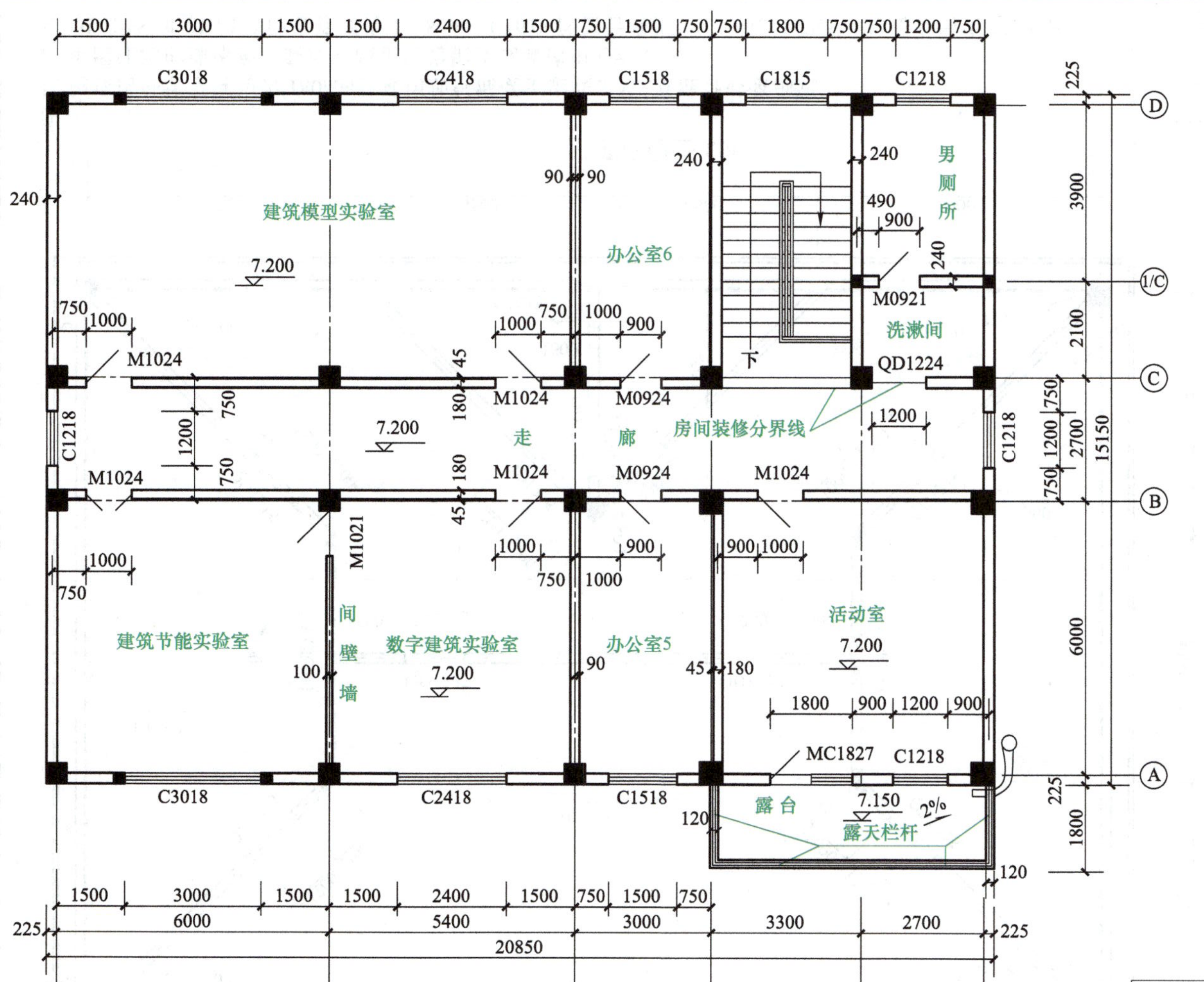

三层平面图 1:100

注：

1. 外墙厚 240mm，采用煤矸石多孔砖，M5.0 混合砂浆砌筑。
2. 楼梯间、厕所、洗漱间墙体厚度 240mm，采用煤矸石多孔砖，M5.0 混合砂浆砌筑；其他内墙厚 180mm 煤矸石空心砖，M5.0 混合砂浆砌筑。
3. 建筑节能实验室与数字建筑实验室之间为 100mm 厚硅镁多孔墙板。
4. 卫生间等用水房间楼面均比其他房间低 30mm。
5. 露台楼面均比其他房间低 50mm，露台栏板为混凝土制作，厚度为 120mm。

工程名称	土木实训楼
图名	三层平面图
图号	建施 08

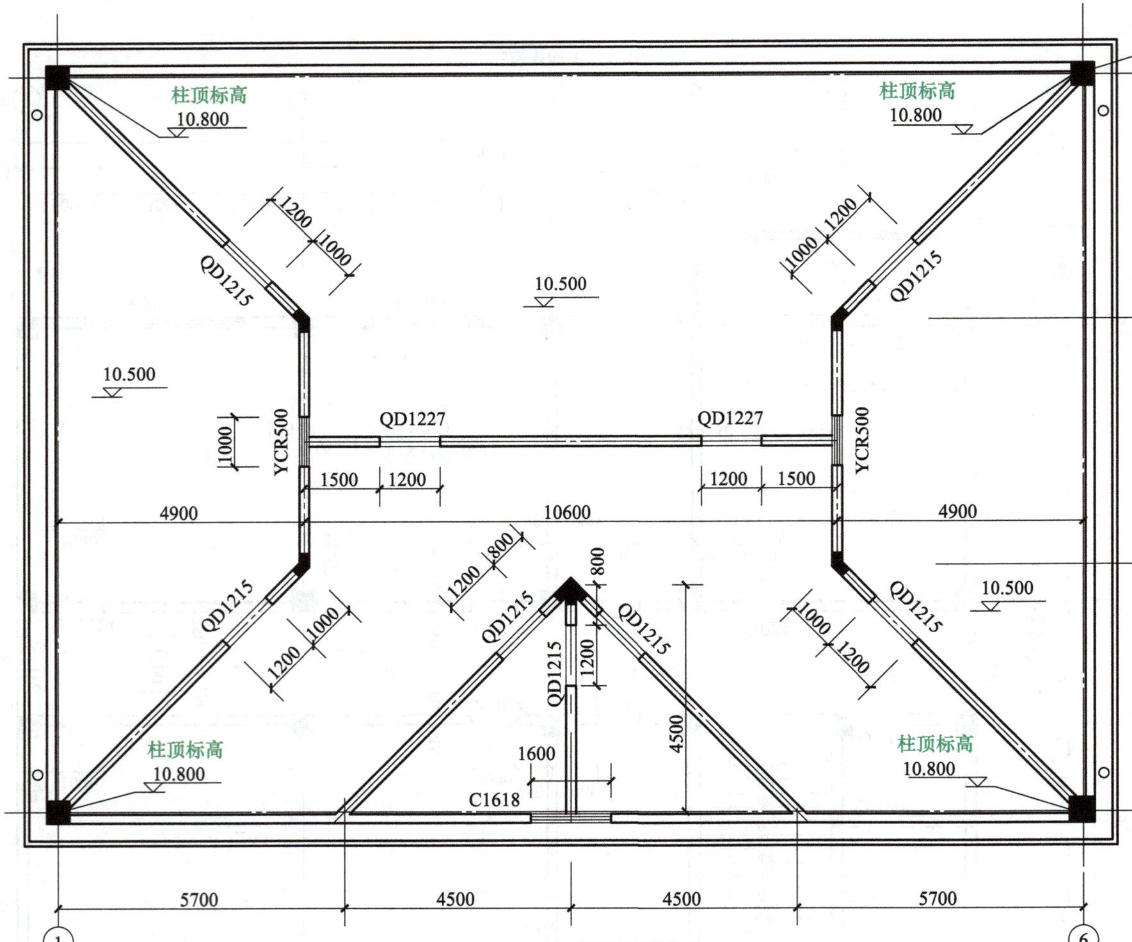

闷顶平面图 1:100

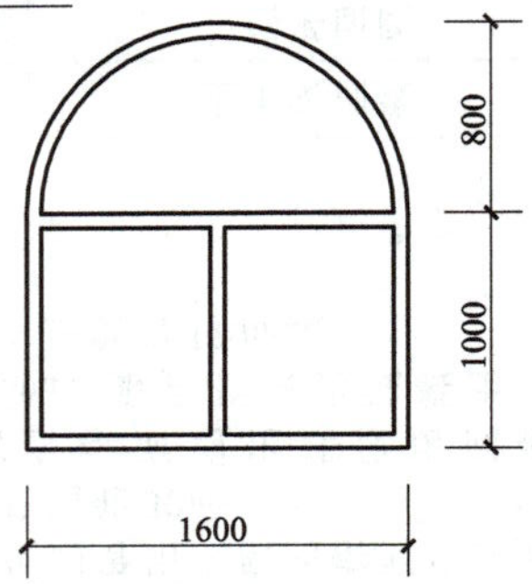

C1618 详图 1:50

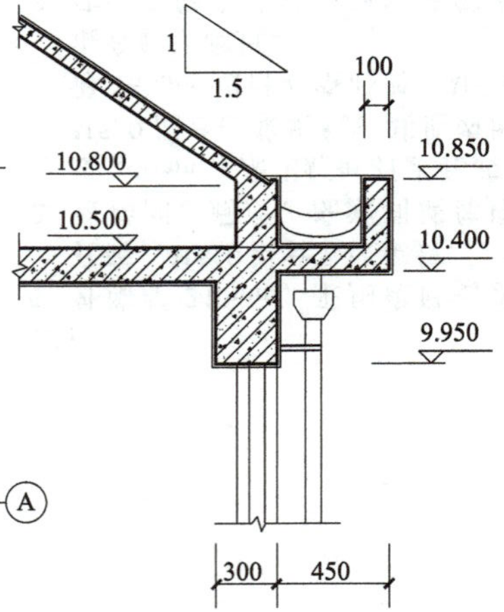

挑檐详图 1:50

注：
1. 闷顶内外墙厚度均为 180mm，采用加气混凝土砌块，M5.0 混合砂浆砌筑。
2. 本图注写的墙体和门洞尺寸起止均为轴线或墙体中心线。
3. QD1215 和 QD1227 的底标高为 10.80m；C1618 的窗台高为 11.10m；YCR500 的窗台高为 14.30m。

工程名称	土木实训楼
图名	闷顶平面图、G1618 详图、挑檐详图
图号	建施 09

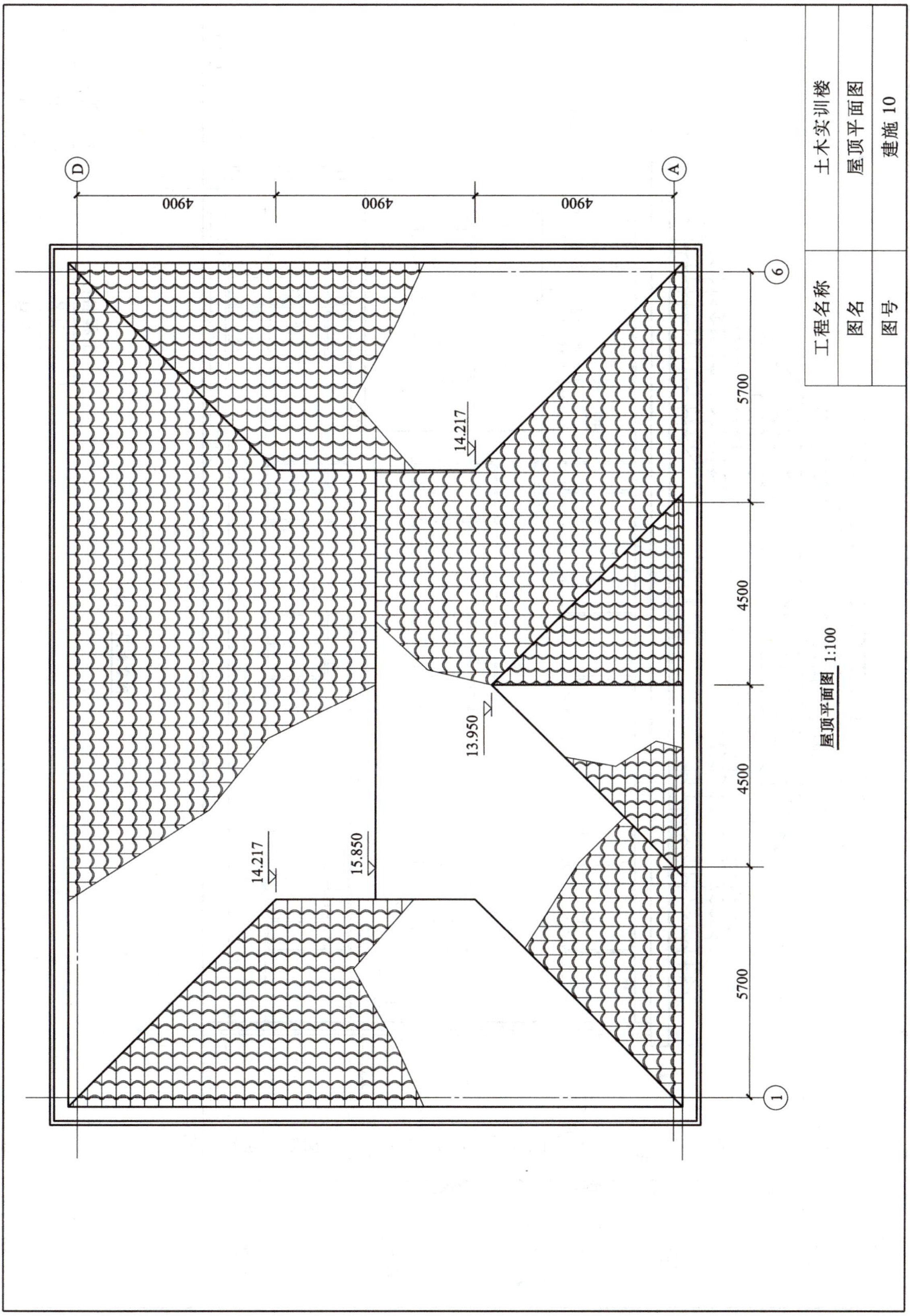

工程名称　土木实训楼
图名　屋顶平面图
图号　建施 10
D
A
1
6
4900
4900
4900
5700
4500
4500
5700
14.217
14.217
15.850
13.950
屋顶平面图 1:100

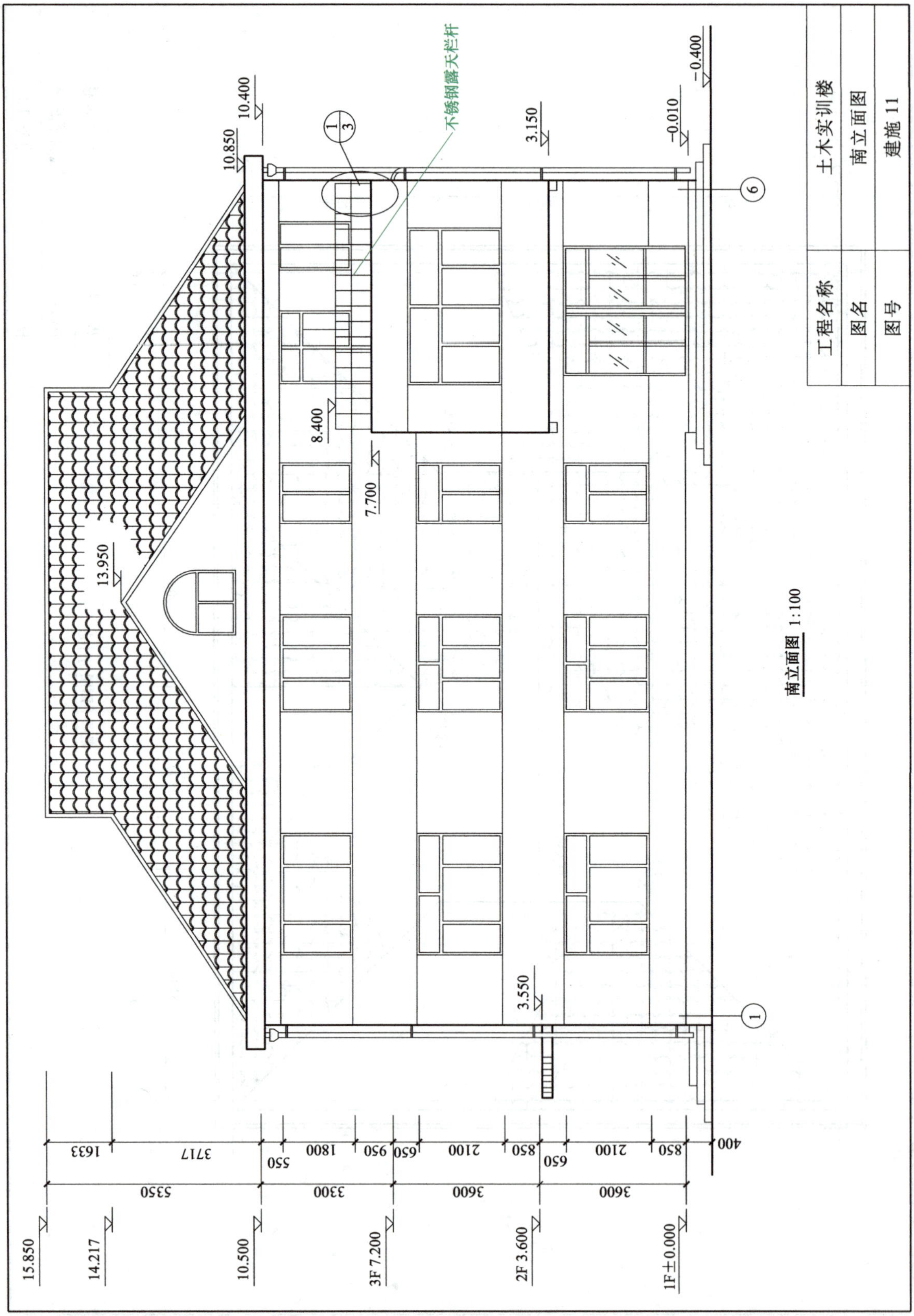

工程名称 土木实训楼
图名 南立面图
图号 建施 11
南立面图 1:100
不锈钢露天栏杆
1/3
10.850
10.400
3.150
−0.010
−0.400
8.400
7.700
13.950
3.550
6
1
400
850
2100
650
850
2100
650
950
1800
550
3717
1633
3600
3600
3300
5350
15.850
14.217
10.500
3F 7.200
2F 3.600
1F ±0.000

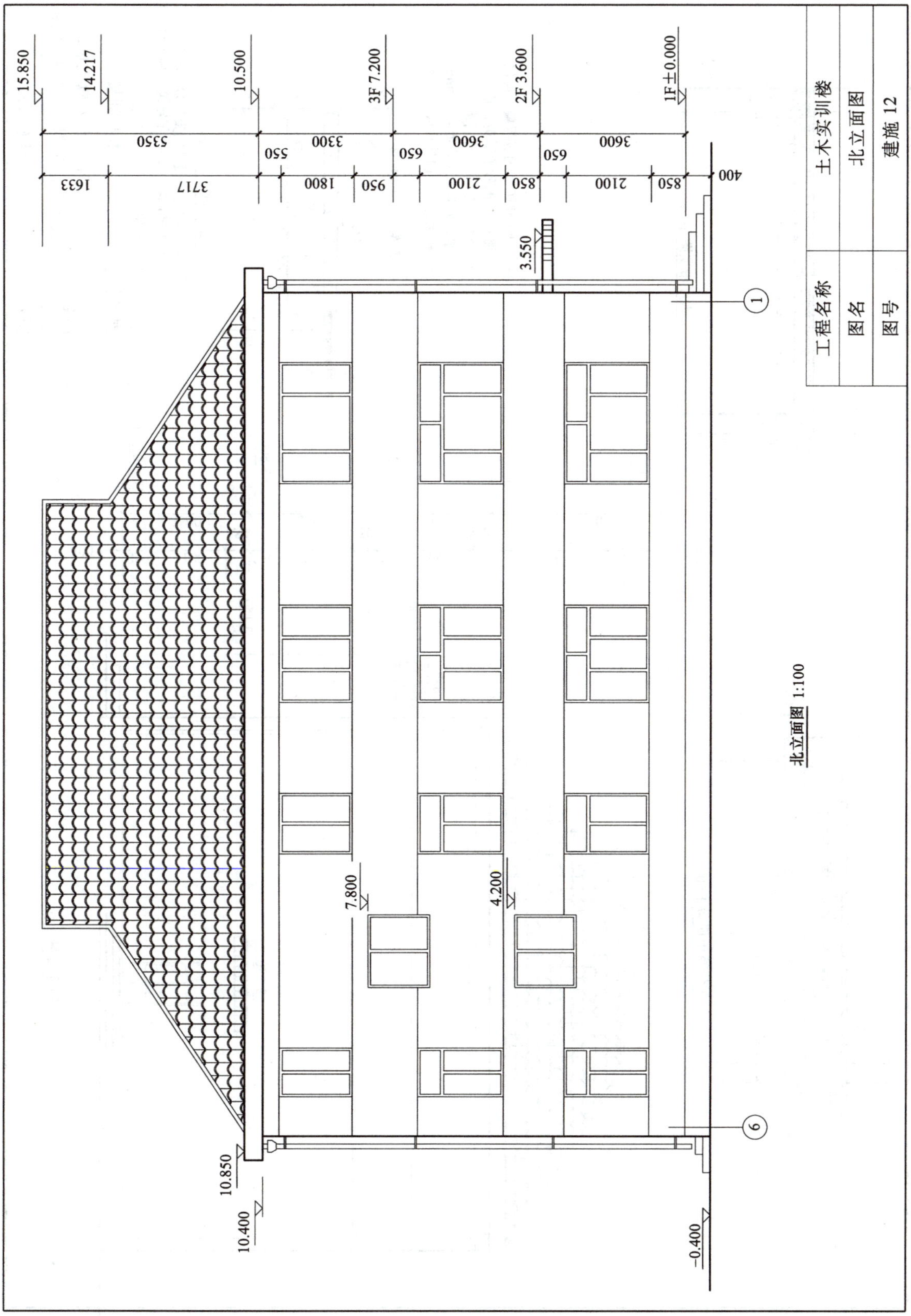
15.850
14.217
10.500
3F 7.200
2F 3.600
1F±0.000
5350
3300
3600
3600
550
650
650
1633
3717
1800
950
2100
850
2100
850
400
3.550
7.800
4.200
10.850
10.400
-0.400
1
6
北立面图 1:100
工程名称
土木实训楼
图名
北立面图
图号
建施 12

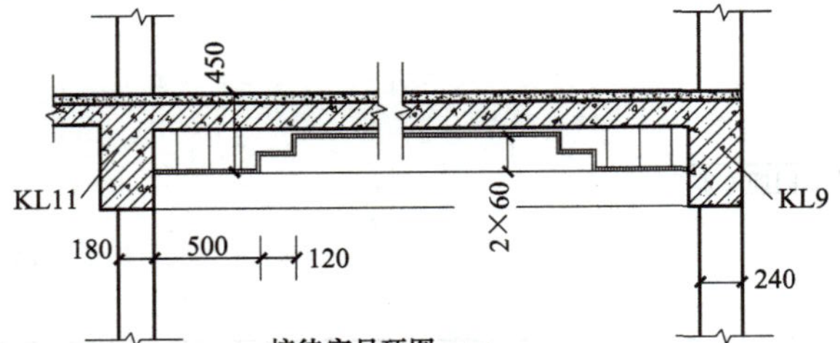

接待室吊顶图 1:50

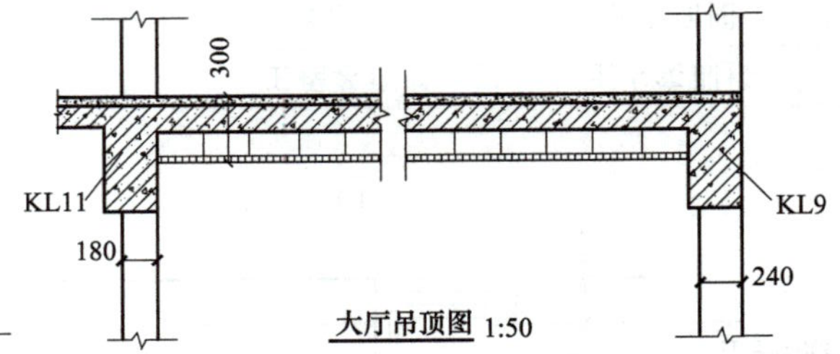

大厅吊顶图 1:50

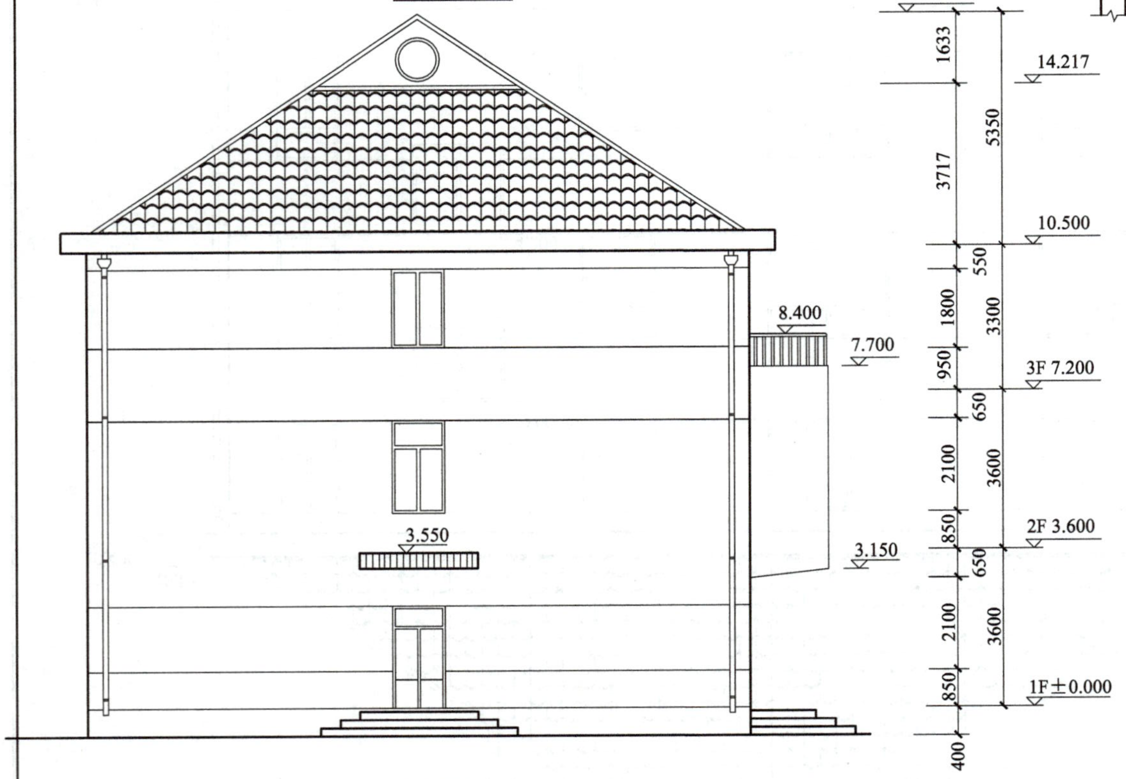

西立面图 1:100

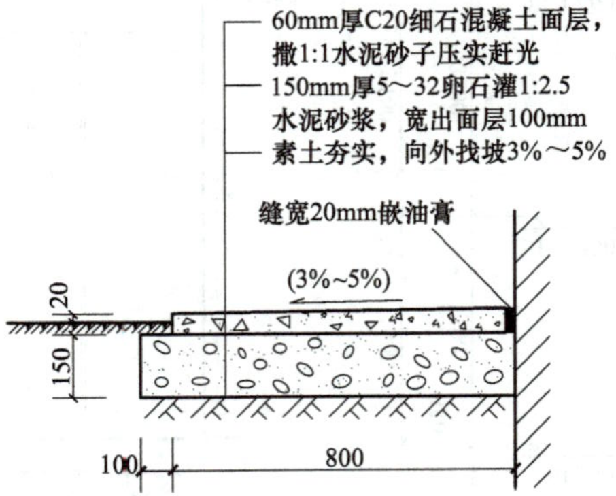

室外散水做法 1:50

注：摘自国家标准设计图集J909、G120
工程做法图集（2008年建筑结构合订本）
第32页散2A

工程名称	土木实训楼
图名	西立面图、室外散水做法、接待室吊顶图、大厅吊顶图
图号	建施 13

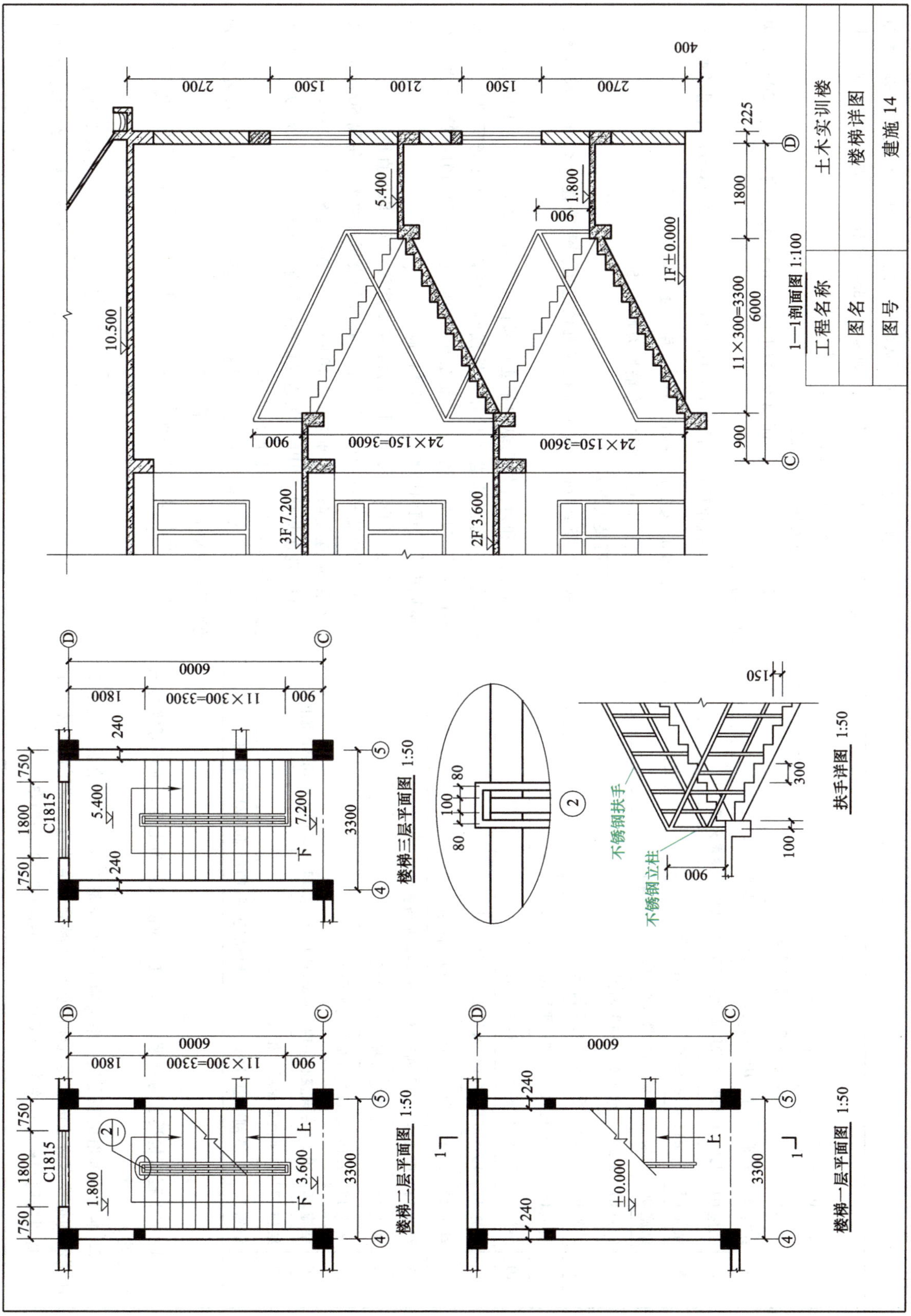
工程名称
土木实训楼
图名
楼梯详图
图号
建施 14
1—1剖面图 1:100
2700
1500
2100
1500
2700
400
225
1800
11×300=3300
6000
900
10.500
5.400
1.800
1F±0.000
24×150=3600
3F 7.200
2F 3.600
楼梯三层平面图 1:50
C1815
750
1800
240
3300
5.400
7.200
上
下
11×300=3300
楼梯二层平面图 1:50
3.600
楼梯一层平面图 1:50
±0.000
扶手详图 1:50
不锈钢扶手
不锈钢立柱
150
300
100
80

图 纸 目 录

序号	图号	图纸名称
1	结施 01	图纸目录,结构设计总说明
2	结施 02	露台栏板、GL1、GL2、挑檐配筋图
3	结施 03	基础平面图、DJ_P-1、地梁(DL)平面图及配筋图
4	结施 04	TJB_P-1、TJB_P-2、DJ_J-2、筏板(BPB)基础马凳系列图
5	结施 05	一层框架柱、楼梯柱、构造柱配筋图
6	结施 06	二层、三层框架柱、楼梯柱、构造柱配筋图
7	结施 07	3.550 层水平梁结构平面图
8	结施 08	3.550 层垂直梁结构平面图
9	结施 09	7.150 层水平梁结构平面图
10	结施 10	7.150 层垂直梁结构平面图
11	结施 11	10.500 层(屋面)水平梁结构平面图
12	结施 12	10.500 层(屋面)垂直梁结构平面图
13	结施 13	闷顶梁结构平面图、GZ5 和 GZ6 配筋图
14	结施 14	3.550 层现浇板板结构平面图
15	结施 15	7.150 层现浇板板结构平面图
16	结施 16	10.500 层现浇板结构平面图,TB1(TB2)、TL1、TL2、GL3 和 GL4 配筋图
17	结施 17	屋面板布置图及相关构造
18	结施 18	3—3 剖面图、TB1(TB2)楼梯板配筋图、PTL1 和 TZ1 配筋图

结构设计总说明

1. 本工程结构类型为框架结构，抗震设防烈度为七度，抗震等级为三级抗震。

2. 本工程采用钢筋混凝土结构施工图平面整体表示方法绘制，图中未注明的构造要求应按国家建筑标准设计《混凝土结构施工图平面整体表示方法制图规则和构造详图》（22G101-1、22G101-2、22G101-3）执行。

3. 混凝土强度等级：基础、基础梁、地梁（DL）框架柱、梯柱、框架梁、普通梁、现浇板、阳台、雨篷为 C35；楼梯、圈梁、过梁、构造柱、栏板、挑檐为 C30；垫层为 C20，其他为 C25。

4. 混凝土保护层厚度

板：15mm；梁（屋面圈梁 WQL）：20mm；柱（构造柱）：20mm；基础：40mm。

5. 钢筋抗拉压强度设计值：HPB300（Φ）$f_y=270\text{N/mm}^2$，用“Φ”表示；HRB400（Ф）$f_y=360\text{N/mm}^2$，用“Ф”表示。

6. 现浇板中未注明的分布筋均为Ф8@250。

7. 钢筋接头形式：

钢筋直径≥16mm 采用焊接或机械连接，钢筋直径<16mm 采用绑扎连接。

8. 边柱和角柱外侧纵向钢筋顶部锚固采用《22G101-1》P70 页 a 图，外侧纵向钢筋顶部锚固时分一批截断；柱内侧纵向钢筋顶部锚固采用 22G101-1 第 72 页②图，柱插筋在基础中锚固采用 22G101-3 第 66 页 c 图，在基础内设三道封闭箍筋（非复合箍）。

9. 梯柱（TZ）底部、顶部纵筋锚固均为 12d（纵筋直径）。

10. 砌块墙与框架柱及构造柱连接处均设置连接筋，每隔 500mm 高度配 2 根 Φ6 连接筋，并伸进墙内 1000mm，构造柱马牙槎伸入墙体 60mm。

11. 筏板基础（BPB）板边缘侧面按图集《22G101-3》P93 页（b）图处理，侧面钢筋锚固长度取 15d。

12. LB（WMB）的马凳的材料比底板钢筋降低一个规格，长度按板厚的两倍加 200mm 计算，每平方米 1 个。

13. 过梁长度设计未规定时，按门窗洞口宽度两端各加 250mm 计算。

工程名称	土木实训楼
图名	图纸目标，结构设计说明
图号	结施 01

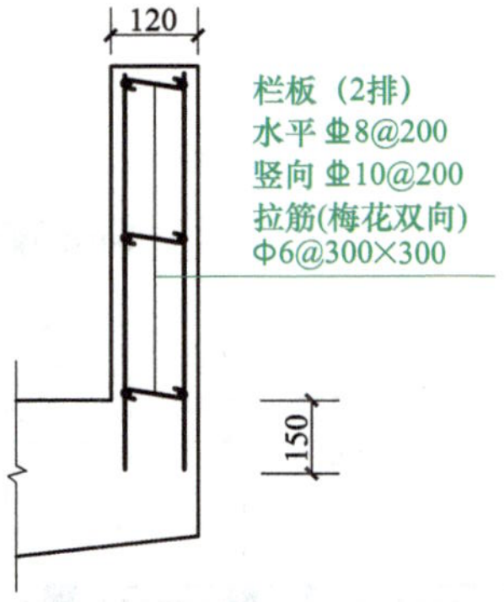

露台栏板配筋图 1:50

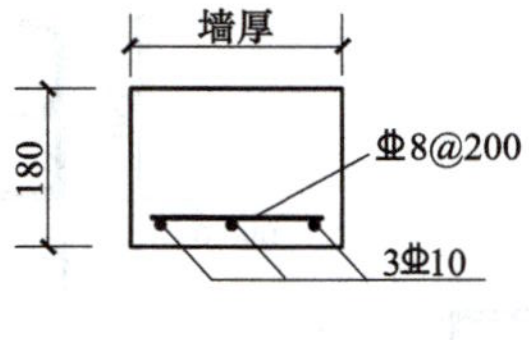

GL1配筋图 1:50

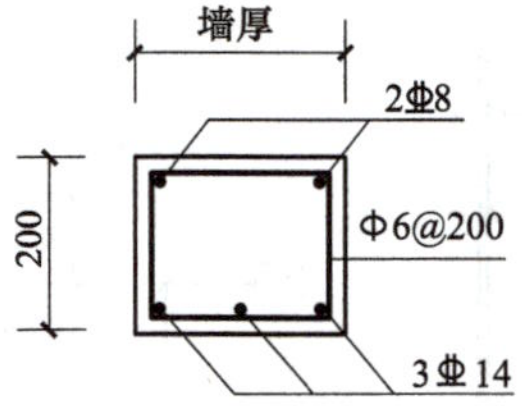

GL2配筋图 1:50

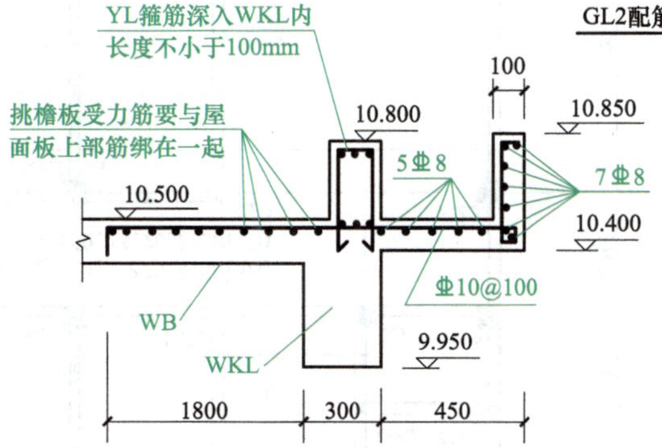

挑檐配筋图 1:50

工程名称	土木实训楼
图名	露台栏板、GL1、GL2、挑檐配筋图
图号	结施 02

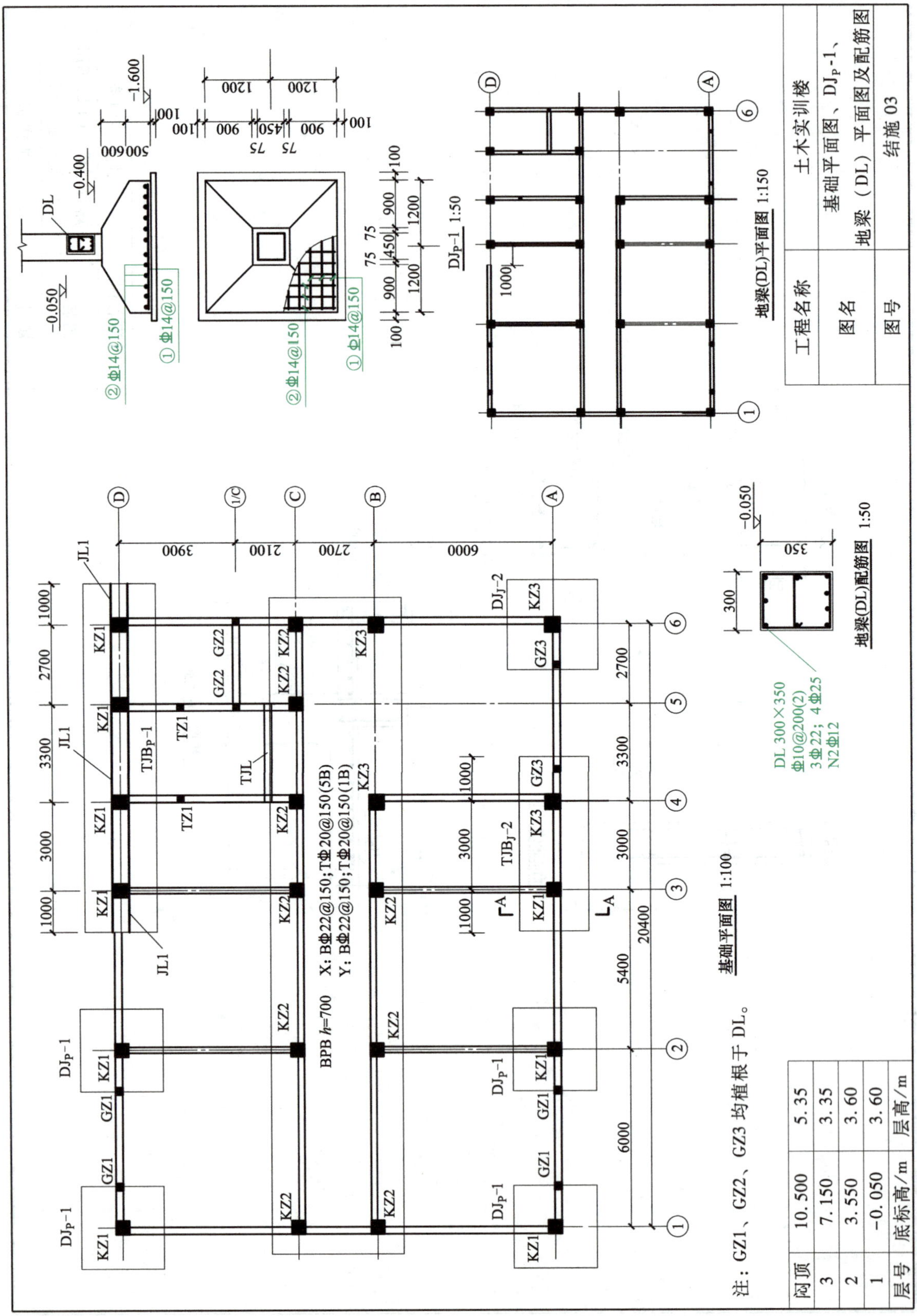

层号	底标高/m	层高/m
闷顶	10.500	5.35
3	7.150	3.35
2	3.550	3.60
1	−0.050	3.60

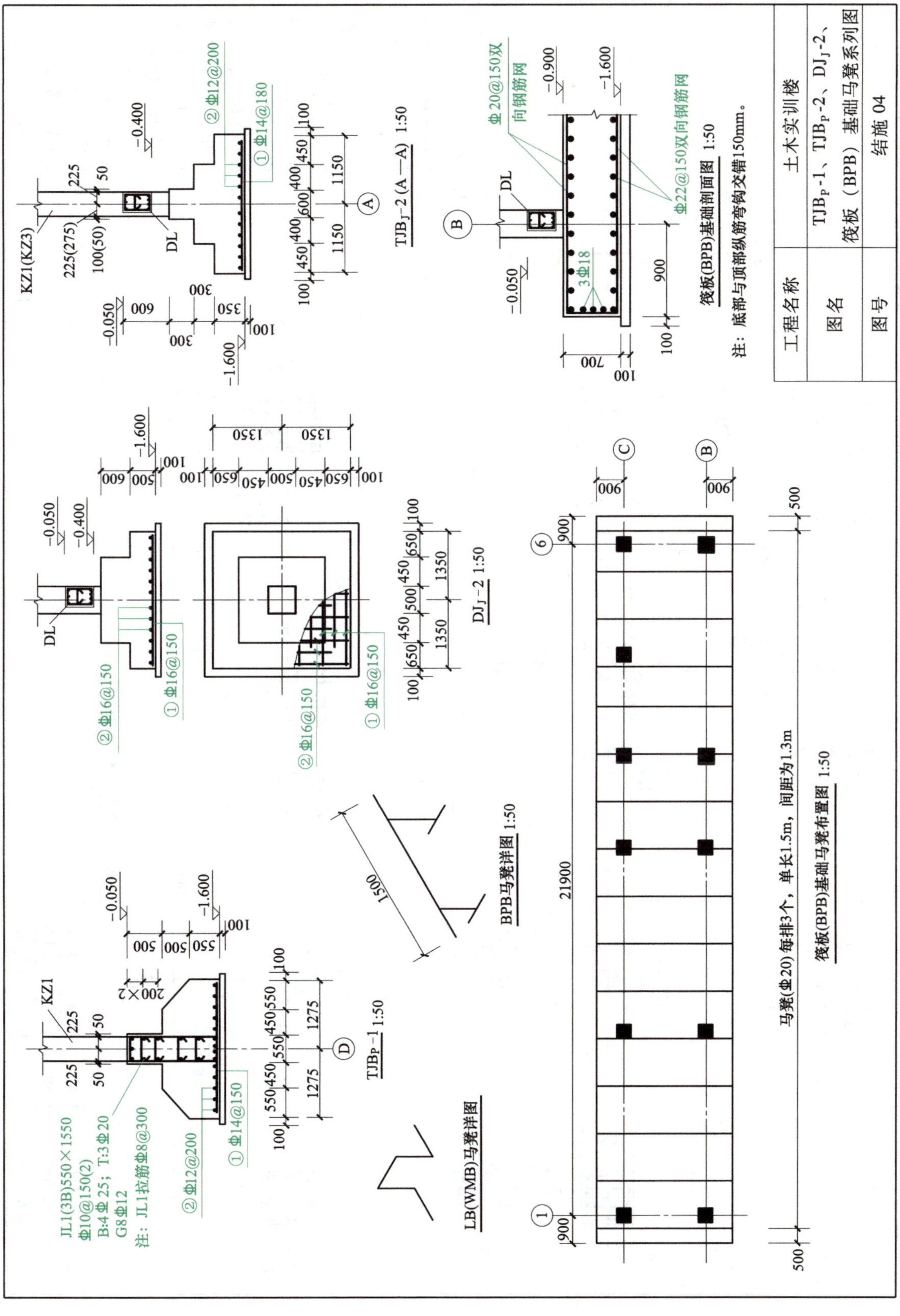

工程名称　土木实训楼
图名　TJB_P-1、TJB_P-2、DJ_J-2、筏板（BPB）基础马凳系列图
图号　结施 04
TJB_J-2 (A—A) 1:50
② ⌀12@200
① ⌀14@180
KZ1(KZ3)
DL
DJ_J-2 1:50
② ⌀16@150
① ⌀16@150
筏板(BPB)基础剖面图 1:50
⌀20@150双向钢筋网
⌀22@150双向钢筋网
3⌀18
注：底部与顶部纵筋弯钩交错150mm。
TJB_P-1 1:50
JL1(3B)550×1550
⌀10@150(2)
B:4⌀25；T:3⌀20
G8⌀12
注：JL1拉筋⌀8@300
② ⌀12@200
① ⌀14@150
LB(WMB)马凳详图
BPB马凳详图 1:50
马凳(⌀20)每排3个，单长1.5m，间距为1.3m
筏板(BPB)基础马凳布置图 1:50

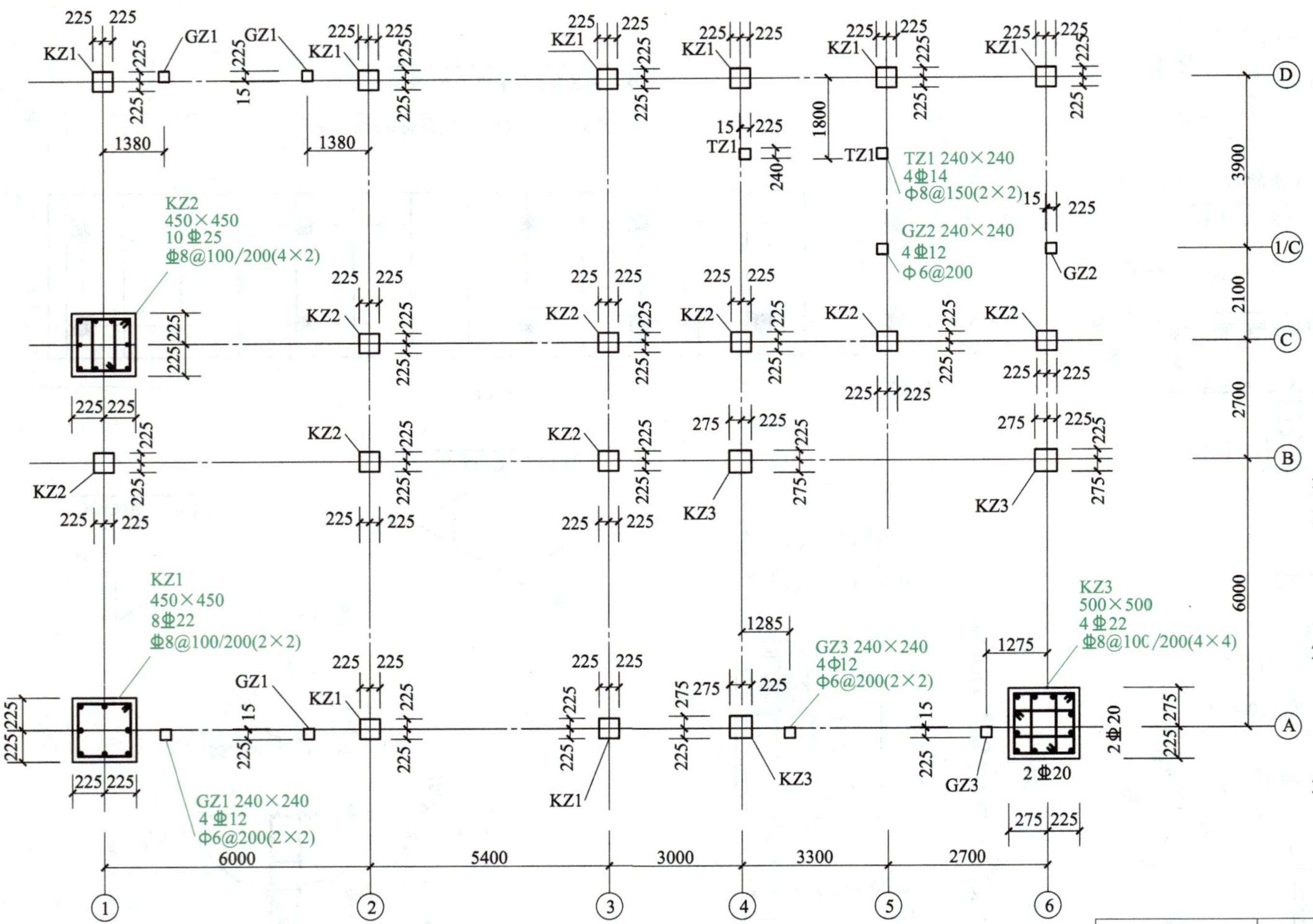

一层框架柱、楼梯柱、构造柱配筋图 1:100

注：

1. GZ1、GZ2 一至三层均设置，一层底植根于 DL，柱顶至 KL 底。
2. GZ3 只在第一层设置，柱底植根于 DL，柱顶至 KL1 底面。
3. TZ1 只在一、二层设置，一层柱底植根于 DL，柱顶至一层 PTL1 顶面。

层号	底标高/m	层高/m	层号	底标高/m	层高/m
2	3.550	3.60	闷顶	10.500	5.35
1	-0.050	3.60	3	7.150	3.35

工程名称	土木实训楼
图名	一层框架柱、楼梯柱、构造柱配筋图
图号	结施 05

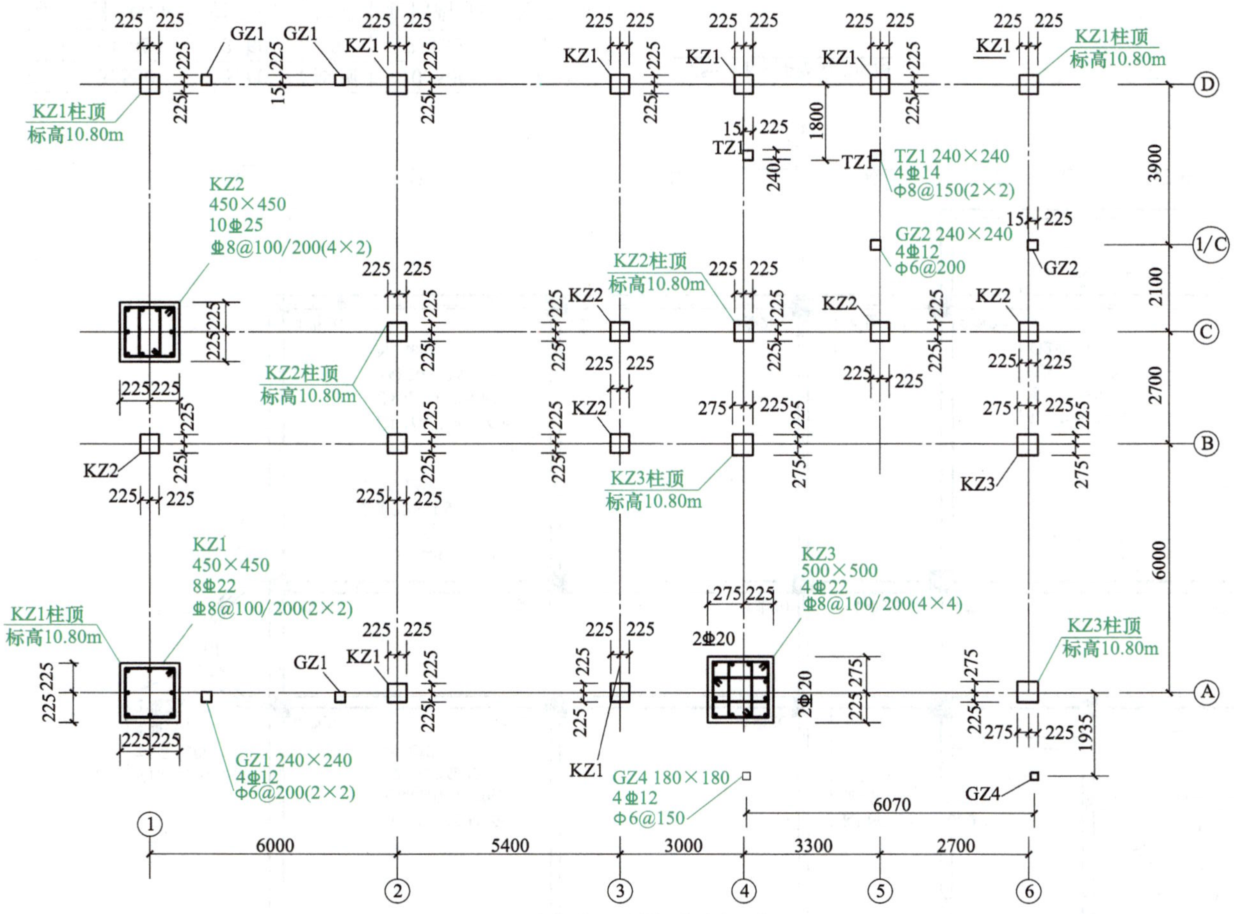

二层、三层框架柱、楼梯柱、构造柱配筋图 1:100

注：
1. GZ1、GZ2 一至三层均设置，柱底植根于下层 KL，柱顶至本层的 KL（WKL）底。
2. GZ4 只在第二层设置，柱底植根于 XL1，柱顶至 KL2 底面。
3. TZ1 只在一、二层设置，二层柱底植根于下层 KL，柱顶至二层 PTL1 顶面。
4. 图中未注明的 KZ 顶标高为 10.50m。

2	3.550	3.60	闷顶	10.500	5.35
1	-0.050	3.60	3	7.150	3.35
层号	底标高/m	层高/m	层号	底标高/m	层高/m

工程名称	土木实训楼
图名	二层、三层框架柱、楼梯柱、构造柱配筋图
图号	结施 06

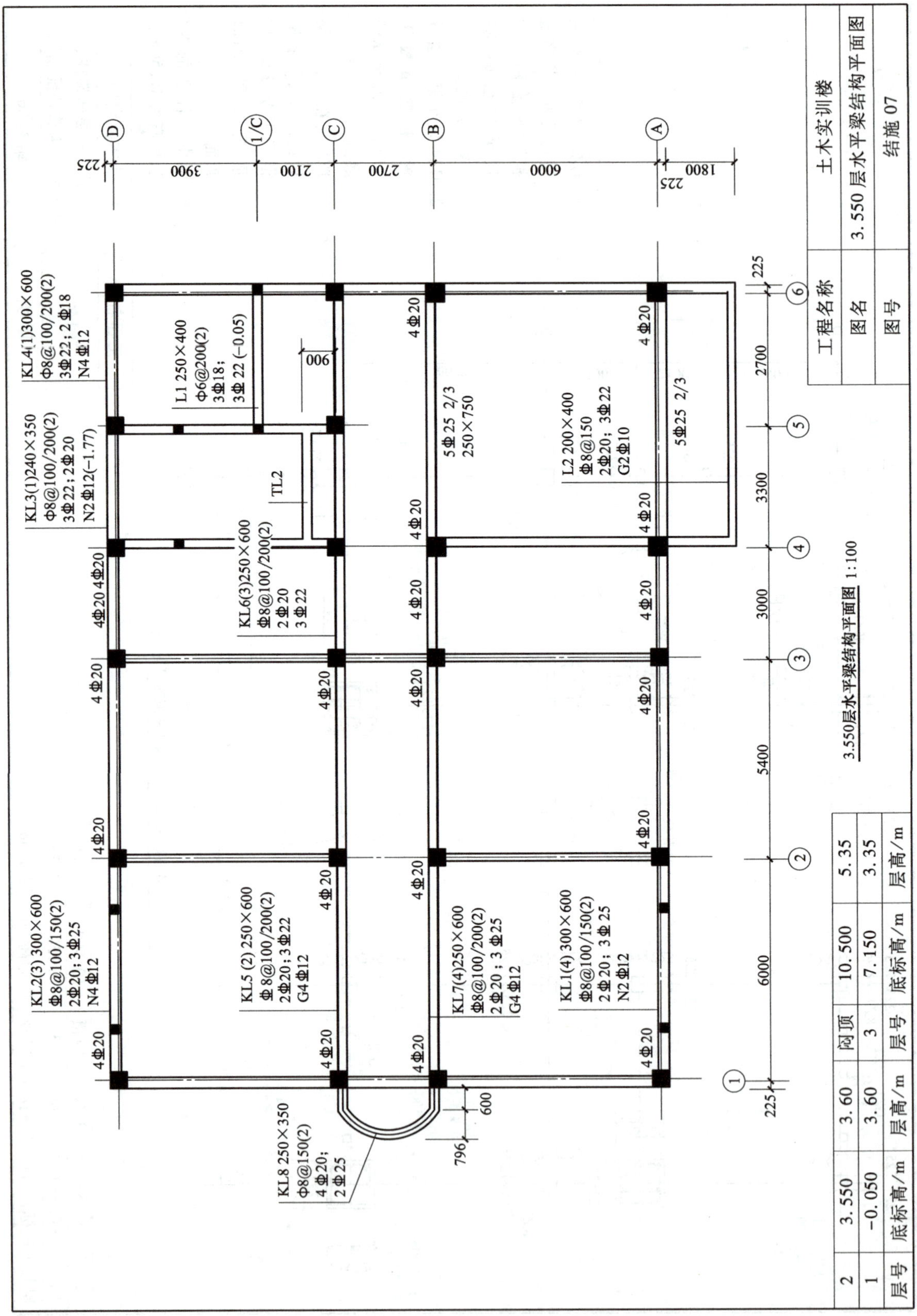

土木实训楼
3.550层水平梁结构平面图
结施07
工程名称
图名
图号
3.550层水平梁结构平面图 1:100
KL4(1)300×600 Φ8@100/200(2) 3Φ22；2Φ18 N4Φ12
KL3(1)240×350 Φ8@100/200(2) 3Φ22；2Φ20 N2Φ12(−1.77)
L1 250×400 Φ6@200(2) 3Φ18；3Φ22(−0.05)
KL6(3)250×600 Φ8@100/200(2) 2Φ20 3Φ22
TL2
5Φ25 2/3 250×750
L2 200×400 Φ8@150 2Φ20；3Φ22 G2Φ10
5Φ25 2/3
KL2(3) 300×600 Φ8@100/150(2) 2Φ20；3Φ25 N4Φ12
KL5 (2) 250×600 Φ8@100/200(2) 2Φ20；3Φ22 G4Φ12
KL7(4)250×600 Φ8@100/200(2) 2Φ20；3Φ25 G4Φ12
KL1(4) 300×600 Φ8@100/150(2) 2Φ20；3Φ25 N2Φ12
KL8 250×350 Φ8@150(2) 4Φ20；2Φ25
4Φ20
225 3900 2100 2700 6000 1800 225
225 2700 3300 3000 5400 6000 225
900 600 796
D 1/C C B A
1 2 3 4 5 6
2 | 3.550 | 3.60 | 10.500 | 5.35
1 | −0.050 | 3.60 | 3 | 7.150 | 3.35
层号 | 底标高/m | 层高/m | 层号 | 底标高/m | 层高/m
闷顶

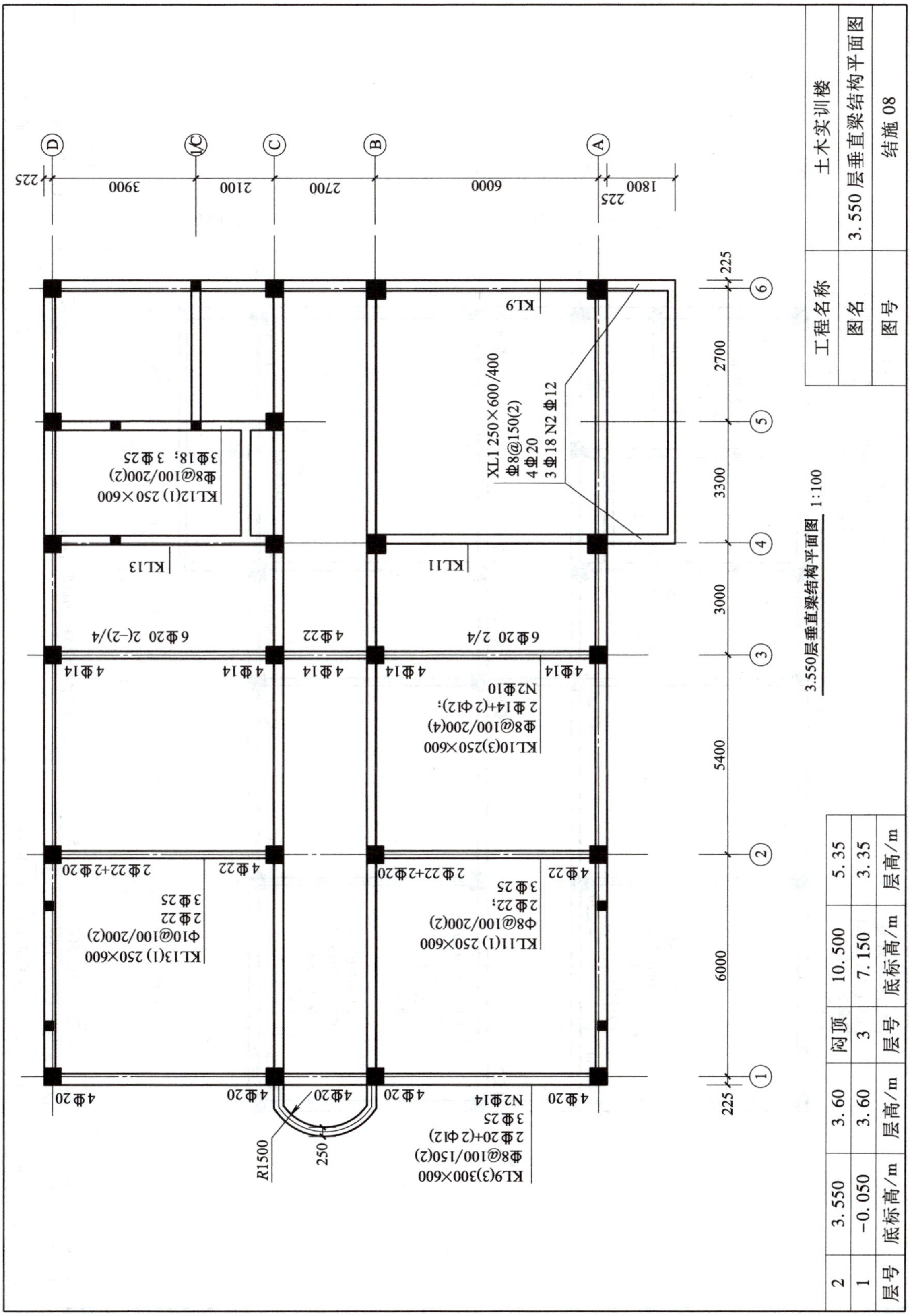
工程名称 土木实训楼
图名 3.550层垂直梁结构平面图
图号 结施08
3.550层垂直梁结构平面图 1:100
KL9(3)300×600
Φ8@100/150(2)
2Φ20+(2Φ12)
3Φ25
N2Φ14
KL10(3)250×600
Φ8@100/200(4)
2Φ14+(2Φ12);
N2Φ10
KL11(1) 250×600
Φ8@100/200(2)
2Φ22;
3Φ25
KL12(1) 250×600
Φ8@100/200(2)
3Φ18; 3Φ25
KL13(1) 250×600
Φ10@100/200(2)
2Φ22
3Φ25
XL1 250×600/400
Φ8@150(2)
4Φ20
3Φ18 N2Φ12
KL9
KL11
KL13
6Φ20 2/4
6Φ20 2(-2)/4
R1500
250
225 6000 5400 3000 3300 2700 225
225 3900 2100 2700 6000 225 1800
层号 | 底标高/m | 层高/m
1 | -0.050 | 3.60
2 | 3.550 | 3.60
3 | 7.150 | 3.35
闷顶 | 10.500 | 5.35

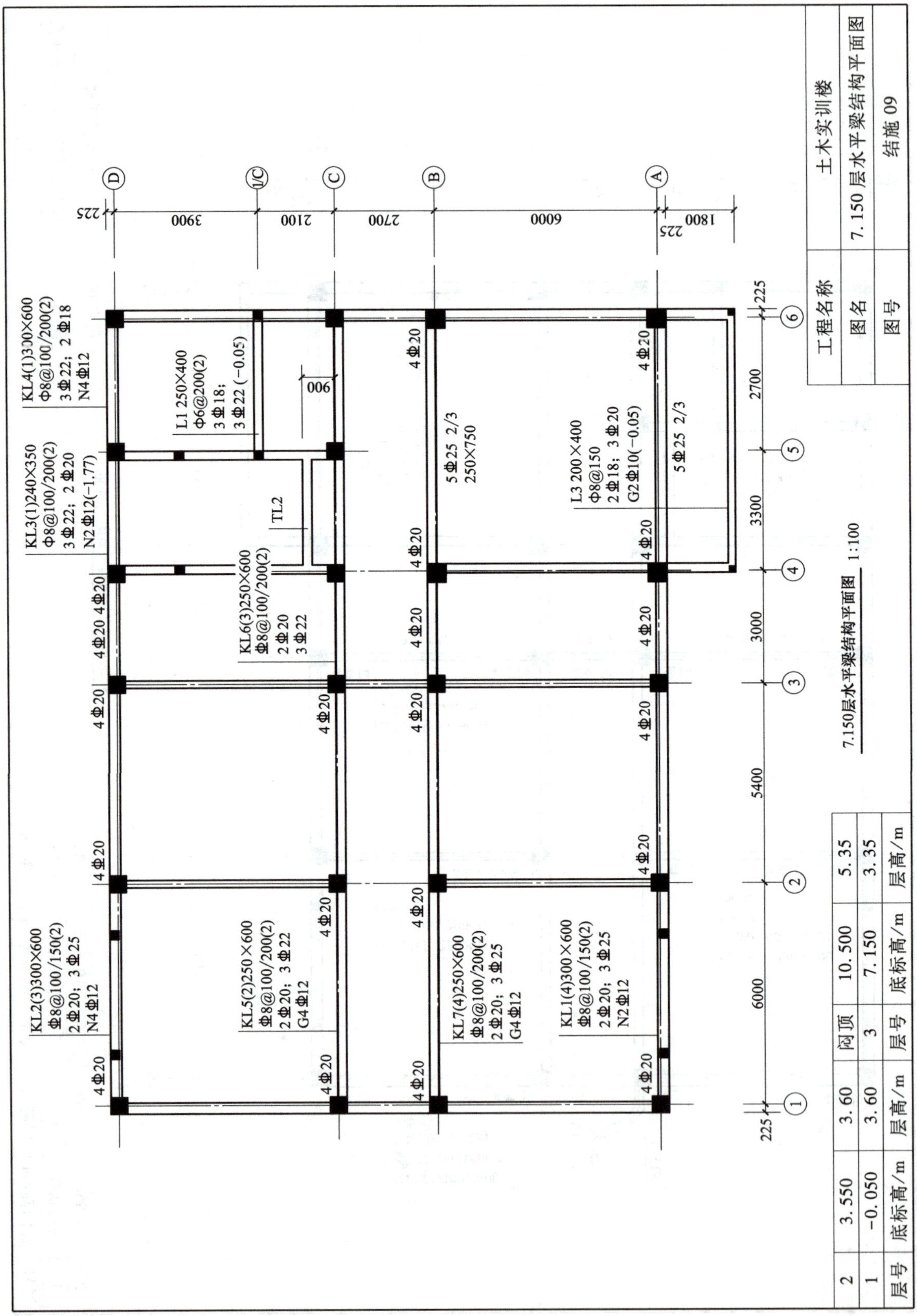

层号	底标高/m	层高/m	层号	底标高/m	层高/m
1	−0.050	3.60	3	7.150	3.35
2	3.550	3.60	闷顶	10.500	5.35

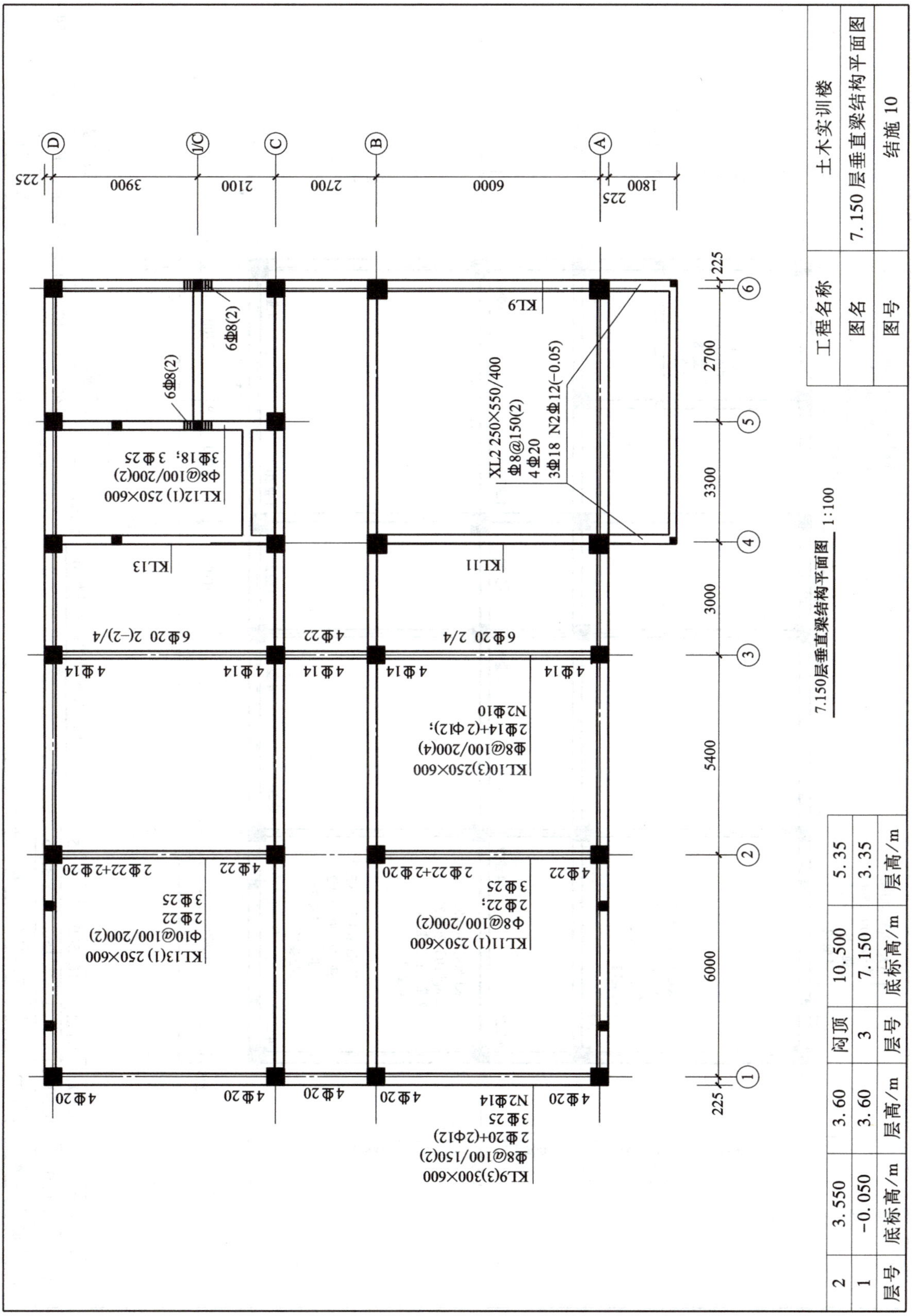

工程名称
土木实训楼
图名
7.150层垂直梁结构平面图
图号
结施10
7.150层垂直梁结构平面图　1:100
KL9(3)300×600
Φ8@100/150(2)
2Φ20+(2Φ12)
3Φ25
N2Φ14
KL10(3)250×600
Φ8@100/200(4)
2Φ14+(2Φ12);
N2Φ10
KL11(1) 250×600
Φ8@100/200(2)
2Φ22;
3Φ25
KL12(1) 250×600
Φ8@100/200(2)
3Φ18; 3Φ25
KL13(1) 250×600
Φ10@100/200(2)
2Φ22
3Φ25
XL2 250×550/400
Φ8@150(2)
4Φ20
3Φ18 N2Φ12(−0.05)
6Φ8(2)
6Φ20 2/4
6Φ20 2(−2)/4
2Φ22+2Φ20
4Φ22
4Φ20
4Φ14
KL9
KL11
KL13
层号 | 底标高/m | 层高/m | 层号 | 底标高/m | 层高/m
1 | −0.050 | 3.60 | 3 | 7.150 | 3.35
2 | 3.550 | 3.60 | 闷顶 | 10.500 | 5.35

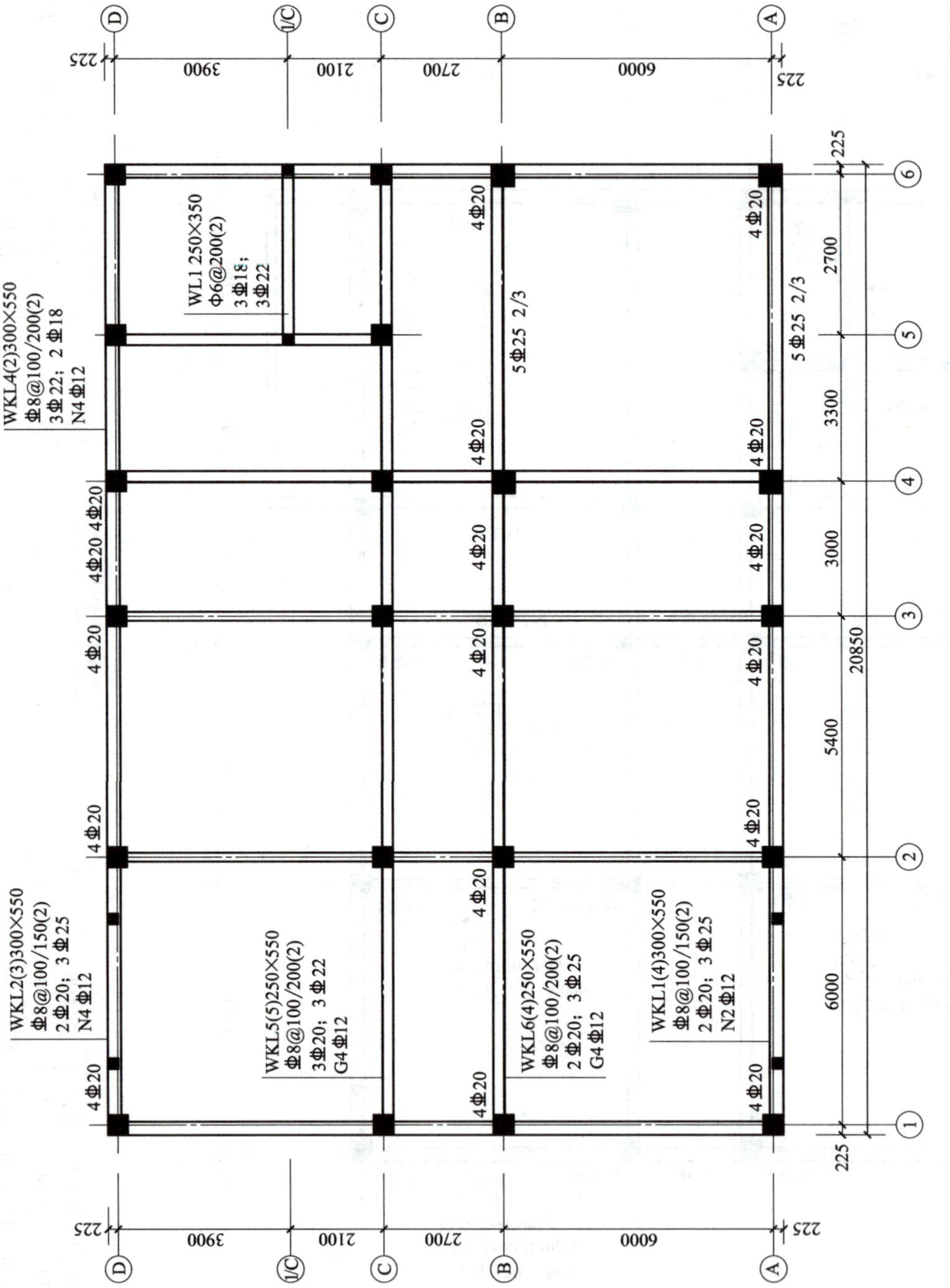

10.500层(屋面)水平梁结构平面图　1:100

2	3.550	3.60	闷顶	10.500	5.35
1	-0.050	3.60	3	7.150	3.35
层号	底标高/m	层高/m	层号	底标高/m	层高/m

工程名称	土木实训楼
图名	10.500层（屋面）水平梁结构平面图
图号	结施 11

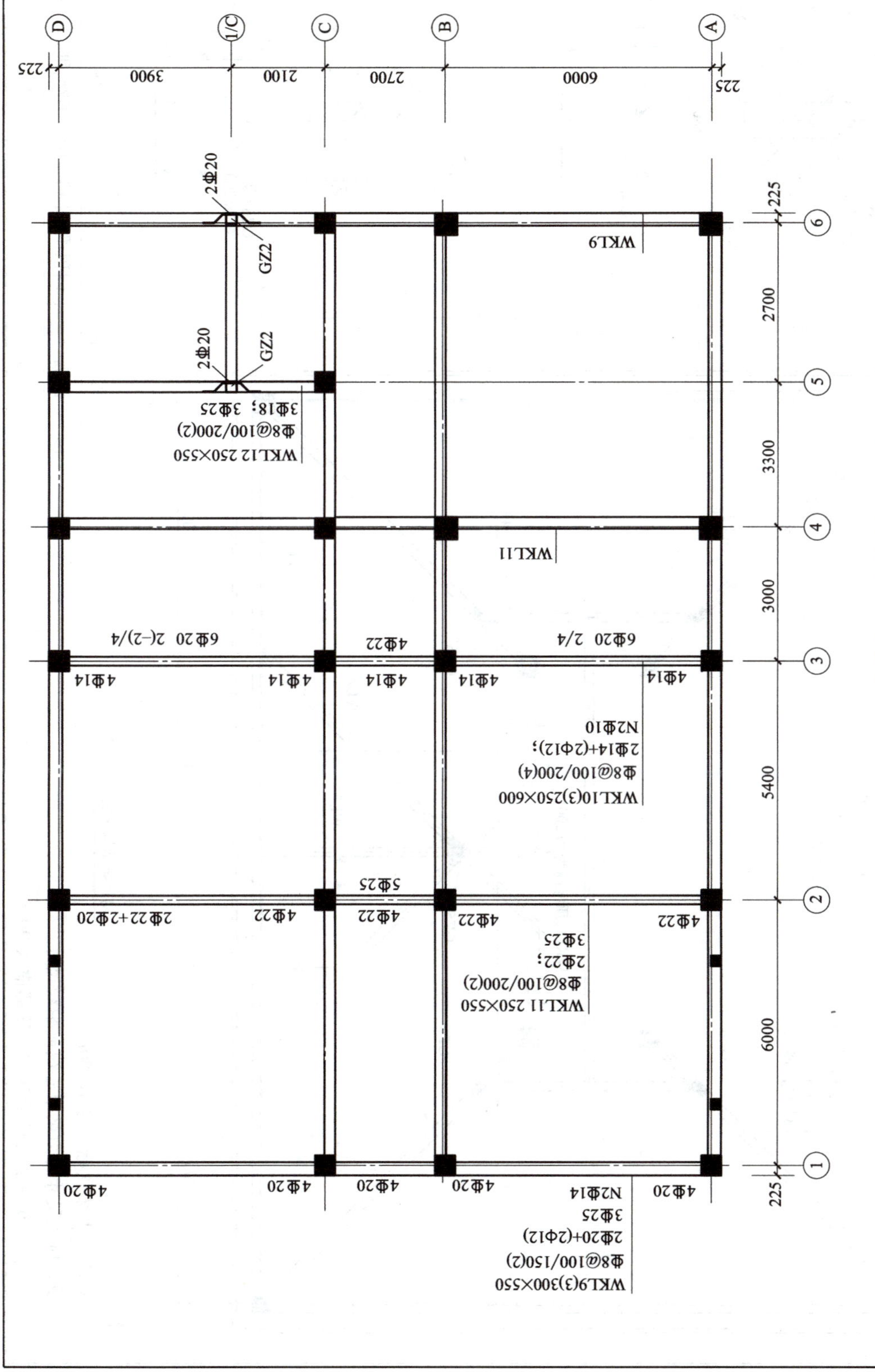

10.500层(屋面)垂直梁结构平面图 1:100

层号	底标高/m	层高/m
1	-0.050	3.60
2	3.550	3.60
3	7.150	3.35
闷顶	10.500	5.35

工程名称	土木实训楼
图名	10.500层（屋面）垂直梁结构平面图
图号	结施 12

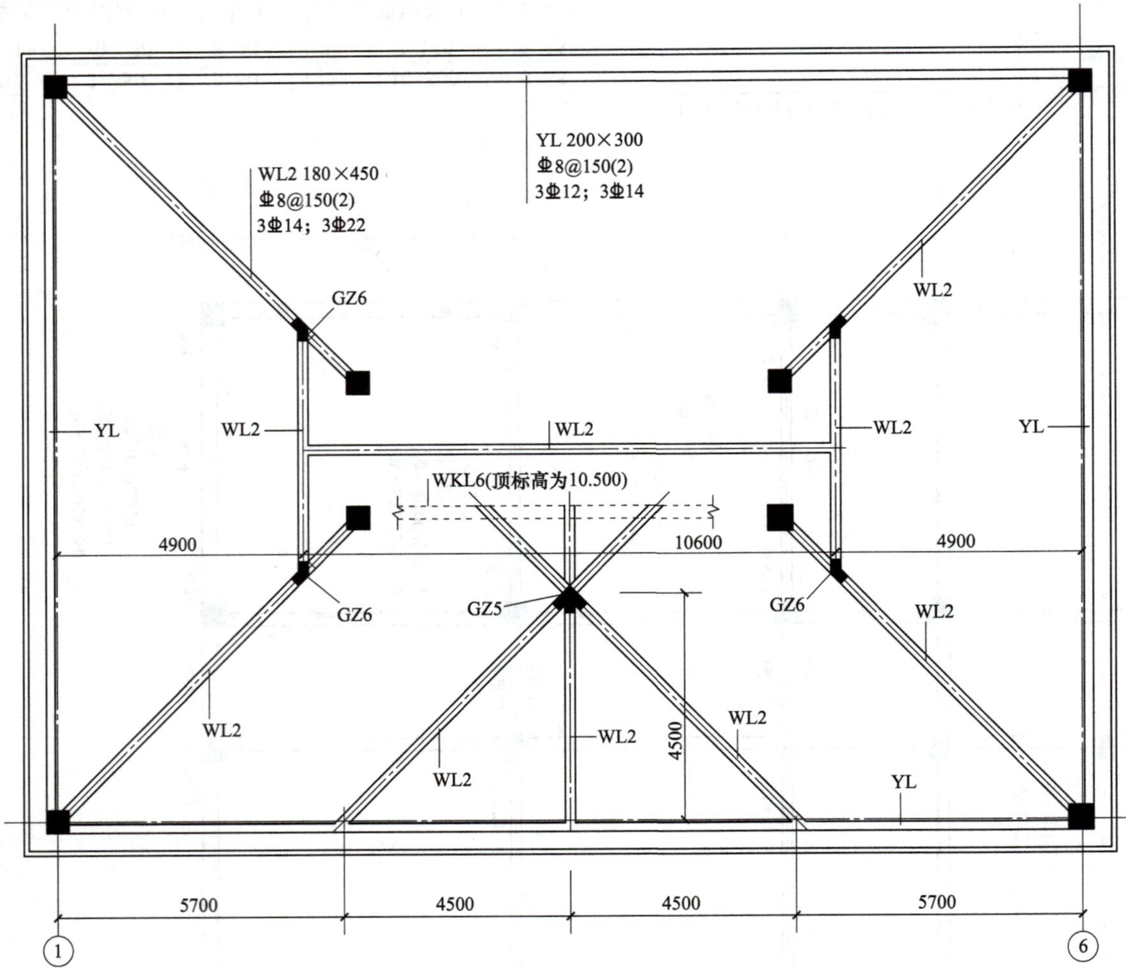

闷顶梁结构平面图 1:100

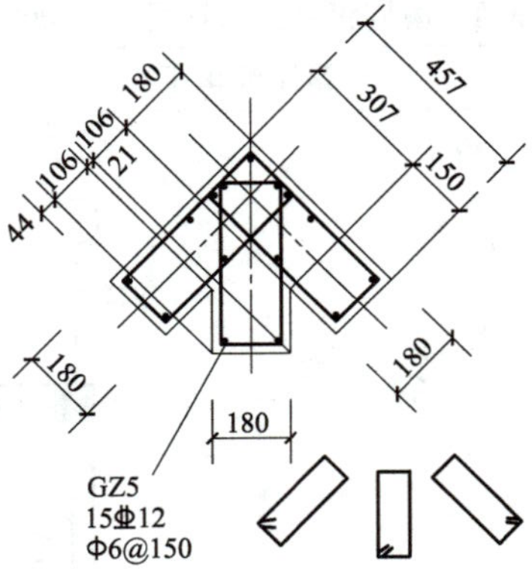

GZ5配筋图 1:50

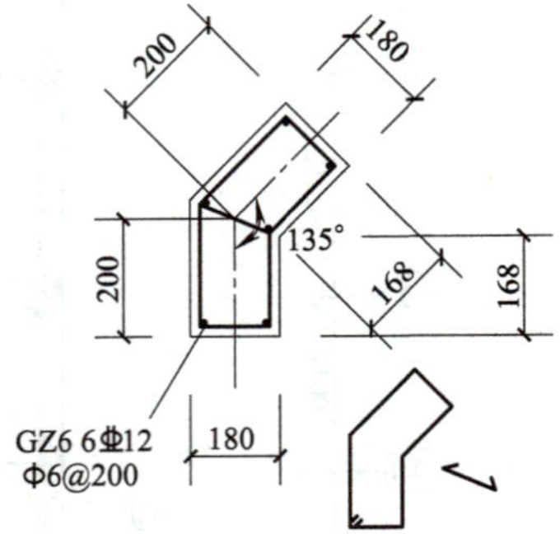

GZ6配筋图 1:50

注：

1. WL2、YL 梁顶标高为 10.80m。
2. 图中所注尺寸均为梁中心线或轴线尺寸。
3. GZ5、GZ6 顶部植根于 WL2，顶部锚人 WQL。

工程名称	土木实训楼
图名	闷顶梁结构平面图、GZ5 和 GZ6 配筋图
图号	结施 13

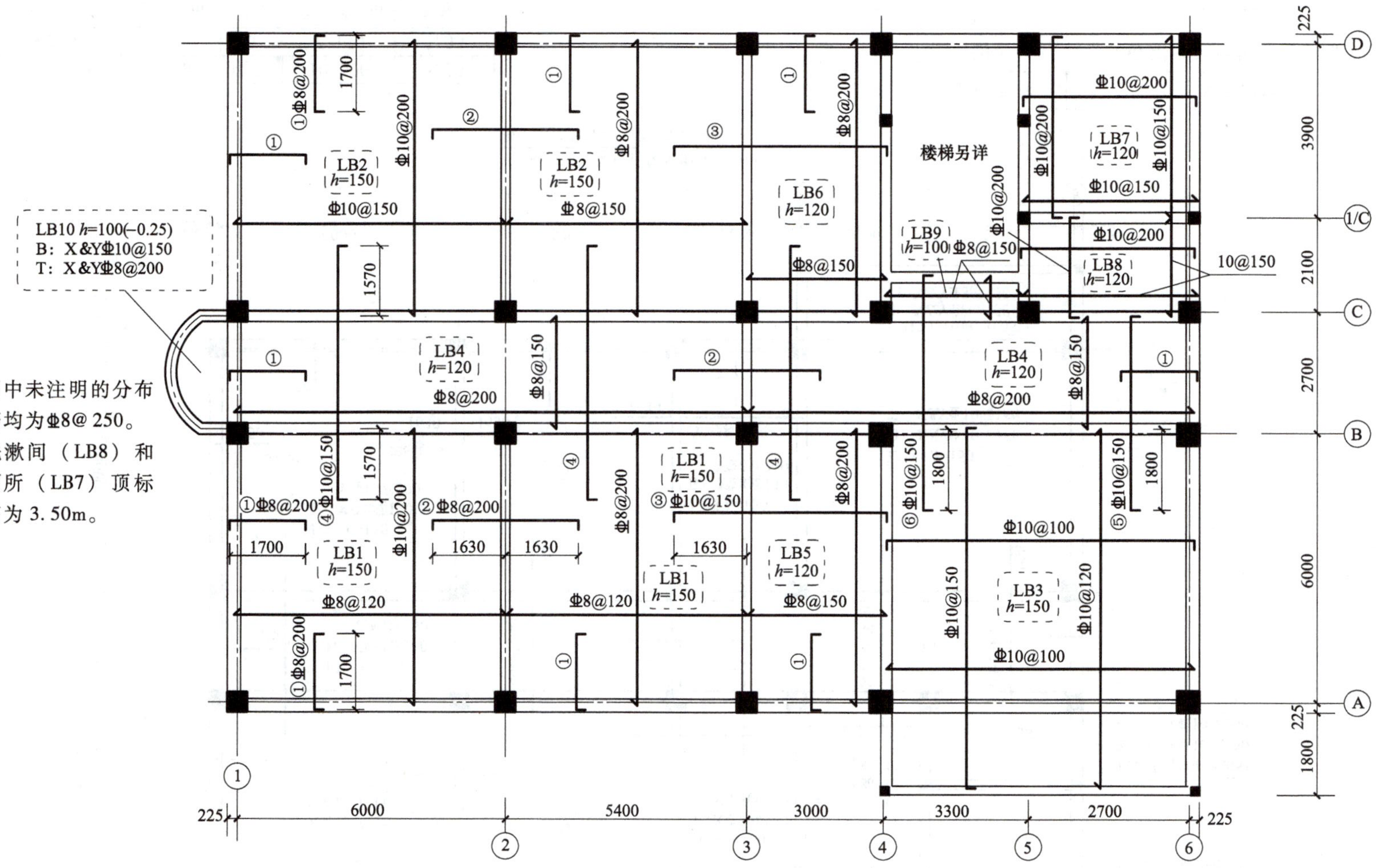

注：

1. 图中未注明的分布筋均为Φ8@250。
2. 洗漱间（LB8）和厕所（LB7）顶标高为3.50m。

3.550层现浇板结构平面图 1:100

层号	底标高/m	层高/m	层号	底标高/m	层高/m
2	3.550	3.60	闷顶	10.500	5.35
1	−0.050	3.60	3	7.150	3.35

工程名称	土木实训楼
图名	3.550层现浇板结构平面图
图号	结施14

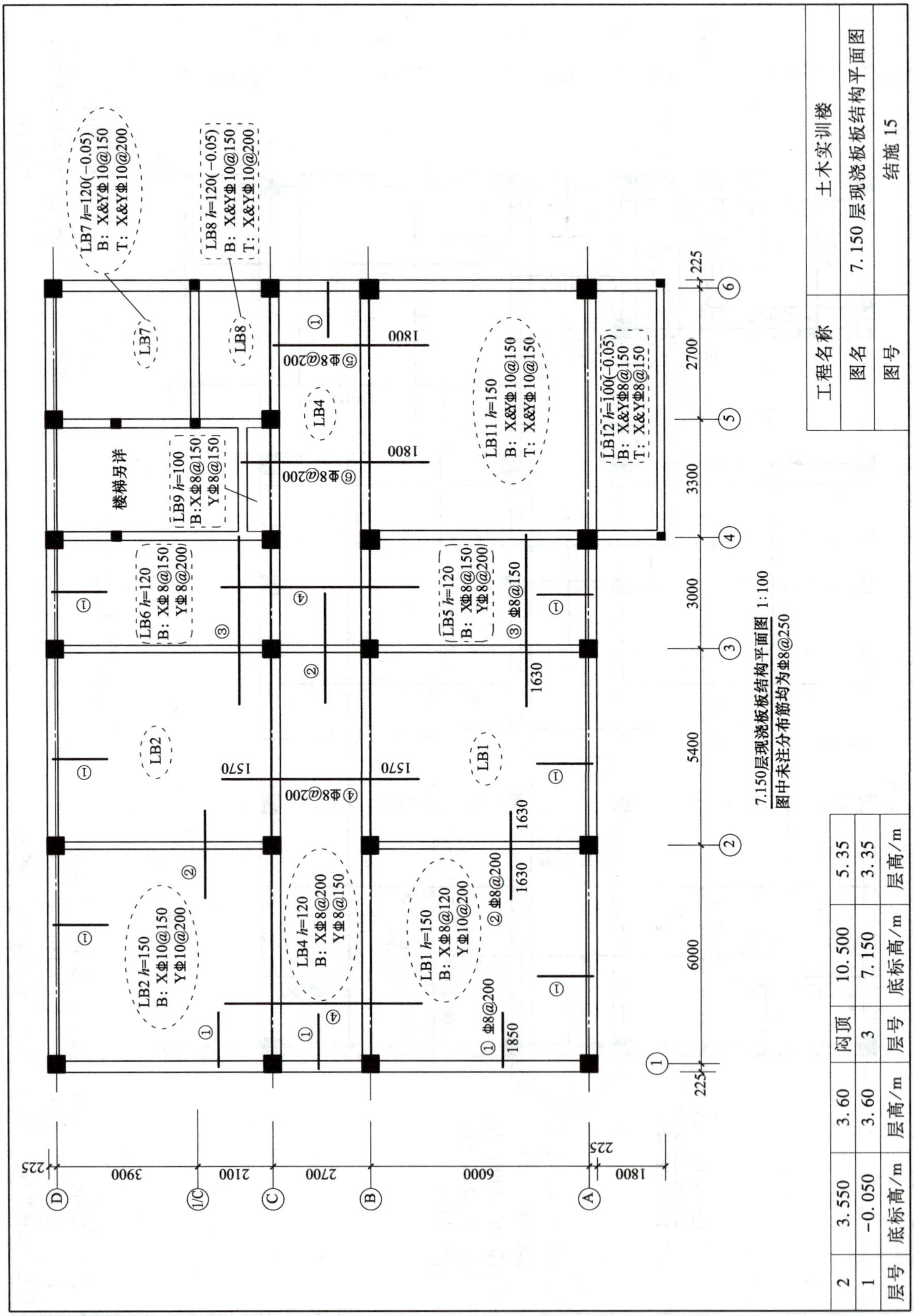

工程名称 土木实训楼
图名 7.150层现浇板结构平面图
图号 结施15
7.150层现浇板结构平面图 1:100
图中未注分布筋均为Φ8@250
LB7 h=120(−0.05) B: X&YΦ10@150 T: X&YΦ10@200
LB8 h=120(−0.05) B: X&YΦ10@150 T: X&YΦ10@200
LB9 h=100 B: XΦ8@150 YΦ8@150
楼梯另详
LB11 h=150 B: X&YΦ10@150 T: X&YΦ10@150
LB12 h=100(−0.05) B: X&YΦ8@150 T: X&YΦ8@150
LB6 h=120 B: XΦ8@150 YΦ8@200
LB5 h=120 B: XΦ8@150 YΦ8@200
LB4 h=120 B: XΦ8@200 YΦ8@150
LB2 h=150 B: XΦ10@150 YΦ10@200
LB1 h=150 B: XΦ8@120 YΦ10@200
① Φ8@200
② Φ8@200
③ Φ8@150
④ Φ8@200
⑤ Φ8@200
⑥ Φ8@200
1800 1570 1630 1850
6000 5400 3000 3300 2700 225
3900 2100 2700 6000 1800 225
层号 底标高/m 层高/m 层号 底标高/m 层高/m
1 −0.050 3.60 3 7.150 3.35
2 3.550 3.60 闷顶 10.500 5.35

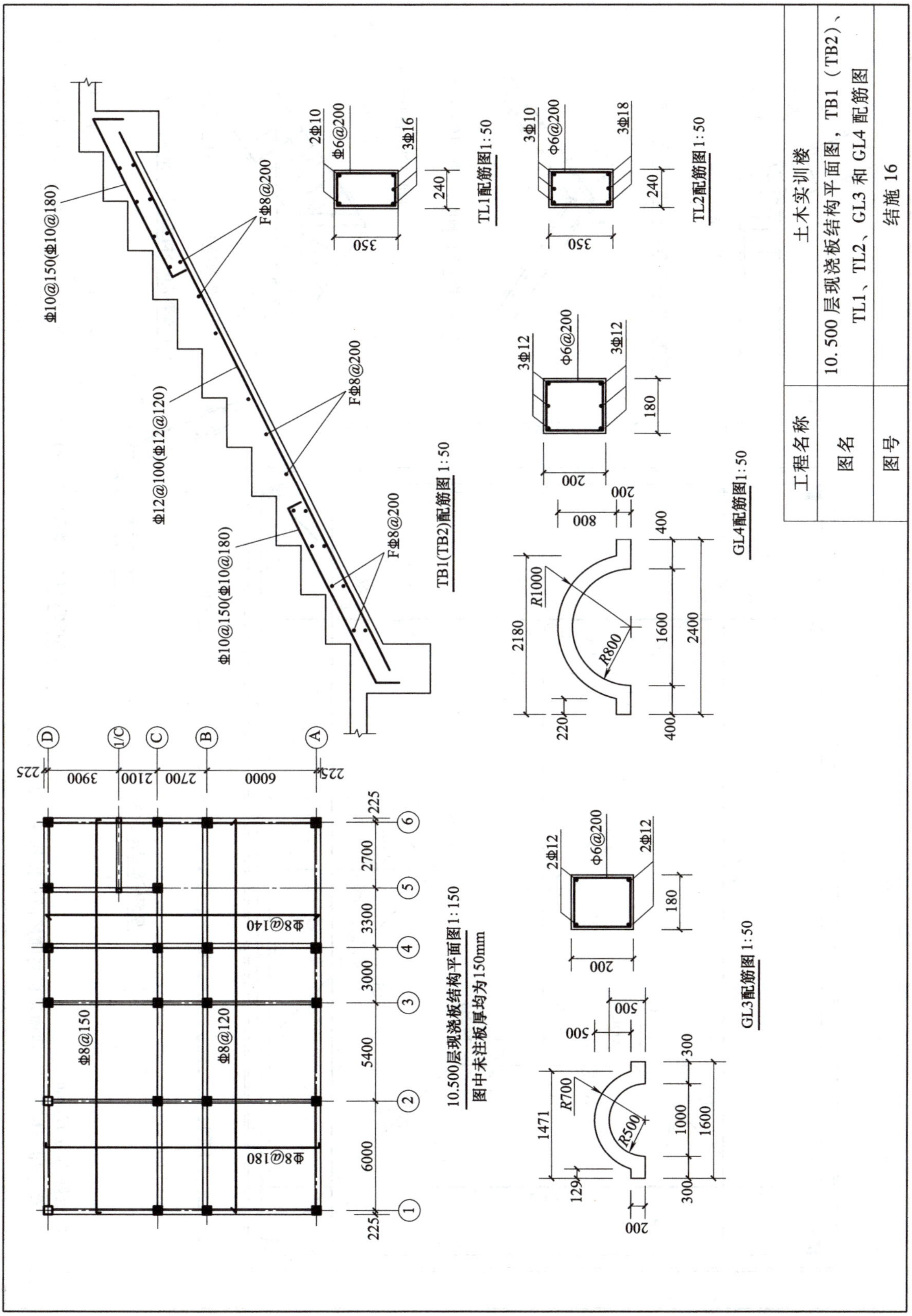

工程名称
土木实训楼
图名
10.500层现浇板结构平面图，TB1（TB2）、TL1、TL2、GL3和GL4配筋图
图号
结施16
TB1(TB2)配筋图1:50
⌀10@150(⌀10@180)
F⌀8@200
⌀12@100(⌀12@120)
TL1配筋图1:50
2⌀10
Φ6@200
3⌀16
240
350
TL2配筋图1:50
3⌀10
Φ6@200
3⌀18
GL4配筋图1:50
3⌀12
180
200
800
R1000
R800
2180
220
400
1600
2400
GL3配筋图1:50
2⌀12
500
R700
R500
1471
129
300
1000
10.500层现浇板结构平面图1:150
图中未注板厚均为150mm
⌀8@140
⌀8@150
⌀8@120
⌀8@180
225
3900
2100
2700
6000
3300
3000
5400

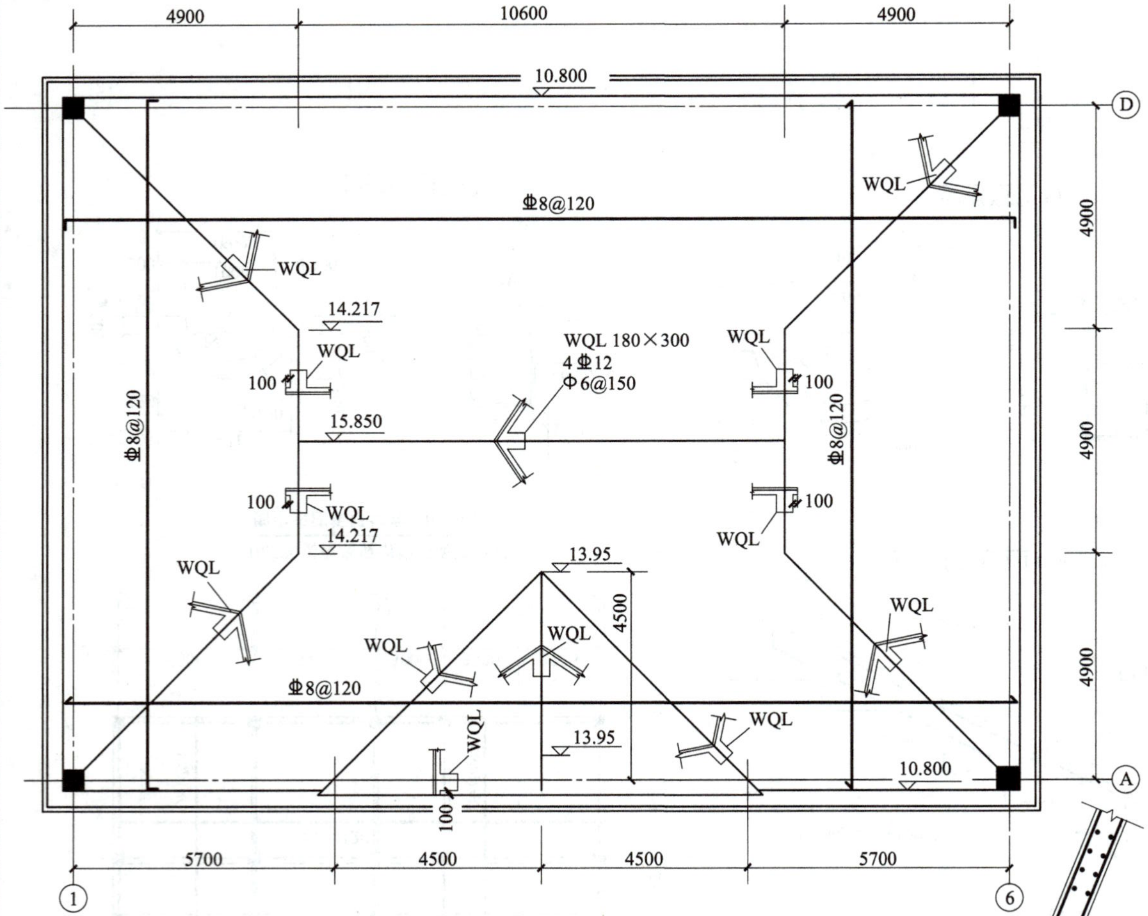

屋面板布置图 1:100

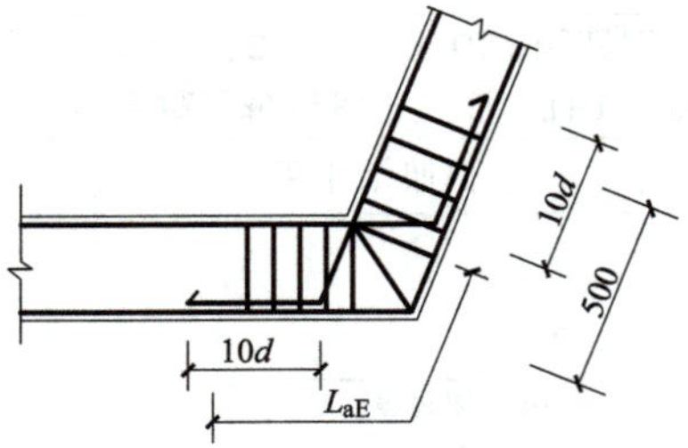

屋面圈梁折角处构造示意图(阴角) 1:50

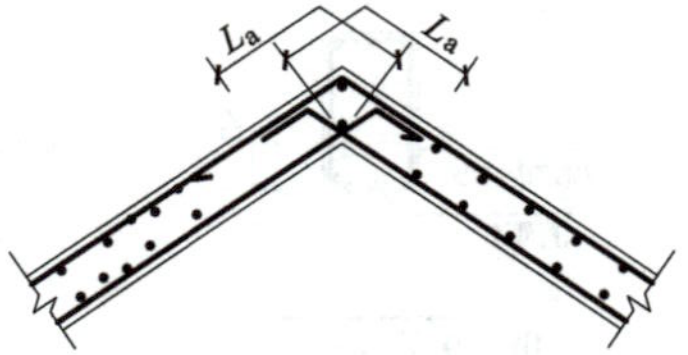

屋面折板折角处构造示意图(阳角) 1:50

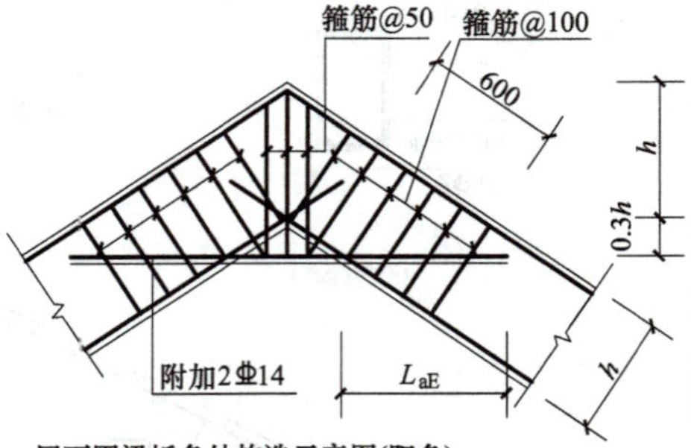

屋面圈梁折角处构造示意图(阳角) 1:50

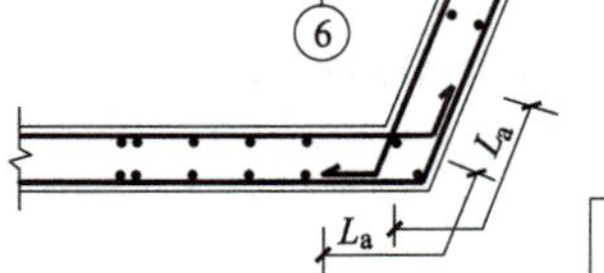

屋面折板折角处构造示意图(阴角) 1:50

注：

1. 屋面板厚均为 120mm。
2. WQL 位于屋面板下部，结构顶标高随屋面板顶标高，随坡就势。

工程名称	土木实训楼
图名	屋面板布置图及相关构造
图号	结施 17

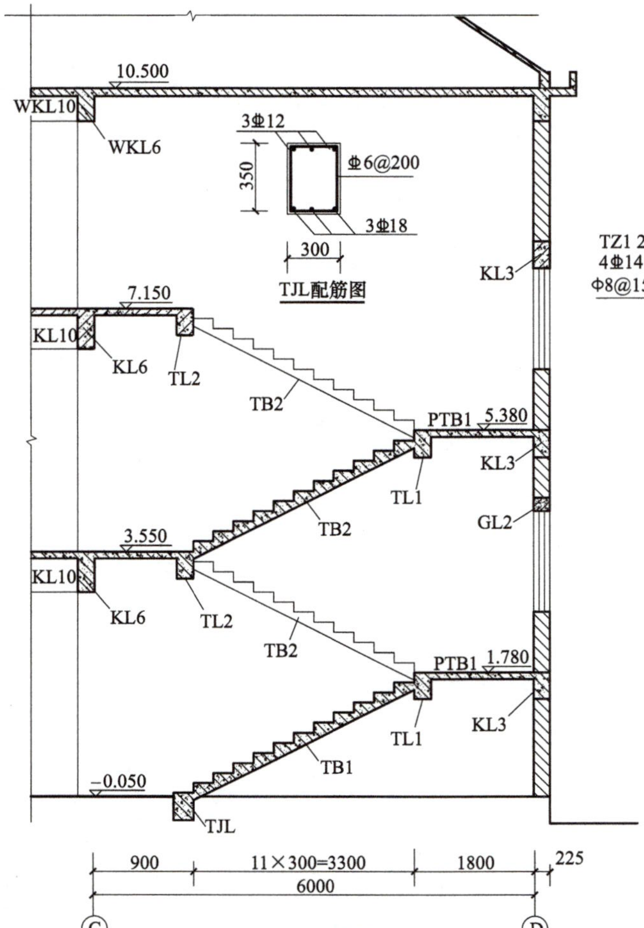

TJL配筋图

3—3剖面图1:100

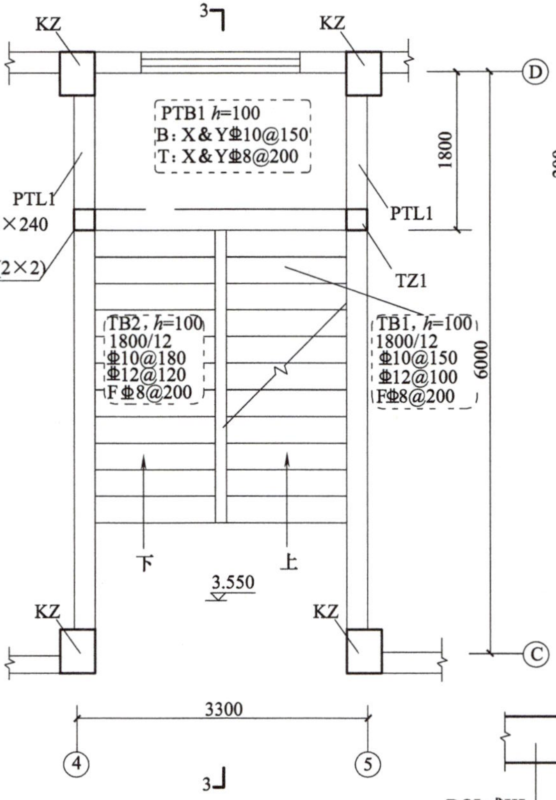

TB1(TB2)楼梯板配筋图 1:50

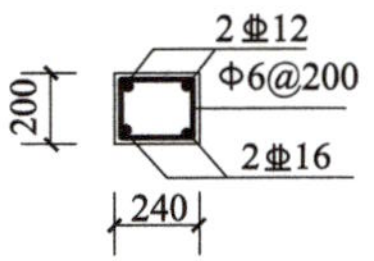

PTL1配筋图1:50

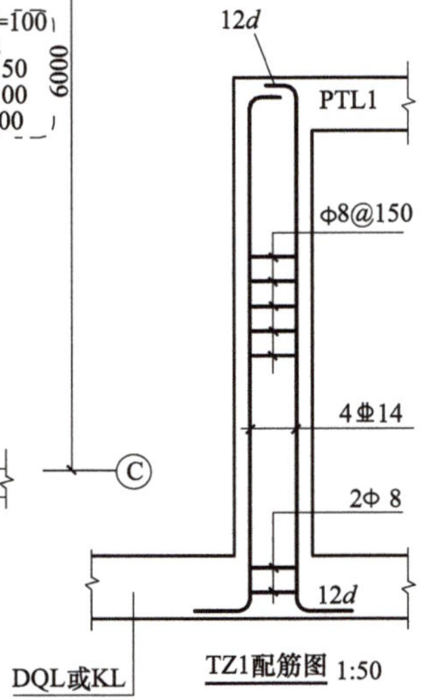

TZ1配筋图 1:50

注：

1. PTL1 顶部于 PTB1 顶部平齐。
2. 一层 TZ1 底部植根于 DL，柱顶至 PTL1 顶部；
   二层 TZ1 底部植根于 KL12、KL13，柱顶至 PTL1 顶部。
3. PTB1 未注分布筋均为⏀8@ 250。

工程名称	土木实训楼
图名	3—3 剖面图、TB1（TB2）楼梯板配筋图、PTL1 和 TZ1 配筋图
图号	结施 18